Nachhaltige Entwicklung in einer
Gesellschaft des Umbruchs

Birgit Blättel-Mink · Thomas Hickler ·
Sybille Küster · Henrike Becker
(Hrsg.)

Nachhaltige Entwicklung in einer Gesellschaft des Umbruchs

 Springer VS

Hrsg.
Birgit Blättel-Mink
Goethe-Universität Frankfurt am Main
Frankfurt am Main, Deutschland

Thomas Hickler
Goethe-Universität Frankfurt am Main
Frankfurt am Main, Deutschland

Sybille Küster
GRADE Goethe-Universität Frankfurt
am Main
Frankfurt am Main, Deutschland

Henrike Becker
GRADE Goethe-Universität Frankfurt
am Main
Frankfurt am Main, Deutschland

ISBN 978-3-658-31465-1   ISBN 978-3-658-31466-8   (eBook)
https://doi.org/10.1007/978-3-658-31466-8

Die Deutsche Nationalbibliothek verzeichnet diese Publikation in der Deutschen Nationalbibliografie; detaillierte bibliografische Daten sind im Internet über http://dnb.d-nb.de abrufbar.

Lektorat: Cori A. Mackrodt
Springer VS ist ein Imprint der eingetragenen Gesellschaft Springer Fachmedien Wiesbaden GmbH und ist ein Teil von Springer Nature.
Die Anschrift der Gesellschaft ist: Abraham-Lincoln-Str. 46, 65189 Wiesbaden, Germany

Zu Hintergrund und Zielsetzung des Bandes

Sozial-ökologische Wechselwirkungen beeinflussen extrem komplex und vielschichtig unsere gesamte Lebenswelt, in der wir uns derzeit mehr denn je um nachhaltiges Handeln bemühen. Jegliche Änderungen oder Transformationen einzelner kleinster Teilbereiche haben Einfluss auf weitere benachbarte Gebiete. Eine Kombination aus Forschungsergebnissen möglichst vieler Teilbereiche der Wissenschaft ist notwendig, um Phänomene und Prozesse dieser komplexen Verflechtungen und die sozialen und ökologischen Folgen menschlichen Handelns verstehen zu können.

Unserer Begeisterung darüber, dass sich an der Goethe-Universität und weiteren Frankfurter Forschungsinstituten fachübergreifend eine Vielzahl von Forscher*innen zur Nachhaltigkeitsthematik finden, möchten wir durch diesen Band Ausdruck verleihen. Er soll einen Einblick in die Vielfalt der Forschung vor Ort geben, der gleichwohl für sich nicht den Anspruch erhebt, alle in diesem Bereich aktiven Frankfurter Wissenschaftler*innen zu repräsentieren. Und obgleich der weite, relativ unpräzise Begriff der „Nachhaltigkeit" einige Probleme mit sich bringt, haben wir uns hier bewusst für diese Umschreibung entschieden. Denn nur ein weitgefasster Begriff kann die Vielfalt der Beiträge und deren Hintergründe einfangen.

Wie jedoch kam es zu der Idee, Forschende zum Themenkomplex Nachhaltigkeit an der Goethe-Universität und aus weiteren Frankfurter Forschungsinstituten zu versammeln? Forscher*innen am Anfang ihrer wissenschaftlichen Karriere, die ihren Weg innerhalb des universitären Wissenschaftssystems suchen, müssen sich in viele verschiedene Richtungen orientieren und weiterbilden. Relevante Informationen sind oft nicht leicht zu finden, dabei könnten sie die eigene Arbeit enorm erleichtern und bereichern. Die Goethe Research Academy for Early Career Researchers, kurz GRADE, ist die zentrale Einrichtung der Goethe-Universität für die Förderung und Unterstützung von Wissenschaftler*innen während der Promotion, innerhalb der Postdoc Phase und rund um diese Positionen herum. Die Unterstützung findet auf vielen verschiedenen Ebenen statt. Unter anderem wird die Vernetzung von Wissenschaftler*innen untereinander und mit interessanten Personen auch über die Universität hinaus gefördert. Innerhalb von GRADE existieren unterschiedliche fachliche Schwerpunkte, die, als Center organisiert, besondere Bedürfnisse innerhalb einzelner Wissenschaftsrichtungen aufgreifen und erfüllen sollen.

Innerhalb des GRADE Centers Sustain – dem fachlichen Zusammenschluss zu Biodiversitäts-, Klima- und Nachhaltigkeitsforschung – entstand aus dieser Motivation heraus eine Initiative, welche die Forschung an der Goethe-Universität innerhalb dieses großen Gebietes sichtbarer machen und den Forschenden, vor allem auch den Wissenschaftler*innen in der Qualifikationsphase, Möglichkeiten schaffen möchte, sich untereinander zu vernetzen und auszutauschen. Da es an der Goethe-Universität bisher keinen Zusammenschluss für die Nachhaltigkeitsforschung gibt, kein Institut oder regelmäßiges Kolloquium, ist es für Wissenschaftler*innen mit Schwierigkeiten verbunden, einen Überblick über und Kontakte zu den einzelnen Akteuren innerhalb der Universität zu bekommen. Dies trifft besonders in Wissenschaftsdisziplinen zu, in denen nur kleinere Teilprojekte sich dem Themenschwerpunkt Nachhaltigkeit widmen. Vor diesem Hintergrund organisierte GRADE im Rahmen des Centers Sustain eine Vorlesungsreihe, aus der die Idee zu dem hier vorliegenden Band entstanden ist.

Ein Ziel unserer Veröffentlichung ist es, einen Einblick in die Nachhaltigkeitsforschung innerhalb Frankfurts zu schaffen und eine Sichtbarkeit dieser Forschung nach außen zu ermöglichen. Nach genauer Suche unter den Forschenden und Lehrenden der Goethe-Universität fanden wir eine überraschend facettenreiche Fülle an Themen und Forschungsprojekten innerhalb des komplexen Felds der Nachhaltigkeit. Außer der Goethe-Universität selbst sind in Frankfurt weitere Forschungsinstitute beheimatet, die sich den Fragen von Klimawandel, Biodiversität

und Nachhaltigkeit widmen. Mit der Senckenberg Gesellschaft und dem Institut für sozial-ökologische Forschung (ISOE) bestehen intensive Kooperationen,
von denen auch Promovierende und Postdocs profitieren. Die Vernetzung dieser drei Institutionen ist für GRADE, aber auch für eine zukunftsweisende, sich
verzahnende wissenschaftliche Forschung von unschätzbarem Wert.

Die Zielgruppe der Veröffentlichung ist vorrangig ein wissenschaftliches
Publikum, aber auch wissenschaftlich interessierte und versierte Bürger*innen
sollen erreicht werden. Im Sinne der Goethe-Universität als einer Bürgeruni-
versität ist die öffentliche Darstellung von aktueller Nachhaltigkeitsforschung
besonders interessant, da insbesondere im Bereich der Förderung von nachhal-
tigerem Handeln beispielsweise durch die Beeinflussung von Akteursverhalten
oder durch Umgestaltungen von öffentlichem Raum einschneidende Veränderungen im öffentlichen Leben geschehen. Nachhaltigkeitsforschung kann nicht
im stillen Kämmerlein ohne die Expertise und Einbeziehung möglichst vieler
Betroffener stattfinden. Sie muss eine Integration von wissenschaftlichem und
lebensweltlichem Wissen schaffen.

Wir hoffen, dass dieser Band eine solide Grundlage für einen intensiven
wissenschaftlichen Austausch der Forscher*innen innerhalb und zwischen der
Goethe-Universität und den Frankfurter Forschungsinstituten bildet und darüber
hinaus zu einem Austausch mit einer Vielzahl gesellschaftlicher Akteur*innen
anregt.

Wir freuen uns, dass dieser Band bei Springer VS erscheint und danken allen
Autor*innen für ihre Beiträge sowie den Mitarbeitenden des Verlags sehr herzlich
für ihre Initiative und Unterstützung.

Henrike Becker
Referentin für Natur- und Lebenswissenschaften GRADE
Goethe-Universität Frankfurt am Main
Sybille Küster
Geschäftsführerin GRADE
Goethe-Universität Frankfurt am Main

Vorwort

Die Menschheit steht global vor riesigen Herausforderungen. Wir müssen lernen, nachhaltiger zu produzieren, zu wirtschaften und zu leben, um die vielfach limitierten Ressourcen zu schonen. Persönlich bin ich durchaus optimistisch, dass wir die Herausforderungen bewältigen werden. Ganz im Sinne aktueller Veröffentlichungen aus wirtschaftswissenschaftlicher, medizinischer oder psychologischer Perspektive (siehe zum Beispiel: Hans Rosling 2018: Factfulness) bin ich der Meinung, dass die Welt heute eine bessere ist als zu irgendeinem anderen Zeitpunkt der vergangenen Jahrhunderte. Wir erleben heute weniger Kriege und Tote durch Naturkatastrophen als je zuvor. Aufgrund des medizinischen Fortschritts gibt es in fast jedem Land der Welt eine historisch niedrige Kindersterblichkeit und lange Lebenserwartungen. Kinder werden nahezu überall auf der Welt geimpft und Mädchen und junge Frauen haben Zugang zu Bildung in einem nie dagewesenen Ausmaß. Diese Errungenschaften sind aber nur dauerhaft und überhaupt sinnvoll, wenn wir sie im Einklang mit unserer Umwelt weiter entwickeln. Dazu braucht es die Wissenschaft mit all ihren Disziplinen. Harvard-Psychologe Stephen Pinker (2018) hat dies kürzlich in seinem Buch „Enlightenment now" eindrucksvoll aufgezeigt und setzt damit ganz bewusst den „fake news"- und „fake science"-Strömungen etwas entgegen, dem wir als Wissenschaftler*innen uns nur anschließen können, nämlich die Verteidigung von „Vernunft, Wissenschaft, Humanismus und Fortschritt", so der deutsche Untertitel.

Der hier vorgelegte Band ist ein wunderbares Beispiel für die Analyse eines gesellschaftlich überaus relevanten Themas aus der Vielfalt wissenschaftlicher Perspektiven. Die Herausgeberinnen *Birgit Blättel-Mink*, *Sybille Küster*, *Henrike Becker* und der Herausgeber *Thomas Hickler* haben eine Vielzahl herausragender Wissenschaftler*innen zusammengebracht – von verschiedenen Fachbereichen der Goethe-Universität, der Senckenberg Gesellschaft für Naturforschung und dem Institut für sozial-ökologische Forschung in Frankfurt, aber auch darüber hinaus. Der Band basiert auf einer Vortragsreihe, die von Vertreter*innen der GRADE (Goethe Research Academy for Early Career Researchers) bzw. des GRADE-Centers Sustain/Nachhaltige Entwicklung organisiert wurde. Er geht aber darüber hinaus, indem auch Wissenschaftler*innen anderer Disziplinen, die an der ursprünglichen Reihe nicht beteiligt waren, zu Wort kommen. Vertreten sind hier nun die Naturwissenschaften (insbesondere Ökologie), die Wirtschafts- und die Sozialwissenschaften (insbesondere Politikwissenschaft, Soziologie, Humangeographie), die Kunstwissenschaften, die Theologie und die Philosophie.

Die Beiträge des Bandes fassen den Stand der Forschung jeweils gut zusammen und bieten anregende Lektüre. Wir sollten daraus aber auch für unser *Handeln* lernen. An der Goethe-Universität versuchen wir, nachhaltig zu wirtschaften. Unser Strom kommt aus erneuerbaren Quellen; wir versuchen, Energiekosten zu reduzieren, den Campus Westend autofrei zu gestalten oder in Kooperation mit dem Studentenwerk Essen aus biologischem und regionalem Anbau anzubieten. Jede und jeder von uns ist aber auch selbst gefordert. Durch das Landesticket ist es so kostengünstig wie nie, den öffentlichen Nahverkehr zu nutzen. Das papierlose Büro wird nur Wirklichkeit, wenn wir bei jeder Seite überlegen, ob sie wirklich ausgedruckt werden muss. An Energieeinsparungen hat jede*r Einzelne einen Anteil, indem das Licht, der Monitor und Drucker ausgeschaltet werden, wenn wir das Büro verlassen. Dies sind nur wenige Beispiele. Nachhaltigkeit geht uns alle an – lassen wir uns das durch dieses wichtige Buch noch einmal und immer wieder in Erinnerung rufen.

Rolf van Dick
Vizepräsident für Internationalisierung, Nachwuchs, Diversität und
Gleichstellung der Goethe-Universität und Vorstandsvorsitzender von
GRADE (bis April 2021)

Inhaltsverzeichnis

Nachhaltige Entwicklung in einer Gesellschaft des Umbruchs –
Zur Einführung 1
Birgit Blättel-Mink und Thomas Hickler

Risiken des Klimawandels: Wie kann man mit den vielfältigen
Unsicherheiten bei Risikobewertung und Anpassung an den
Klimawandel umgehen? 17
Petra Döll

Climate Change, Policy, and Justice 33
Darrel Moellendorf

Sustainable use of Savanna Vegetation in West Africa
in the Context of Climate and Land use Change 45
Karen Hahn and Anna Leßmeister

Umkämpfte Nachhaltigkeit – vergessene Leiblichkeit. Der Fall der
Wildpferde in Namibia 65
Robert Pütz und Antje Schlottmann

Der Mensch und der Rhein 97
Bruno Streit

Nachhaltige Entwicklung als Strategie der Völkergemeinschaft
zur Überwindung der „Grenzen des Wachstums". Ein
kritisch-historischer Abriss 121
Birgit Blättel-Mink

Transdisziplinäre Nachhaltigkeitsforschung – Methoden,
Kriterien, gesellschaftliche Relevanz 141
Thomas Jahn

Transformation and Contestation. Learning from Actors
and Socio-political Engagements in Transformative Science 159
Rosa Sierra

Wie ist ein nachhaltiger Umgang mit Plastik möglich? 175
Johanna Kramm und Carolin Völker

Die Forschungsgruppe Ethisch-Ökologisches Rating (FG EÖR)
am Fachbereich Katholische Theologie der Goethe-Universität
Frankfurt 197
Johannes J. Hoffmann

Ars Longa. Kunst und Nachhaltigkeit 215
Verena Kuni

Ökologischer Imperativ, Nachhaltigkeit, Planetare Grenzwerte
und „One Health" –Zielfunktionen für ein zukunftsfähiges
Geoengineering 245
Volker Mosbrugger

Herausgeber- und Autorenverzeichnis

Über die Herausgeber*innen

Birgit Blättel-Mink, Prof. Dr., Professur für Soziologie mit dem Schwerpunkt Industrie- und Organisationssoziologie am Fachbereich Gesellschaftswissenschaften der Goethe-Universität Frankfurt am Main. https://www.fb03.uni-frankfurt.de/soziologie/bblaettel-mink, b.blaettel-mink@soz.uni-frankfurt.de.

Thomas Hickler, Prof. Dr., Leiter der Arbeitsgruppe Biogeographie und Ökosystemforschung am Senckenberg Biodiversität und Klima Forschungszentrum (SBiK-F), Frankfurt am Main. Professur für Quantitative Biogeographie am Institut für Physische Geographie der Goethe-Universität, Frankfurt am Main. https://www.senckenberg.de/de/institute/sbik-f/ag-biogeographie/, Thomas.hickler@senckenberg.de.

Sybille Küster, Dr., Geschäftsführerin der Goethe Research Academy for Early Career Researchers (GRADE) an der Goethe-Universität Frankfurt am Main. https://www.uni-frankfurt.de/53525011/GRADE_Team, kuester@grade.uni-frankfurt.de.

Henrike Becker, Dr., Referentin für Naturwissenschaften der Goethe Research Academy for Early Career Researchers (GRADE) an der Goethe-Universität Frankfurt am Main. https://www.uni-frankfurt.de/53525011/GRADE_Team, h.becker@grade.uni-frankfurt.de.

Über die Autor*innen

Petra Döll, Prof. Dr., Professur für Hydrologie am Fachbereich Geowissenschaften/Geographie der Goethe-Universität Frankfurt am Main, assoziiert mit dem Senckenberg Leibniz Biodiversität- und Klimaforschungszentrum (SBiK-F), Frankfurt am Main. http://www.uni-frankfurt.de/45217668/dl, p.doell@em.uni-frankfurt.de.

Karen Hahn, Dr., Wissenschaftliche Mitarbeiterin am Institut für Ökologie, Evolution und Diversität des Fachbereichs Biowissenschaften. https://www.bio.uni-fra nkfurt.de/53281651/Karen_Hahn, karen.hahn@bio.uni-frankfurt.de.

Johannes J. Hoffmann, Prof. em. Dr., Professur für Moraltheologie, Sozialethik und Wirtschaftsethik am Fachbereich Katholische Theologie der Goethe-Universität in Frankfurt am Main; Diakon mit Zivilberuf der Diözese Limburg, Mitglied des Vorstandes von Theologie Interkulturell e.V.; Projektleiter der FG „Ethisch-Ökologisches Rating" der Goethe-Universität; seit 2018 Mitglied der Forschungsgruppe Finanzen und Wirtschaft der Stiftung Weltethos an der Universität Tübingen. www.ethisch-oekologisches-rating.org, http://blog.ethisch-oek ologisches-rating.org/, j.hoffmann@em.uni-frankfurt.de.

Thomas Jahn, Dr., Wissenschaftlicher Geschäftsführer und Sprecher der Institutsleitung des ISOE – Institut für sozial-ökologische Forschung in Frankfurt am Main (bis März 2021). Als Wissenschaftler forscht er am ISOE zu transdisziplinären Methoden und Konzepten und zu gesellschaftlichen Naturverhältnissen. https://www.isoe.de/das-institut/team/mitarbeiterin/person/thomas-jahn/, jahn@isoe.de.

Johanna Kramm, Dr., Wissenschaftliche Mitarbeiterin am ISOE – Institut für sozial-ökologische Forschung in Frankfurt am Main im Forschungsschwerpunkt Wasserressourcen und Landnutzung; seit 2016 Leitung der BMBF-Nachwuchsgruppe PlastX am ISOE. https://www.isoe.de/forschung/nachwuchs gruppe/, kramm@isoe.de.

Verena Kuni, Prof. Dr., Professur für Visuelle Kultur am Institut für Kunstpädagogik, Fachbereich Sprach- und Kulturwissenschaften der Goethe-Universität Frankfurt am Main. https://www.uni-frankfurt.de/66328036/Prof_Dr__Verena_ Kuni, kuni@kunst.uni-frankfurt.de | verena@kuni.org.

Anna Leßmeister, Dr., Kooperationsmanagerin der Rhein-Main Universitäten an der Technischen Universität Darmstadt. https://www.intern.tu-darmstadt.de/dez_i/ dezernat_i_leitung/Index.de.jsp, anna.lessmeister@tu-darmstadt.de.

Darrel Moellendorf, Prof. Dr., Professur für Internationale Politische Theorie des Exzellenzclusters Normative Ordnungen, Professor der Philosophie (kooptiert) an der Goethe-Universität Frankfurt am Main. https://www.fb03.uni-frankfurt.de/49601922/ensp_Prof__Dr__Darrel_Moellendorf, darrel.moellendorf@normativeorders.net.

Volker Mosbrugger, Prof. Dr. Dr. h.c., Professor am Institut für Geowissenschaften der Goethe-Universität Frankfurt am Main und Generaldirektor der Senckenberg Gesellschaft für Naturforschung (bis Ende 2020). volker.mosbrugger@senckenberg.de.

Robert Pütz, Prof. Dr., Professur für Humangeographie am Institut für Humangeographie der Goethe-Universität Frankfurt am Main. www.humangeographie.de/puetz, puetz@uni-frankfurt.de.

Antje Schlottmann, Prof. Dr., Professur für Geographie und ihre Didaktik am Institut für Humangeographie der Goethe-Universität Frankfurt am Main. www.humangeographie.de/schlottmann, schlottmann@geo.uni-frankfurt.de.

Rosa Sierra, Dr., Nachwuchsgruppenleiterin im Forschungsprojekt Nachhaltigkeit (2014–2016) am Institut für Philosophie der Goethe-Universität Frankfurt am Main. Aktuell forscht sie im Verbundprojekt TRANSENS -Transdisziplinäre Forschung zur Entsorgung hochradioaktiver Abfälle in Deutschland am Philosophischen Seminar der Christian-Albrechts-Universität Kiel. https://www.uni-frankfurt.de/44535087/Sierra__Rosa, sierra@philsem.uni-kiel.de.

Bruno Streit, Prof. Dr., bis 2013 Professur für Ökologie und Evolution am Fachbereich Biowissenschaften der Goethe-Universität Frankfurt am Main; 2013–2020 Seniorprofessur für Evolutionsbiologie und Biodiversitätsforschung ebendort. https://www.bio.uni-frankfurt.de/ee, streit@bio.uni-frankfurt.de.

Carolin Völker, Dr., Wissenschaftliche Mitarbeiterin am ISOE – Institut für sozial-ökologische Forschung in Frankfurt am Main im Forschungsschwerpunkt Wasserinfrastruktur und Risikoanalysen; seit 2016 Leitung der BMBF-Nachwuchsgruppe PlastX am ISOE. https://www.isoe.de/forschung/nachwuchsgruppe/, voelker@isoe.de.

Nachhaltige Entwicklung in einer Gesellschaft des Umbruchs – Zur Einführung

Birgit Blättel-Mink und Thomas Hickler

Zusammenfassung

Noch nie waren Menschen global so vernetzt, und Informationen wurden so schnell um den Globus ausgetauscht wie heute. Dies führt zu Innovationen und vielen neuen Möglichkeiten. Der schnelle Wandel birgt jedoch auch Gefahren für Mensch und Natur. Dazu zählen der globale Verlust an Biodiversität und die irreversible Erderwärmung, und auch die akute Krise durch die Corona-Pandemie ist ein Symptom derartiger Gefahren. Der Wissenschaftliche Beirat der Bundesregierung Globale Umweltveränderungen (WBGU 2011) und der Weltbiodiversitätsrat (IPBES 2019) fordern eine tiefgreifende gesellschaftliche Transformation in Richtung Nachhaltigkeit. Dafür braucht es auf der Ebene der Forschung mehr inter- bzw. transdisziplinäre Ansätze und damit auch neue Entwicklungen an den Universitäten. In dieser Einleitung fassen wir kurz die Beiträge von Kolleg*innen an der Goethe-Universität zu diesem Buch zusammen, welche sich aus ganz unterschiedlichen Perspektiven mit Nachhaltigkeit befassen.

B. Blättel-Mink (✉)
Institut für Soziologie der Goethe-Universität Frankfurt am Main, Frankfurt am Main, Deutschland
E-Mail: b.blaettel-mink@soz.uni-frankfurt.de

T. Hickler
Senckenberg Biodiversitäts- und Klima Forschungszentrum (BiK-F) und Institut für Physikalische Geographie der Goethe-Universität in Frankfurt am Main, Frankfurt am Main, Deutschland
E-Mail: thomas.hickler@senckenberg.de

Dass die wissenschaftliche Befassung mit dem Thema Nachhaltige Entwicklung sich nicht auf eine Disziplin beschränkt, wird bereits im 1972 erschienen Bericht des Club of Rome („Limits of Growth"; Meadows et al. 1972) deutlich gemacht. Nicht nur setzte und setzt sich der Club of Rome aus Vertreter*innen unterschiedlicher Disziplinen zusammen, sondern wird auch im damaligen Bericht betont, dass gesellschaftliche Herausforderungen, beispielsweise die Versorgung der Bevölkerung mit Nahrungsmitteln, immer auch eine ökonomische Komponente aufweisen, dass sie jedoch auch abhängig sind vom individuellen Konsum sowie von den vorhandenen ökologischen Ressourcen.

In Zeiten eines rasanten globalen Wandels ist das Thema Nachhaltigkeit aktueller denn je. Noch nie waren Menschen global so vernetzt, und Informationen wurden so schnell um den Globus ausgetauscht wie heute. Dies führt zu zahlreichen Innovationen und vielen neuen Möglichkeiten, aber der schnelle Wandel birgt auch Gefahren. Wir greifen so stark in das Erdsystem ein, dass man zunehmend von einem durch den Menschen geprägten Erdzeitalter spricht, dem „Anthropozän", insbesondere seitdem unsere Aktivitäten das globale Klima verändern (Crutzen 2002; IPCC 2013; Steffen et al. 2015). Der Mensch hat heute bspw. mehr als 1/3 der Landfläche für seine Zwecke transformiert (Steffen et al. 2015; IPCC 2019), und wir haben den Stickstoffeintrag in Ökosysteme im Vergleich zum natürlichen Zustand verdoppelt (Fowler et al. 2013). In Europa wurden die ökonomischen Kosten der Überdüngung, bspw. durch Nitrat im Grundwasser, auf 70 bis 320 Mrd. EUR pro Jahr geschätzt, d. h. wahrscheinlich höher als die Erträge der Landwirtschaft durch Düngung (Sutton et al. 2011). Die biologische Vielfalt des Planeten ist stark rückläufig (Pimm et al. 2014; Newbold et al. 2015)[1]. Laut einer Schätzung des Weltbiodiversitätsrats („Intergovernmental Science-Policy Platform on Biodiversity and Ecosystem Services", IPBES) sind ca. eine Million von acht Millionen Tier- und Pflanzenarten vom Aussterben bedroht (IPBES 2019). Durch den Verlust an Arten und Ökosystemen verlieren wir global Ökosystemleistungen im Wert von mehreren Billionen Euro jährlich (Costanza et al. 2014). Außerdem führt die Akkumulation einer Vielzahl von Umweltchemikalien in Gewässern, Böden, Lebensmitteln und Menschen zu kaum abzuschätzenden Gefahren für unsere Gesundheit (Landrigan et al. 2016).

Ein „Weiter so" ist vor dem Hintergrund dieser rasanten Dynamik keine Option. Der Klimawandel macht dies besonders deutlich. Pessimistische Annahmen in Bezug auf unsere zukünftigen globalen Treibhausgasemissionen würden nach aktuellen Klimasimulationen wahrscheinlich eine globale Erwärmung von knapp 2,5 Grad Celsius bis zu 5,5 Grad Celsius bedeuten, mit erheblich höheren

---

[1] https://www.iucnredlist.org

Veränderungen in einigen Regionen (Szenario RCP8.5, IPCC 2013). Eine 5 Grad wärmere Welt kann man sich kaum vorstellen. Zum Vergleich sei daran erinnert, dass Deutschland zum Höhepunkt der letzten Eiszeit, als es im globalen Durchschnitt 4–7 Grad kälter war, von einer eiszeitlichen Kältesteppe bzw. Eis bedeckt war. Die Folgen eines starken menschgemachten Klimawandels reichen von einer Umverteilung der globalen Wasserressourcen bis zu einem langfristig (über Hunderte von Jahren) mehrere Meter höheren Meeresspiegel (IPCC 2014; Clark et al. 2016). Außerdem können wir nicht ausschließen, dass schwer zu quantifizierende positive Rückkopplungsmechanismen dazu führen, dass der Klimawandel extremer wird als von unseren Klimamodellen projiziert (Steffen et al. 2018). Schließlich ist der oft propagierte Widerspruch zwischen wirtschaftlicher Entwicklung und einer Verringerung unserer Treibhausgasemissionen ein Mythos. Die „Global Commission on the Economy and Climate" schätzt, dass entschlossenes Handeln zur Begrenzung des Klimawandels bis 2030 zu einem direkten wirtschaftlichen Gewinn von 26 Billionen US-$ führen könnte, verglichen mit einem „Weiter so" Szenario.[2]

Viele Szenario-Studien deuten darauf hin, dass es technisch möglich und ökonomisch sinnvoll ist umzusteuern (z. B. Popp et al. 2017; Grubler et al. 2018; IPCC 2018), wobei die nötigen Veränderungen teilweise schon im Gange sind, bspw. ein, global gesehen, massiver Ausbau der erneuerbaren Energien (IEA 2017). Im letzten Jahrzehnt sind die Kosten für Solarstrom um 80 % gesunken, und neue Anlagen für Stromerzeugung nutzen bereits heute zu mehr als 50 % erneuerbare Energiequellen. Die Stromerzeugung aus Wind und Sonne verdoppelt sich zurzeit alle 4 Jahre (Figueres et al. 2018). Dementsprechend sinken die Emissionen von Kohlendioxid, dem wichtigsten durch den Menschen emittierten Treibhausgas, in Europa seit ca. 30 Jahren und in den Vereinigten Staaten von Amerika seit ca. 10 Jahren. Auch in China sind sie in den letzten 10 Jahren trotz starken Wirtschaftswachstums kaum noch gestiegen. Aufgrund von steigenden Emissionen in anderen Weltregionen, z. B. in Indien, haben die globalen Emissionen jedoch bis vor Kurzem weiter zugenommen (Friedlingstein et al. 2019).[3]

Und dann kam die Corona-Pandemie. Im April 2020 hat die Internationale Energieagentur (IEA) geschätzt, dass die Kohlendioxid-Emissionen 2020 um ca. 8 % fallen könnten, aber man erwartet, dass dieser Rückgang nur vorübergehend ist. Die Pandemie zeigt jedoch vor allem, wie vernetzt und – nicht zuletzt deshalb – wie verwundbar Gesellschaften sind. Und sie zeigt, dass wir

---

[2] https://newclimateeconomy.report
[3] https://www.globalcarbonproject.org

im nationalen wie im globalen Kontext entschieden handeln können und müssen. Klimawandel und der Verlust an biologischer Vielfalt sind jedoch im Gegensatz zu Covid-19 eine Bedrohung für menschliches Wohlergehen über Jahrhunderte. Um die für eine Begrenzung des Klimawandels und den Erhalt unserer natürlichen Lebensgrundlagen nötigen sozioökonomischen Transformationen zu erreichen, muss erheblich mehr passieren als bisher (IPCC 2018; IPBES 2019). Wir müssen es wagen, eine andere Welt zu denken, und wir müssen die Schranken in unseren Köpfen hinterfragen. Eine interdisziplinäre Nachhaltigkeitsforschung kann hierzu wichtige Beiträge liefern.

Über viele Jahre, und bedingt durch die Definition der Vereinten Nationen, galten drei Dimensionen und damit auch drei Disziplinen bzw. Fächergruppen als für die Forschung zu Nachhaltigkeit zentral: die Naturwissenschaften, die Wirtschafts- und die Sozialwissenschaften. Die Politik galt schließlich zuständig dafür, dass Programme für die Forschung zu Nachhaltiger Entwicklung aufgelegt wurden, und dass die gewonnenen Erkenntnisse Eingang in politische Strategien fanden. Als Vertreter*innen der GRADE (Goethe Graduate School) bzw. von GRADE-Sustain (Graduierten Zentrum für Nachhaltige Entwicklung) in Frankfurt am Main im Jahre 2015 eine knapp zweijährige Vortragsreihe zum Thema Nachhaltige Entwicklung organisierten, um damit die Forschungsperspektiven, die an der Goethe-Universität, aber auch an außeruniversitären Forschungsein-richtungen (Senckenberg Gesellschaft für Naturforschung und ISOE – Institut für sozial-ökologische Forschung) in Frankfurt am Main, existieren, miteinan-der ins Gespräch zu bringen, wurde schnell deutlich, dass ein Fokus auf die drei Fächergruppen deutlich zu eng ist. Auch wenn dieser Band die Vielfalt der Diszi-plinen und ihre Befassung mit Nachhaltiger Entwicklung nicht gänzlich abbildet, finden sich doch neben den „klassischen" Disziplinen (Ökologie, Politikwissen-schaft, Soziologie, Humangeografie), die Kunstwissenschaften, die Theologie und die Philosophie.

Dass sich eine Volluniversität wie die Goethe-Universität dem Thema Nachhal-tige Entwicklung aus unterschiedlichen Perspektiven zuwendet, verweist auch auf die institutionelle Wahrnehmung der Verantwortung beziehungsweise der gesell-schaftlichen Einbettung von Universitäten. Das bedeutet noch nicht, dass die Goethe-Universität sich in Richtung einer transformativen Hochschule wandelt (vgl. Schneidewind und Singer-Brodowski 2014), aber es bedeutet, dass For-schung, die sich mit den Bedingungen einer gesellschaftlichen Transformation in Richtung Nachhaltigkeit im Sinne des Wissenschaftlichen Beirats der Bun-desregierung Globale Umweltveränderungen (WBGU 2011) befasst, an dieser Universität durchaus einen Platz hat. Aktuell hat sich dort, nicht zuletzt aufgrund der Initiative einer Gruppe von sich für Nachhaltigkeit einsetzender Studierender und mit Unterstützung des Präsidiums, eine Arbeitsgruppe Nachhaltigkeit gegründet, die sich neben konzeptioneller Aspekte mit ganz konkreten Herausforderungen einer nachhaltigen Universität beschäftigen: in den Felder des Bauens, der Ernährung, der Mobilität und der Energie.

Im Folgenden wird der bunte Strauß der Nachhaltigkeitsforschung, wie er sich in dieser Publikation entfaltet, kurz vorgestellt.

Petra Döll („Risiken des Klimawandels: Wie kann man mit den vielfältigen Unsicherheiten bei Risikobewertung und Anpassung an den Klimawandel umgehen?"), Hydrologin mit einem Fokus auf Wasser im globalen Kontext und auf partizipative Strategien transdisziplinärer Forschung, thematisiert die Wahrnehmung von Risiken des anthropogenen Klimawandels (KW) als Prozesse, die mit ganz unterschiedlichen Formen der Unsicherheit behaftet sind. Wenn heterogene Stakeholder und Wissenschaftler*innen unterschiedlicher Disziplinen und Wissenschaftskulturen aufeinandertreffen, um gemeinsam Risiken auszumachen und zu bewerten, so Dölls Argument, geht es nicht nur um ontologische Unsicherheiten, sondern auch um epistemische und linguistische Unsicherheiten sowie um Uneindeutigkeiten. „Wir können mögliche zukünftige Entwicklungspfade nennen, aber keine gesicherten Aussagen darüber machen, welche Pfade jeweils wahrscheinlicher sind als andere. Diese Art von epistemischer Unsicherheit kann als „tiefe" Unsicherheit bezeichnet werden [...]. Aufgrund dieser 'tiefen' Unsicherheit wird bei der Bewertung von KW-Risiken statt mit probabilistischen Vorhersagen („ein bestimmtes Ereignis wird mit einer Wahrscheinlichkeit von x auftreten") mit Szenarien zukünftiger Treibhausgase und zukünftiger sozioökonomischer Bedingungen gearbeitet." (Döll in diesem Band S. 20f)

Der Politikwissenschaftler **Darrel Moellendorf** („Climate Change, Policy, and Justice"), beschäftigt sich mit Fragen der intra- und intergenerationalen Gerechtigkeit im Kontext des Klimawandels. Er konstatiert in seinem Beitrag, dass eine gerechte Verteilung von Kosten über die Generationen und zwischen dem globalen Norden und Süden, eine normative Frage ist, und nur möglich wird, wenn sich die nationalen Politiken wie auch die Institutionen entsprechend anpassen und sich aktiv für eine Verlangsamung des Klimawandels einsetzen und dafür auch zu internationalen Kompensationsleistungen bereit sind. Dafür konfrontiert er in seinem Beitrag die beiden vor allem vom IPCC – Intergovernmental Panel of Climate Change – genannten Lösungswege in Richtung Nachhaltiger Entwicklung: *Mitigation* – Bekämpfung der Ursachen des Klimawandels und *Adaptation* – Anpassung des menschlichen Handelns an die Folgen des Klimawandels – und diskutiert diese entlang der Konsequenzen für intergenerationale Gerechtigkeit auf der einen und globale Gerechtigkeit auf der anderen Seite. Er schlussfolgert:

„The right to sustainable development requires that rich states provide support for adaptation and compensation policies in poor countries in order that the latter may establish protection against the threats of climate change. Justice makes demands. In the case of climate change, responding adequately to these demands requires international cooperation in order to affect a rapid transition to renewable energy production and consumption and to safeguard conditions in which continued progress in human development can be made." (Moellendorf in diesem Band, S. 42).

Die Biologinnen **Karen Hahn und Anna Leßmeister** („Sustainable use of savanna vegetation in West Africa in the context of climate and land use change") untersuchen, wie Menschen in Savannen die Natur nutzen. Menschen in ländlichen Regionen in Afrika tun dies auf vielfältige Weise und sind dabei extrem abhängig von Ökosystemleistungen. Außerdem sind sie besonders stark von den Folgen des Klimawandels betroffen, weil alternative Einkommensquellen sowie Ressourcen für Anpassung kaum vorhanden sind. Allerdings gibt es kaum Daten dazu, welche Arten wie genutzt und wertgeschätzt werden. Die Forschung von Hahn und Leßmeister zeigt, dass in Savannen eine Vielzahl von Arten genutzt werden und erheblich zum Einkommen beitragen. Diese Nutzung erscheint oft nicht in regionalen oder globalen Landnutzugskarten, sodass der irrtümliche Eindruck entstehen kann, dass die Ökosysteme nicht genutzt werden und damit für andere Nutzungstypen wie bspw. Bioenergieplantagen zur Verfügung stehen. Die Autorinnen quantifizieren diese Leistungen und tragen damit zu für planerischen und entwicklungspolitischen Prozesse bei für die Anpassung an den Klimawandel. Sie verweisen auch darauf, dass die Bedürfnisse und Argumente der ländlichen Bevölkerung in der großräumigen Planung oft nicht berücksichtigt werden. „Thus, transdisciplinary research approaches are required which comprise collaboration between multiple scientific disciplines and the integration of extra-scientific knowledge of practitioners and stakeholders throughout the entire research process […]." (Hahn und Leßmeister in diesem Band, S. 47).

Robert Pütz und Antje Schlottmann („Umkämpfte Nachhaltigkeit – vergessene Leiblichkeit. Der Fall der Wildpferde in Namibia") vom Institut für Humangeografie der Goethe-Universität untersuchen in ihrem Beitrag den Umgang mit Wildpferden in einem Nationalpark Namibias. Sie bezeichnen ökologische Nachhaltigkeit mit Ernesto Laclau (2002) als „leeren Signifikanten", der diskursiv durch spezifische, häufig konkurrierende Naturvorstellungen immer wieder neu gefüllt wird. Mit einer Diskursanalyse können dann folgende Fragen beantwortet werden: „Welche Tiere haben im Kampf um die größte symbolische Bedeutung den Vorzug und „dürfen" Namibias Naturlandschaft repräsentieren? Und das heißt letztlich auch: Welche Tiere dürfen überleben und welche nicht?" (Pütz und Schlottmann in diesem Band S. 73). Der Befund, dass eine solche Perspektive allein das Verständnis des Umgangs mit bedrohten Arten nicht adäquat nachvollziehbar macht, führt in der weiteren Argumentation zum Assemblage-Konzept in der Lesart des Neuen Materialismus. Mit ihm wird die aktive Handlungsmacht (agency) der Wildtiere im Mensch-Wildpferd-Netzwerk in die Betrachtung einbezogen. Mit dem Konzept von Zwischenleiblichkeit (intercorporeality) nach Maurice Merleau-Ponty (1966), welches auch die leibgebundenen Interaktionen und Aneignungen der Beteiligten erfasst, ergibt sich schließlich eine wissenschaftliche Analyse von zwischenleiblichen Situationen, in denen sich die Grenzen zwischen Mensch und Tier ebenso verflüssigen, wie die zwischen Diskurs und leiblicher Praxis. Konzepte wie Zwischenleiblichkeit eröffnen damit nicht-dualistisch angelegte Zugänge, mit denen z. B. die Konsequenzen verinnerlichter und veräußerter dualistischer Rationalitäten kritisch betrachtet werden können und die insofern post-dualistische Forderungen erfüllen. Sie „eignen sich aber auch als Basis für eine andere Ontologie von Nachhaltigkeit, die derart aus Interaktionen gewonnenes Wissen akzeptiert" (Pütz und Schlottmann in diesem Band, S. 92).

Bruno Streit („Der Mensch und der Rhein"), Emeritus am Institut für Ökologie, Evolution und Diversität der Goethe-Universität mit einem Fokus auf die Fauna von Fließgewässern, beschreibt den Rhein in einem weiten Bogen als historisch, territorial wie ökologisch, sich wandelndes Wasserökosystem, als Bezugs- und Orientierungspunkt für Anwohner*innen, Besucher*innen, aber auch als Einkommensquelle für Vertreter*innen ganz unterschiedlicher Berufe. Er unterscheidet ausgewiesene Naturschutzgebiete des Rheins, die für naturverbundene Menschen ein Erholungsgebiet darstellen, und Orte der „Rheinromantik" wo „rheinische Fröhlichkeit" gelebt wurde und noch wird. „Geplant worden ist diese facettenreiche und in den Regionen auch identitätsfördernde Gemütswirkung nie, sondern sie ist das mehr beiläufige Produkt der historischen und politischen, gesellschaftlichen und kulturellen sowie der wirtschaftlichen und wasserbaulichen Geschichte. Was der Rhein nur noch in Resten bieten kann, ist ein ursprünglicher Flusscharakter, denn er ist hydrologisch gebändigt, biologisch umgekrempelt und gesellschaftlich vermarktet." (Streit in diesem Band, S. 100). Es wundert denn auch nicht, dass Streit In seinem äußerst kenntnisreichen geschriebenen Beitrag am Ende resümiert: „Die Rheingeschichte lehrt darüber hinaus auch, dass Umweltveränderungen stark durch politische, wirtschaftliche und gesellschaftliche Ziele und Zwänge hervorgerufen werden und dass ein gleichsam museales Konservieren von belebten Naturausschnitten illusorisch ist. Jede Generation formuliert neue Ansprüche und Ziele und ist sich auch nie über alle Folgen von vornherein im Klaren – oder nimmt sie bewusst in Kauf." (Streit in diesem Band, S. 116 f.).

Die Soziologin **Birgit Blättel-Mink** („Nachhaltige Entwicklung als Strategie der Völkergemeinschaft zur Überwindung der „Grenzen des Wachstums". Ein kritisch-historischer Abriss"), Professorin am Institut für Soziologie der Goethe-Universität, geht recht weit zurück in die Geschichte des Leitbildes Nachhaltige Entwicklung und skizziert in einem historischen Abriss die zentralen politischen, gesellschaftlichen und wissenschaftlichen Lesarten der Nachhaltigkeit. Sie diskutiert den Erfolg der Nachhaltigkeitsstrategien der Völkergemeinschaft kritisch und wirft schließlich einen Blick auf die Rolle der Wissenschaft für die Durchsetzung einer nachhaltigen Entwicklung – vor allem im Übergang zum Anthropozän. Sie verweist dabei auf das Gutachten des WBGU, in welchem die Autor*innen sowohl eine Stärkung der Transformationsforschung – Wege in Richtung Nachhaltigkeit – als auch der transformativen Wissenschaft einfordern. Letztere wird von Uwe Schneidewind wie folgt definiert: „Transformative Wissenschaft bezeichnet eine Wissenschaft, die gesellschaftliche Transformationsprozesse nicht nur beobachtet und von außen beschreibt, sondern diese Veränderungsprozesse selber mit anstößt und katalysiert und damit als Akteur (teilnehmender Beobachter) von Transformationsprozessen über diese Veränderungen lernt." (Schneidewind 2015, Blättel-Mink in diesem Band, S. 135). Damit steht die Wissenschaft der Zukunft vor großen Herausforderungen.

Thomas Jahn („Transdisziplinäre Nachhaltigkeitsforschung – Methoden, Kriterien, gesellschaftliche Relevanz"), einer der Mitbegründer des Instituts für sozial-ökologische Forschung in Frankfurt am Main (ISOE) und langjähriger wissenschaftlicher Geschäftsführer dieser Einrichtung, skizziert einen transdisziplinären Ansatz der Nachhaltigkeitsforschung, in dem nicht nur die Forschung jenseits disziplinärer Grenzen durchgeführt wird, sondern auch das beforschte Phänomen gesellschaftlich verankert ist und wo die Ergebnisse der Forschung, die in der Regel gemeinsam mit Vertreter*innen gesellschaftlicher Gruppen durchgeführt werden, in die Gesellschaft hinein getragen werden. „Das am ISOE entwickelte Modell eines idealtypischen, transdisziplinären Forschungsprozesses […] wurde in zahlreichen Forschungsprojekten auch außerhalb des ISOE praktisch erprobt (Jahn et al. 2012). Es geht von der Grundannahme aus, dass gesellschaftliche Probleme in der Regel auf Lücken im verfügbaren wissenschaftlichen Wissen verweisen. Durch die damit implizierte Verknüpfung gesellschaftlicher Probleme mit *originären* wissenschaftlichen Problemen wird es möglich, Beiträge zum gesellschaftlichen *und* wissenschaftlichen Fortschritt als epistemisches Ziel einer *einzigen* Forschungsdynamik zu betrachten. In diesem Ansatz ist damit die spannungsreiche Frage nach der Relevanz von Forschung allgemein und von

Nachhaltigkeitsforschung im Besonderen aufgehoben." (Jahn in diesem Band, S. 147 f.). Jahn identifiziert in seinem Beitrag methodische Herausforderungen und benennt Qualitätskriterien transdisziplinärer Nachhaltigkeitsforschung, die sich im aktuellen Wissenschaftssystem vielfältigen institutionellen *constraints* gegenübergestellt sieht, die es bislang noch von Fall zu Fall zu überwinden gilt.

Rosa Sierra („Transformation, contestation and normativity. Learning from actors and socio-political engagements in transformative science"), Philosophin und Gruppenleiterin für das Teilprojekt Nachhaltigkeit des deutsch-französisichen Kooperationsprojekts „Saisir l'Europe", welches am Institut für Philosophie der Goethe-Universität angesiedelt ist, befasst sich in ihrem Beitrag mit einer Sichtweise auf Transformationsforschung, wie sie der WBGU fordert. Als zentrale Herausforderung des TRANSFORM Verständnisses von „Saisir l'Europe" wird die Spannung zwischen einer system- und einer akteursorientierten Perspektive gesehen. Sierra, bzw. ein Netzwerk deutsch-französischer Wissenschaftler*innen, welches sich mit Transformationsforschung beschäftigt, konstatiert ein Paradoxon: „However, the research of agency towards transformation shows what appears to be a paradoxical dynamic in transformations towards sustainability: the goal of sustaining the states, structures or practices envisaged as the aim of transformations seems to preclude further transformations." (Sierra in diesem Band, S. 170). Anders formuliert: wie umgehen mit dem Widerspruch von Erhalten und Transformieren? Für eine Lösung greift Sierra auf das Konzept des ISOE, konkret auf einen Beitrag von Thomas Jahn (2013) zurück, in dem dieser argumentiert, dass es in der Nachhaltigkeitswissenschaft darauf ankommt, solche Prozesse zu identifizieren, die Nachhaltigkeit ermöglichen, und zu bestimmen, welche Bedingungen gegeben sein müssen, damit diese Prozesse erhalten bleiben können. „From this point of view, the continuity of a system's capacity for further development rather than the continuation of given states is the key feature of the sustainability model." (Sierra in diesem Band, S. 171). In ihrem Beitrag konkretisiert sie dieses Verständnis beispielhaft für Projekte von „Saisir l'Europe".

Im Rahmen einer am ISOE angesiedelten BMBF-geförderten Nachwuchsgruppe arbeiten die beiden Leiterinnen, die Humangeografin **Johanna Kramm** und die Ökotoxikologin **Carolin Völker** („Wie ist ein nachhaltiger Umgang mit Plastik möglich? Eine Vorstellung der inter- und transdisziplinär arbeitenden Nachwuchsgruppe ‚PlastX'"), disziplinenübergreifend zusammen, um gemeinsam mit Doktorand*innen unterschiedlicher disziplinärer Ausrichtungen umfassende Erkenntnisse zum Thema Plastik in der Umwelt zu erhalten und gesellschaftliche Schritte in Richtung Reduktion von Mikroplastik, vor allem in Wasserökosystemen, zu entwickeln. In welcher Weise Mikroplastik ein systemisches Risiko darstellt, beschreiben die Autorinnen: „Plastik ist günstig herstellbar, gut formbar, leicht und beständig und bietet deshalb viele Vorteile gegenüber anderen Materialien. Letztendlich sind es jedoch genau diese Vorteile, die zu den unerwünschten Effekten in der Umwelt führen – die massenhafte Verwendung führt zu einem hohen Abfallaufkommen und zum Eintrag in die Umwelt und die Beständigkeit des Materials setzt sich auch in der Umwelt fort, was bedeutet, dass die meisten Kunststoffe dort akkumulieren und kaum oder nur sehr langsam abgebaut werden. Diese Ambivalenz verdeutlicht, dass es sich bei dem Thema nicht um ein rein wissenschaftliches, sondern um ein komplexes lebensweltliches Problem handelt." (Kramm und Völker in diesem Band, S. 177). In ihrem Beitrag stellen die Autorinnen die transdisziplinäre Vorgehensweise in der Nachwuchsgruppe sowie die einzelnen Projekte vor.

Der Sozialethiker **Johannes Hoffmann** („Die Forschungsgruppe Ethisch-Ökologisches Rating an der Goethe-Universität. Forschungsergebnisse und ihre Wirkung in Wirtschaft und Politik") stellt in seinem Beitrag die Arbeit der Forschungsgruppe Ethisch-Ökologisches Rating an der Goethe-Universität dar. Die Grundfragen dieser interdisziplinären Forschungsgruppe, die seit Oktober 2018 an das Weltethos Forschungsinstitut an der Universität Tübingen angegliedert ist, formuliert er wie folgt: „a) Welche Bedeutung hat die Allgemeine Menschenrechtserklärung für die Realisierung menschenwürdiger Lebensbedingungen in unserer und in uns fremden Kulturen? b) Welche Konsequenzen ergeben sich daraus für die Gestaltung einer Marktwirtschaft, dass durch sie die Erhaltung der Substanz ökonomischer, ökologischer, sozialer und kulturelle Ressourcen für uns und künftige Generationen gesichert werden kann?" (Hoffmann in diesem Band, S. 198). Dafür hat die Gruppe einen Indikator entwickelt, der in der Folge auch Eingang fand in Wirtschaftsunternehmen, der jedoch angesichts der Wachstums- und Wettbewerbsorientierung der Wirtschaft, so Hoffmann, das damit verknüpfte Ziel einer deutlich nachhaltigeren Wirtschaft im Sinne von sozialer und ökologischer Nachhaltigkeit nicht erreicht hat. In der Konsequenz fordert die Gruppe, und das führt Hoffmann in seinem Beitrag aus, eine ethisch fundierte Änderung des deutschen Wettbewerbsrechts. „Unsere Gesetze verhindern den Ressourcenschutz! Nachhaltiger Wettbewerb muss einklagbar werden!" (Hoffmann in diesem Band, S. 209).

Verena Kuni („Ars Longa. Kunst und Nachhaltigkeit"), Professorin für Visuelle Kultur am Institut für Kunstpädagogik der Goethe-Universität, diskutiert in ihrem Beitrag die Rolle der Kunst für Nachhaltige Entwicklung. Sie nimmt den Aphorismus des Hippokrates „Vita brevis, ars longa" zum Anlass, darüber nachzudenken, in welcher Weise die Kunst, die aktuell nicht gerade dafür steht, konservierbare Werkstoffe zu benutzen, Beiträge zur Nachhaltigkeit leistet. Sie greift dafür einige Beispiele heraus, vor allem die Arbeit „7000 Eichen" von

Joseph Beuys, der nicht nur Kunst schaffen, sondern auch gesellschaftlich etwas bewegen wollte. Kuni findet für eine Kunst bzw. eine Kultur, die sich in diesen Kontext einordnet, folgende Definition: „… Bilder zu schaffen, die – wortwörtlich nachhaltig – zum Denken und Handeln anregen". (Kuni in diesem Band, S. 219). Nach Beuys entstanden so viele, ganz unterschiedliche Projekte, die, vor allem Kunst und Wissenschaft miteinander verknüpften, wo die Kollaboration von Kunst, Natur und Gesellschaft dazu beitragen soll, deutliche Schritte in Richtung Nachhaltigkeit zu gehen. Kuni verweist unter anderem auf Bienen-Projekte, vor allem in städtischen Räumen, darunter Frankfurt am Main. Sie schließt ihren Beitrag mit einer Beobachtung: „Heute hingegen scheint es nahezu selbstverständlich, dass Künstler*innen nicht allein aus dem Atelier heraus operieren, sondern mit Projekten direkt in die Öffentlichkeit gehen – und dabei etwa auch unter den Vorzeichen der Kunst Bäume pflanzen oder eine Stadtimkerei betreiben. Kunst, die kulturelle Bildung, ökologisches und soziales Engagement verknüpft, hat sich als zukunftsfähig erwiesen: Als ‚ars longa', die das Thema Nachhaltigkeit – und die mit ihm verknüpften Fragen und Komplexe – nicht nur aufgreift und in Bilder fasst, sondern direkt zum Handeln und Mittun einlädt." (Kuni in diesem Band, S. 240).

Abschließend diskutiert der Paläontologe **Volker Mosbrugger** („Ökologischer Imperativ, Nachhaltigkeit, Planetare Grenzwerte und „One Health" –Zielfunktionen für ein zukunftsfähiges Geoengineering") mögliche Zielfunktionen bzw. wissenschaftliche Konzepte für ein Erdsystemmanagement. Diese reichen von den klassischen Nachhaltigkeitskonzepten bis zu planetaren Grenzen und einer Verknüpfung von menschlicher Gesundheit und der Gesundheit der Natur. Hierbei betont er, dass wir sogenanntes „Geo-engineering", welches in der Gesellschaft oft kritisch gesehen wird, im Anthropozän sowieso betreiben, jedoch ohne die nötige globale Koordination, die notwendig wäre, um gemeinsame Ziele zu erreichen. Er vergleicht die enorme Herausforderung, der sich die Menschen gegenübersehen, mit der Entwicklung der Humanmedizin. „Die Entwicklung der Humanmedizin zu einer modernen, erfolgreichen Wissenschaft hat mehrere Jahrhunderte gebraucht. Die Entwicklung eines modernen Erdsystem-Managements im Sinne einer *Heilkunde der Erde* muss angesichts der *anthropozänen Herausforderung* deutlich schneller erfolgen." (Mosbrugger in diesem Band, S. 248).

Wir danken den Autorinnen und Autoren dieses Bandes für ihre informativen und weiterführenden Beiträge in Sachen Nachhaltigkeit. Wir danken insbesondere Frau Dr. Henrike Becker, Referentin für Natur- und Lebenswissenschaften bei GRADE (Goethe Research Academy for Early Career Researchers) für Ihre Initiative, die Vorträge zu verschriftlichen und für Ihre Geduld in dieser Sache. Ohne sie wäre dieser Band mit Sicherheit nicht zustande gekommen. Wir hoffen, dass das Engagement der Goethe-Universität in dieser Sache sowohl in Forschung als auch in Lehre in Zukunft noch stärker sein wird.

„Wer […] wissenschaftlich und/oder künstlerisch im Feld arbeitet, wird dies kaum von Konjunkturen abhängig machen. Vielmehr ist bereits der Frage nach Nachhaltigkeit eine Zeitperspektive eingeschrieben, die auf eine langfristige Beschäftigung mit der Sache und auf die Ausdauer aller Beteiligten setzt." (Kuni in diesem Band, S. 216).

Literatur

Clark, P. U., J. D. Shakun, S. A. Marcott, A. C. Mix, M. Eby, S. Kulp, A. Levermann, G. A. Milne, P. L. Pfister, B. D. Santer, D. P. Schrag, S. Solomon, T. F. Stocker, B. H. Strauss, A. J. Weaver, R. Winkelmann, D. Archer, E. Bard, A. Goldner, K. Lambeck, R. T. Pierrehumbert, und G.-K. Plattner. 2016. Consequences of twenty-first-century policy for multi-millennial climate and sea-level change. *Nature Climate Change* 6:360–369.

Costanza, R., R. de Groot, P. Sutton, S. van der Ploeg, S. J. Anderson, I. Kubiszewski, S. Farber, und R. K. Turner. 2014. Changes in the global value of ecosystem services. *Global Environmental Change* 26:152–158.

Crutzen, P. J. 2002. Geology of mankind. *Nature* 415:23–23.

Figueres, C., C. Le Quere, A. Mahindra, O. Bate, G. Whiteman, G. Peters, und D. Guan. 2018. Emissions are still rising: Ramp up the cuts. *Nature* 564:27–30.

Fowler, D., M. Coyle, U. Skiba, M. A. Sutton, J. N. Cape, S. Reis, L. J. Sheppard, A. Jenkins, B. Grizzetti, J. N. Galloway, P. Vitousek, A. Leach, A. F. Bouwman, K. Butterbach-Bahl, F. Dentener, D. Stevenson, M. Amann, und M. Voss. 2013. The global nitrogen cycle in the twenty-first century. *Philosophical Transactions of the Royal Society B-Biological Sciences* 368:20130164.

Friedlingstein, P., M. W. Jones, M. O'Sullivan, R. M. Andrew, J. Hauck, G. P. Peters, und S. Zaehle. 2019. Global carbon budget 2019. *Earth System Science Data* 11 (4):1783–1838.

Grubler, A., C. Wilson, N. Bento, B. Boza-Kiss, V. Krey, D. L. McCollum, N. D. Rao, K. Riahi, J. Rogelj, S. De Stercke, J. Cullen, S. Frank, O. Fricko, F. Guo, M. Gidden, P. Havlik, D. Huppmann, G. Kiesewetter, P. Rafaj, W. Schoepp, und H. Valin. 2018. A low energy demand scenario for meeting the 1.5 degrees C target and sustainable development goals without negative emission technologies. *Nature Energy* 3:515–527.

International Energy Agency (IEA). 2017. World energy outlook 2017. IEA publications. www.iea.org.

IPBES. 2019. *Summary for policymakers of the global assessment report on biodiversity and ecosystem services of the intergovernmental science-policy platform on biodiversity and ecosystem services*, Hrsg. S. Díaz, J. Settele, E. S. Brondízio, H. T. Ngo, M. Guèze, J. Agard, A. Arneth, P. Balvanera, K. A. Brauman, S. H. M. Butchart, K. M. A. Chan, L. A. Garibaldi, K. Ichii, J. Liu, S. M. Subramanian, G. F. Midgley, P. Miloslavich, Z. Molnár, D. Obura, A. Pfaff, S. Polasky, A. Purvis, J. Razzaque, B. Reyers, R. Roy Chowdhury, Y. J. Shin, I. J. Visseren-Hamakers, K. J. Willis, and C. N. Zayas, 56 pages. Bonn: IPBES secretariat.

IPCC. 2013. *Climate change 2013: The physical science basis. Contribution of working group I to the fifth assessment report of the intergovern- mental panel on climate change,* Hrsg. T. F. Stocker, D. Qin, G.-K. Plattner, M. Tignor, S. K. Allen, J. Boschung, A. Nauels, Y. Xia, V. Bex and P. M. Midgley. Cambridge: Cambridge University Press.

IPCC. 2014. *Climate change 2014: Mitigation of climate change. Contribution of working group III to the fifth assessment report of the intergovernmental panel on climate change,* Hrsg. O. Edenhofer, R. Pichs-Madruga, Y. Sokona, E. Farahani, S. Kadner, K. Seyboth, A. Adler, I. Baum, S. Brunner, P. Eickemeier, B. Kriemann, J. Savolainen, S. Schlömer, C. von Stechow, T. Zwickel und J. C. Minx. Cambridge: Cambridge University Press.

IPCC. 2018. *Global warming of 1.5 C. An IPCC special report on the impacts of global warming of 1.5 C above pre-industrial levels and related global greenhouse gas emission pathways, in the context of strengthening the global response to the threat of climate change, sustainable development, and efforts to eradicate poverty,* Hrsg. V. Masson-Delmotte, P. Zhai, H. O. Pörtner, D. Roberts, J. Skea, P. R. Shukla, A. Pirani, W. Moufouma-Okia, C. Péan, R. Pidcock, S. Connors, J. B. R. Matthews, Y. Chen, X. Zhou, M. I. Gomis, E. Lonnoy, T. Maycock, M. Tignor und T. Waterfield. Geneva: IPCC.

IPCC. 2019. Summary for policymakers. In *Climate change and land: An IPCC special report on climate change, desertification, land degradation, sustainable land management, food security, and greenhouse gas fluxes in terrestrial ecosystems,* Hrsg. P. R. Shukla, J. Skea, E. Calvo Buendia, V. Masson-Delmotte, H.-O. Pörtner, D. C. Roberts, J. Zhai, R. Slade, S. Connors, R. van Diemen, M. Ferrat, E. Haughey, S. Luz, S. Neogi, M. Pathak, J. Petzold, J. Portugal Pereira, P. Vyas, E. Huntley, K. Kissick, M. Belkacemi und J. Malley. IPCC (In press).

Jahn, T. 2013. Theorie(n) der Nachhaltigkeit? Überlegungen zum Grundverständnis einer Nachhaltigkeitswissenschaft. In *Perspektiven nachhaltiger Entwicklung – Theorien am Scheideweg. Beiträge zur sozialwissenschaftlichen Nachhaltigkeitsforschung,* Hrsg. J. C. Enders und M. Remig, 47–64. Marburg: Metropolis.

Jahn, T., M. Bergmann, und F. Keil. 2012. Transdisciplinarity: Between mainstreaming and marginalization. *Ecological Economics* 79:1–10.

Laclau, E. 2002. *Emanzipation und Differenz.* Wien: Turia + Kant.

Landrigan, P. J., J. L. Sly, M. Ruchirawat, E. R. Silva, X. Huo, F. Diaz-Barriga, H. J. Zar, M. King, E. H. Ha, K. A. Asante, H. Ahanchian, und P. D. Sly. 2016. Health consequences of environmental exposures: Changing global patterns of exposure and disease. *Annals of Global Health* 82:10–19.

Meadows, D., D.H. Meadows, E. Zahn, und P. Milling. 1972. *Die Grenzen des Wachstums. Bericht des Club of Rome zur Lage der Menschheit.* Stuttgart: Deutsche Verlagsanstalt.

Merleau-Ponty, M. 1966. *Phänomenologie der Wahrnehmung.* Berlin: de Gruyter.

Newbold, T., L. N. Hudson, S. L. L. Hill, S. Contu, I. Lysenko, R. A. Senior, L. Borger, D. J. Bennett, A. Choimes, B. Collen, J. Day, A. De Palma, S. Diaz, S. Echeverria-Londono, M. J. Edgar, A. Feldman, M. Garon, M. L. K. Harrison, T. Alhusseini, D. J. Ingram, Y. Itescu, J. Kattge, V. Kemp, L. Kirkpatrick, M. Kleyer, D. L. P. Correia, C. D. Martin, S. Meiri, M. Novosolov, Y. Pan, H. R. P. Phillips, D. W. Purves, A. Robinson, J. Simpson, S. L. Tuck, E. Weiher, H. J. White, R. M. Ewers, G. M. Mace, J. P. W. Scharlemann, und A. Purvis. 2015. Global effects of land use on local terrestrial biodiversity. *Nature* 520:45–50.

Pimm, S. L., C. N. Jenkins, R. Abell, T. M. Brooks, J. L. Gittleman, L. N. Joppa, P. H. Raven, C. M. Roberts, und J. O. Sexton. 2014. The biodiversity of species and their rates of extinction, distribution, and protection. *Science* 344:1246752.

Popp, A., K. Calvin, S. Fujimori, P. Havlik, F. Humpenoder, E. Stehfest, et al. 2017. Land-use futures in the shared socio-economic pathways. *Global Environmental Change-Human and Policy Dimensions* 42:331–345.

Schneidewind, U., und M. Singer-Brodowski. 2014. *Transformative Wissenschaft. Klimawandel im deutschen Wissenschafts- und Hochschulsystem.* Marburg: Metropolis.

Schneidewind , U. 2015. Transformative Wissenschaft – Motor für gute Wissenschaft und lebendige Demokratie. Reaktion auf A. Grunwald. 2015 Transformative Wissenschaft – Eine neue Ordnung im Wissenschaftsbetrieb? *GAIA* 24 (2):88–89.

Steffen, W., W. Broadgate, L. Deutsch, O. Gaffney, und C. Ludwig. 2015. The trajectory of the Anthropocene: The great acceleration. *Anthropocene Review* 2:81–98.

Steffen, W., J. Rockstrom, K. Richardson, T. M. Lenton, C. Folke, D. Liverman, C. P. Summerhayes, A. D. Barnosky, S. E. Cornell, M. Crucifix, J. F. Donges, I. Fetzer, S. J. Lade, M. Scheffer, R. Winkelmann, und H. J. Schellnhuber. 2018. Trajectories of the earth system in the Anthropocene. *Proceedings of the National Academy of Sciences of the United States of America* 115:8252–8259.

Sutton, M. A., O. Oenema, J. W. Erisman, und A. Leip. 2011. Too much a good thing. *Nature* 472:159–161.

WBGU. 2011. *Welt im Wandel – Gesellschaftsvertrag für eine Große Transformation 2.* Veränderte. Berlin: WBGU.

Blättel-Mink, Birgit, Prof. Dr., Professur für Soziologie mit dem Schwerpunkt Industrie- und Organisationssoziologie am Fachbereich Gesellschaftswissenschaften der Goethe-Universität Frankfurt am Main.
https://www.fb03.uni-frankfurt.de/soziologie/bblaettel-mink

Hickler, Thomas, Prof. Dr., Leiter der Arbeitsgruppe Biogeographie und Ökosystemforschung am Senckenberg Biodiversität und Klima Forschungszentrum (SBiK-F), Frankfurt am Main. Professur für Quantitative Biogeographie am Institut für Physische Geographie der Goethe-Universität, Frankfurt am Main.
https://www.senckenberg.de/de/institute/sbik-f/ag-biogeographie/

Risiken des Klimawandels: Wie kann man mit den vielfältigen Unsicherheiten bei Risikobewertung und Anpassung an den Klimawandel umgehen?

Petra Döll

Zusammenfassung

Um die vielfältigen Risiken des Klimawandels zu verringern, ist es notwendig, diese in lokalen partizipativen Prozessen mit Stakeholdern und Wissenschaftler*innen zu analysieren und zu bewerten und Strategien zur Risikoverringerung entwickeln. Dabei spielen verschiedene Arten von Unsicherheiten eine wichtige Rolle und sollten explizit adressiert werden. Anhand einer Unsicherheitsklassifikation werden die für solche partizipativen Prozesse relevanten Unsicherheiten (epistemische, ontologische und linguistische Unsicherheiten sowie Uneindeutigkeit) diskutiert, und es werden Methoden zum Umgang mit diesen Unsicherheiten vorgestellt.

1   Einleitung

Alle Gesellschaften sind gezwungen, mit den vielfältigen Risiken des menschgemachten Klimawandels (KW) umzugehen und den Klimawandel durch reduzierte Treibhausgasemissionen zu begrenzen und sich an das geänderte Klima anzupassen. KW-Risiken werden als potenzielle zukünftige Auswirkungen gefährlicher Ereignisse oder Trends, die vom KW verursacht werden, definiert (IPCC 2014). Es wird mittlerweile als sinnvoll angesehen, von KW-Risiken statt von KW-Auswirkungen oder -Folgen zu sprechen. Der Begriff Risiko spiegelt zum einen wider, dass es unsicher ist, wie sich der Klimawandel und seine Folgen entwickeln

P. Döll (✉)
Institut für Physische Geographie der Goethe-Universität Frankfurt am Main, Frankfurt am Main, Deutschland
E-Mail: p.doell@em.uni-frankfurt.de

© Der/die Autor(en) 2021   17
B. Blättel-Mink et al. (Hrsg.), *Nachhaltige Entwicklung in einer Gesellschaft des Umbruchs*, https://doi.org/10.1007/978-3-658-31466-8_2

werden. Zum anderen haben Politik und Wirtschaft Erfahrung im Management vielfältiger Risiken, die in das KW-Risikomanagement eingebracht werden kann. KW-Risiken entstehen durch das Zusammenspiel von 1) *KW-Gefahren* (oder auch „Gefährdungen"), d. h. gefährlichen Ereignissen oder Trends in der Umwelt, die durch den KW verursacht werden, mit 2) *Ausgesetztsein (Exposition)* und 3) *Verwundbarkeit (Vulnerabilität)* (IPCC 2014). Beispielsweise kann das Risiko für Menschen, in Zukunft aufgrund des KW an verringerten Grundwasserressourcen zu leiden, durch die mögliche Stärke der Abnahme der Grundwasserressourcen (Gefahr), die Anzahl der Menschen, die mit Grundwasser versorgt werden (Exposition) und der Abhängigkeit von Grundwasser als Wasserquelle (Verwundbarkeit) beschrieben werden (Döll 2009).

Der Weltklimarat (Intergovernmental Panel on Climate Change IPCC) schlägt ein iteratives und partizipatives KW-Risikomanagement vor (IPCC 2014). Aufgrund von Ausmaß, Komplexität, Unsicherheit und Uneindeutigkeit (Ambiguität) der KW-Risiken muss die KW-Risikobewertung ebenso wie die Entwicklung von Maßnahmen kooperativ durch eine breite Gruppe von Wissenschaftler*innen und Stakeholdern (Betroffene und Entscheidungsträger*innen) geschehen (Mimura et al. 2014). Eine Herausforderung ist, für ein solches KW-Risikomanagement transdisziplinäre partizipative Prozesse auf lokaler bis nationaler Ebene zu gestalten, die eine effektive und sinnvolle Integration des Wissens von multisektoralen Stakeholdern und multidisziplinären Wissenschaftler*innen ermöglichen, ebenso wie die Berücksichtigung von unterschiedlichen Werten und legitimen Problemsichten der Stakeholder (Renn et al. 2011). Während bereits vielfältige Erfahrungen mit partizipativen Prozessen gemacht worden sind, z. B. im Problemfeld nachhaltiges Land- und Wassermanagement, müssen die wissenschaftlichen Grundlagen zur Gestaltung von partizipativen Prozessen noch weiterentwickelt werden (Lang et al. 2012; Scholz und Steiner 2015).

KW-Risikomanagement beinhaltet die Bewertung von KW-Risiken sowie die Identifizierung von Maßnahmen zur Risikoverringerung. Beide Schritte werden durch vielfältige Unsicherheiten erschwert. Im Folgenden werden Unsicherheiten, die in partizipativen KW-Risikomanagementprozessen (PRMP) relevant sind, basierend auf einer neu entwickelten Unsicherheitsklassifikation vorgestellt (Döll und Romero-Lankao 2017). Danach werden Vorschläge gemacht, wie unterschiedliche Unsicherheiten in PRMP explizit behandelt werden können.

2   Unsicherheiten im KW-Risikomanagement

Der Begriff „Unsicherheit" hat für Menschen in verschiedenen Kontexten eine unterschiedliche Bedeutung. Döll und Romero-Lankao (2017) haben daher eine Unsicherheitsklassifikation vorgeschlagen, mit der verschiedene Arten von Unsicherheiten in PRMP umfassend behandelt werden können. Sie verbindet Elemente und Ideen von Walker et al. (2003), Ascough et al. (2008), Kwakkel et al. (2010) und Bijlsma et al. (2011). Unsicherheit kann als jegliche Abweichung vom unerreichbaren Ideal eines umfassenden Wissens und Verständnisses, das alle teilen, definiert werden (Walker et al. 2003, erweitert). Mithilfe der Unsicherheitsklassifikation soll es den Teilnehmer*innen von PRMP ermöglicht werden, alle im Rahmen von PRMP auftretenden Unsicherheiten zu erkennen und explizit zu machen und dann geeignet mit diesen umzugehen.

Jede Unsicherheit wird entsprechend ihrer Position, ihrer Art und ihres Grades beschrieben (Abb. 1). So könnten das Ausmaß zukünftiger Treibhausgasemissionen oder der Begriff „Nachhaltigkeit" als Positionen von Unsicherheiten, die für den spezifischen PRMP von Bedeutung sind, identifiziert werden. Für jede Position wird dann zunächst festgestellt, welche Art von Unsicherheit die Position betrifft. In PRMP sind epistemische, ontologische und linguistische Unsicherheiten ebenso relevant wie die Uneindeutigkeit (Abb. 1). Uneindeutigkeit wird hier als eine Art von Unsicherheit betrachtet, da durch sie insbesondere eine eindeutige Risikoanalyse und -bewertung unmöglich gemacht wird, die von allen geteilt wird und ein für alle sicheres Wissen widerspiegelt. Schließlich wird der Grad der Unsicherheit bestimmt (Abb. 1). Eine so strukturierte Erfassung von Unsicherheiten erleichtert den Umgang mit Unsicherheiten in PRMP. Im Folgenden werden die unterschiedlichen Arten von Unsicherheiten erläutert und für das KW-Risikomanagement wichtige Positionen beschrieben, bei denen solche Unsicherheiten auftreten.

2.1   Epistemische Unsicherheiten

Unvollständiges Wissen führt zu epistemischer Unsicherheit. Substanzielle epistemische Unsicherheit wird durch unvollständiges Wissen über das Problemfeld an sich verursacht, d. h. durch begrenztes Systemwissen (Wie funktioniert das problemrelevante System?), Zielwissen (Welche Ziele haben die beteiligten Akteure?) und Transformationswissen (Wie kann das Ziel erreicht werden?). Im Rahmen partizipativer Prozesse gibt es darüber hinaus nur begrenztes Wissen darüber, wie die am Prozess Beteiligten agieren werden und wie der Prozess durch

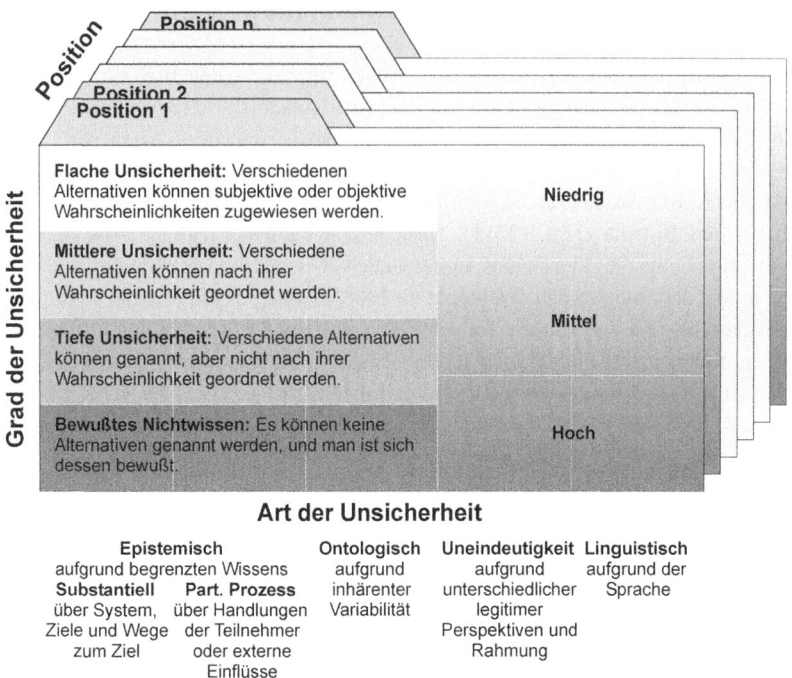

Abb. 1 Beschreibung einer Unsicherheit nach Position, Art und Grad. (Nach Döll und Romero-Lankao 2017). Die Position bezieht sich auf die Komponente des untersuchten Problemfelds, bei der die Unsicherheit auftritt, z. B. die zukünftigen Treibhausgasemissionen. Bei epistemischen oder ontologischen Unsicherheiten beschreibt der Grad der Unsicherheit, wie genau das Eintreten möglicher alternative Zustände prognostiziert werden kann, die sich aufgrund von menschlichen Handlungen oder natürlichen Prozesse einstellen können (z. B. die Menge der Treibhausgasemissionen)

externe Ereignisse, z. B. übergeordnete Politikentscheidungen, beeinflusst werden wird. Im Folgenden werden substanzielle epistemische Unsicherheiten, die für ein KW-Risikomanagement wichtig sind, beschrieben.

Für die Quantifizierung der KW-Gefahren ist es problematisch, dass die zukünftigen Treibhausgasemissionen, die die KW-Gefahren beeinflussen, und die sozioökonomischen Bedingungen, die für Exposition und Vulnerabilität verantwortlich sind, nicht prognostiziert werden können, insbesondere da beide von vielen Entscheidungen vieler Menschen abhängen. Wir können mögliche zukünftige Entwicklungspfade nennen, aber keine gesicherten Aussagen darüber machen,

welche Pfade jeweils wahrscheinlicher sind als andere. Diese Art von epistemischer Unsicherheit kann als „tiefe" Unsicherheit bezeichnet werden (Abb. 1;
Kwakkel et al. 2010; Döll und Romero-Lankao 2017). Aufgrund dieser „tiefen"
Unsicherheit wird bei der Bewertung von KW-Risiken statt mit probabilistischen
Vorhersagen („ein bestimmtes Ereignis wird mit einer Wahrscheinlichkeit von
x auftreten") mit Szenarien zukünftiger Treibhausgase und zukünftiger sozioökonomischer Bedingungen gearbeitet. Szenarien sind alternative Zukünfte, die
plausibel und konsistent sind und die nicht durch Eintrittswahrscheinlichkeiten
beschrieben werden können.

Des Weiteren ist die Quantifizierung zukünftiger KW-Gefahren von Unsicherheiten bezüglich der Klimaänderungen und Klimaänderungsfolgen, die sich
bei den jeweiligen Treibhausgasszenarien oder globalen Erwärmungen einstellen
werden, betroffen. Vier Szenarien zukünftiger Treibhausgasemissionen wurden
von globalen Klimamodellen in Klimaänderung, d. h. Klimaszenarien, „übersetzt" (IPCC 2014). In Klimaszenarien wird die zukünftige Entwicklung von
Temperatur, Niederschlag, Wind und anderen Klimavariablen in der Atmosphäre
quantifiziert, die stattfinden könnte, wenn ein bestimmtes Emissionsszenario wahr
würde (IPCC 2014). Aufgrund der Komplexität des Klimasystems, das nicht nur
die Atmosphäre, sondern auch den Ozean und die Landflächen umfasst, berechnen
unterschiedliche Klimamodelle meist deutlich unterschiedliche Klimaszenarien
für ein gegebenes Emissionsszenario, wobei die Unterschiede und damit die Unsicherheiten beim Niederschlag deutlich größer sind als bei der Temperatur. Diese
Art von Unsicherheit kann als „flach" bis „mittel" bezeichnet werden (Kwakkel et al. 2010; Döll und Romero-Lankao 2017). Eine Unsicherheit wird als
flach definiert, falls den Alternativen eine Wahrscheinlichkeit zugewiesen werden kann, und als mittel, falls die Alternativen nach ihrer Wahrscheinlichkeit
geordnet werden können (Abb. 1). Aussagen zur Unsicherheit von Klimaszenarien können getroffen werden, da eine Vielzahl von Klimamodellen (20–40) die
vier Emissionsszenarien durchgerechnet haben. Betrachtet man die Berechnungsergebnisse der einzelnen Klimamodelle als gleich wahrscheinlich und nimmt an,
dass diese den gesamten Wahrscheinlichkeitsraum abdecken, können Wahrscheinlichkeiten der zukünftigen Klimaänderungen für das jeweilige Emissionsszenario
berechnet werden. Diese Annahmen treffen aber nur in erster Näherung zu (Döll
et al. 2015), weswegen die Unsicherheit der Klimaszenarien unter der Bedingung, dass das in den Modellen berücksichtigte Emissionsszenario eintreten wird,
flach bis mittel ist. Um nun die Gefahren des Klimawandels in verschiedenen
Sektoren wie Landwirtschaft oder Wasserversorgung abzuschätzen, werden die
Klimaszenarien als Eingabegrößen sektoraler Impaktmodelle, z. B. von landwirt-
schaftlichen Ertragsmodellen oder hydrologischen Modellen, verwendet. Dabei ist

es üblich, die globalen Klimaszenarien mithilfe lokaler Klimabeobachtungen zu
korrigieren (durch Downscaling und/oder Bias-Korrektur). In der Modellkaskade
pflanzen sich die substanziellen epistemischen Unsicherheiten fort. Durch die sek-
torale Modellierung und die Korrekturen werden wiederum flache bis mittlere
Unsicherheiten eingeführt, sodass für die quantitative Abschätzung von Gefahren des Klimawandels, für ein gegebenes Emissionsszenario oder eine bestimme
globale Erwärmung, insgesamt wohl eine mittlere Unsicherheit vorliegt, d. h.
alternative Gefahrenstärken können grob nach ihrer Wahrscheinlichkeit geordnet
werden (Abb. 1). Weitere Positionen von epistemischen Unsicherheiten für die
Quantifizierung von KW-Gefahren sind in Tab. 3 in Döll und Romero-Lankao
(2017) gelistet.

Die substanziellen epistemischen Unsicherheiten, die bei Abschätzung von
Exposition und Verwundbarkeit auftreten (siehe Tab. 3 in Döll und Romero-
Lankao 2017), sind keineswegs kleiner als die der KW-Gefahren. So ist schon
oft die Beschreibung der heutigen Verwundbarkeit gegenüber dem KW unsicher
(flache bis mittlere Unsicherheit je nach Kontext), während die zukünftige Entwicklung der Verwundbarkeit durch eine tiefe Unsicherheit geprägt ist. Schließlich gibt es verschiedene Positionen von Unsicherheiten bei der Identifizierung
von Klimaschutz- und Klimaanpassungsmaßnahmen (siehe Tab. 4 in Döll und
Romero-Lankao 2017). Von großer Bedeutung für das KW-Risikomanagement
ist, dass das Transformationswissen (z. B. mit welchen Mitteln eine Verhal-
tensänderung erreicht werden kann) sehr oft geringer ist als das Systemwissen.
Daher sind die Unsicherheiten bezüglich geeigneter Maßnahmen für Klimaschutz
und die Anpassung an den Klimawandel sehr oft größer als die bezüglich der
Risikoanalyse.

2.2   Ontologische Unsicherheiten

Ontologische Unsicherheit tritt aufgrund der inhärenten Variabilität natürlicher
und menschlicher Systeme auf. Sie wird auch zufällige oder stochastische
Unsicherheit genannt. Für ein KW-Risikomanagement besonders relevant sind
ontologische Unsicherheiten, die aufgrund der stochastischen Natur des Wetters
auftreten. Diese macht es unmöglich, das Auftreten eines Wetterereignisses oder
eines vom Wetter ausgelösten Ereignisses (z. B. Hochwasser) vorherzusagen. Ist
die stochastische Beschreibung des Phänomens aufgrund von langjährigen Beobachtungszeitreihen gut bekannt, d. h. nicht unsicher, liegt keine epistemische
Unsicherheit vor. Durch den Klimawandel ist jedoch eine neue epistemische Unsicherheit bei der stochastischen Beschreibung des Wetters hinzugekommen, da

Wahrscheinlichkeiten (z. B. für das Auftreten bestimmter Hochwasserereignisse) nicht mehr aus Beobachtungszeitreihen abgeleitet werden können („Stationarity is dead", Milly et al. 2008). Eine weitere ontologische Unsicherheit in PRMP ergibt sich aufgrund der zufälligen Zusammensetzung der Teilnehmer*innen.

2.3   Uneindeutigkeit

Uneindeutigkeit ist eine Art Unsicherheit, die dadurch auftritt, dass Personen oder Organisationen unterschiedliche legitime Sichtweisen auf das betrachtete Problem sowie unterschiedliche Bezugsrahmen haben, sodass sie (z. B. bei der Analyse und Bewertung eines KW-Risikos) auch dann nicht übereinstimmen könnten, wenn keinerlei andere Unsicherheiten vorhanden wären (Renn 2008). So können beispielsweise unterschiedliche Auffassungen über die Wichtigkeit bestimmter Systemkomponenten existieren und zu unterschiedlichen Interpretationen von Daten führen. Uneindeutigkeit kann auch zu einer unterschiedlichen Bewertung der Bedeutung von epistemischen Unsicherheiten führen. Zum einen kann das Risiko, dass eine bestimmte negative Auswirkung mit einer Wahrscheinlichkeit von 0,01 % auftreten wird, von manchen als gering und von anderen als hoch eingeschätzt werden, sodass erstere risikoreduzierende Maßnahmen ablehnen und letztere diese befürworten. Zum anderen kann epistemische Unsicherheit über einen Sachverhalt bei Menschen mit geringem Vertrauen in wissenschaftliche Erkenntnisse dazu führen, dass sie diese Erkenntnisse für ihre Risikobewertung überhaupt nicht berücksichtigen. Uneindeutigkeit wird durch unterschiedliche Wertesysteme, Erfahrungen, Erwartungen und Wissensformen verursacht (Renn 2008; Kwakkel et al. 2010; Renn et al. 2011). Uneindeutigkeit bleibt auch dann bestehen, wenn die Unsicherheit bezüglich des Zielwissens der Akteure im Laufe des PRMP verringert worden ist, indem die Teilnehmer*innen sich über ihre Ziele ausgetauscht haben. Uneindeutigkeit ist auf einem niedrigen Niveau, wenn (fast) alle ein gemeinsames Problemverständnis haben. Erfahrungen beim partizipativen Hochwassermanagement (ohne Betrachtung des Klimawandels) haben gezeigt, dass Uneindeutigkeit für die Entscheidungsfindung in partizipativen Prozessen bedeutender sein kann als epistemische und ontologische Unsicherheiten (Van den Hoek et al. 2014).

2.4   Linguistische Unsicherheiten

Linguistische oder sprachliche Unsicherheiten treten auf, weil unsere Sprache vage, mehrdeutig, nicht exakt und kontext-abhängig ist (Ascough et al. 2008). Falls die Teilnehmer*innen des PRMP nicht dieselbe Muttersprache haben, sind linguistische Unsicherheiten besonders groß.

3   Umgang mit Unsicherheiten in PRMP

Die Durchführung von PRMP ist die Methode der Wahl, um mit den vielfältigen und verknüpften Unsicherheiten des KW umzugehen. Zum einen können Stakeholder aus multiplen Sektoren und Wissenschaftler*innen aus multiplen Disziplinen ihr diverses System-, Ziel- und Transformationswissen integrieren und so die epistemische Unsicherheit verringern. Zum anderen kann Uneindeutigkeit durch geeignete partizipative Methoden transparent gemacht werden, und unterschiedliche Problemperspektiven können bis zu einem gewissen Grad harmonisiert werden.

PRMP bestehen aus verschiedenen Phasen, z. B. einer Vorbereitungsphase und einer Hauptphase, die wiederum in die Phasen Einleitung, Risikoidentifizierung, Risikoanalyse, Risikobewertung und Entwicklung einer Risikomanagementstrategie gegliedert werden kann (Döll und Romero-Lankao 2017). In jeder Phase sollten die relevanten Unsicherheiten explizit adressiert und behandelt werden. Dadurch können alle Arten von Unsicherheiten mit Ausnahme der ontologischen verringert werden. Nicht weiter reduzierbare Unsicherheiten sollten transparent dargestellt und vor allem bei der Risikobewertung und der Strategieentwicklung berücksichtigt werden. Döll und Romero-Lankao (2017) geben konkrete Hinweise, wie dies in den unterschiedlichen Phasen des PRMP geschehen kann, nachdem sie die in der jeweiligen Phase wichtigen Unsicherheiten genannt haben.

Beispielsweise kann *linguistische Unsicherheit* durch präzise Begriffsdefinition verringert werden, so wie dies durch die kalibrierte Unsicherheitssprache des IPCC erreicht werden soll (Mastrandrea et al. 2011, deren Tab. 11). Carey und Burgman (2008) stellten fest, dass eine explizite Behandlung der linguistischen Unsicherheit die Übereinstimmung unter Workshop-Teilnehmer*innen bezüglich der wichtigsten Risiken erhöht hatte.

Uneindeutigkeit aufgrund unterschiedlicher Problemwahrnehmungen der Teilnehmer*innen des PRMP kann durch individuelle Wahrnehmungsgraphen transparent und durch die Entwicklung gemeinsamer Wahrnehmungsgraphen reduziert werden (Titz und Döll 2009; Döll et al. 2013; Düspohl und Döll 2016). Zudem kann durch die Wahrnehmungsgraphen die epistemische Unsicherheit insbesondere hinsichtlich des Ziel- und Transformationswissens verringert werden. Die Identifizierung geeigneter Klimaschutz- und Anpassungsmaßnahmen wird stark durch die *tiefe epistemische Unsicherheit* der zukünftigen sozioökonomischen Entwicklungen beeinträchtigt. Hier eignet sich die gemeinsame Erstellung von qualitativen Zukunftsszenarien, mit alternativen sozioökonomischen Entwicklungen, durch die Stakeholder im PRMP, um trotz der tiefen epistemischen Unsicherheit optimale Handlungsstrategien zu entwickeln (Döll et al. 2013; Düspohl und Döll 2016). Insbesondere können robuste Strategien, die in vielen plausiblen Zukünften positive Auswirkungen erwarten lassen, identifiziert werden. Van Notten (2006) gibt einen Überblick über verschiedenen Arten von Szenarien. Zur Identifizierung von Klimaschutzstrategien können normativen Szenarien erstellt werden, in denen alternative Wege zum Erreichen eines Ziels beschrieben werden. Z. B. kann gemeinsam erarbeitet werden, wie ein bestimmtes Emissionsreduktionsziel in einer administrativen Einheit erreicht werden kann, angesichts unsicherer externer (z. B. Fortbestand einer Subventionierung) oder interner (z. B. Energiebedarfsentwicklung) Faktoren. Dazu wird eine kleine Anzahl von Szenarien entworfen, bei denen für diese Faktoren jeweils alternative Annahmen getroffen werden und erzählt wird, wie bei diesen Annahmen das Ziel erreicht werden kann (Düspohl und Döll 2016). Explorative (deskriptive) Szenarien beschreiben alternative Zukünfte, in denen sich die in den Szenarios betrachteten Größen, Zustände und Prozesse unterschiedlich (d. h. auseinander) entwickeln. Sie können für die Entwicklung von Maßnahmen zur Anpassung an den Klimawandel eingesetzt werden. So können Stakeholder alternative Wasserbedarfsszenarien explorativ generieren, die dann zusammen mit Szenarien des Wasserdargebots unter dem Einfluss des Klimawandels für die Identifizierung von Wassermanagementmaßnahmen genutzt werden können.

Während der gemeinsamen Szenarienerstellung werden die Beteiligten ermutigt, ihr Wissen und ihre Problemwahrnehmung über mögliche Zukünfte in einer kreativen Art und Weise zu teilen. Die systematische Exploration der Zukunft erhöht also das (gemeinsame) Systemverständnis und verringert dadurch epistemische Unsicherheit und Uneindeutigkeit. Durch die gemeinsame Entwicklung qualitativer Szenarien wird das Wissen um die Unsicherheit bestimmter Faktoren und die Bedeutung für die Entscheidungsfindung bei den Stakeholdern gestärkt (Amer et al. 2013).

Die *flache bis mittlere epistemische Unsicherheit,* die bei der Quantifizierung von zukünftigen Gefahren des KW unter Annahme eines bestimmten Emissionsszenarios auftritt, kann heutzutage recht gut durch die Berechnungsergebnisse von Multi-Modell-Ensembles berücksichtigt werden. Solche Ergebnisse werden

z. B. im Rahmen der ISIMIP-Initiative (www.isimip.org) erarbeitet und zur Verfügung gestellt. Dabei werden verschiedene Impaktmodelle, z. B. globale hydrologische Modelle, mit dem bias-korrigierten Output einiger globaler Klimamodelle
angetrieben. Alle Modellkombinationen (aus Klimamodell und Impaktmodell)
zusammen bilden ein Ensemble, sodass bei x Modellkombinationen z. B. x alternative Schätzungen der prozentualen Änderungen der Grundwasserneubildungs-
rate aufgrund des Klimawandels vorliegen. Diese alternativen Abschätzungen
einer KW-Gefahr erlauben nicht nur eine Abschätzung der Gefahr, sondern auch
eine Abschätzung der Unsicherheit der Gefahrenabschätzung. Eine Herausforderung ist, die umfangreichen Berechnungsergebnisse von Multi-Modell-Ensembles
so darzustellen, dass die angenähert quantifizierbaren Unsicherheiten für die
Risikobewertung und die Identifizierung von Managementmaßnahmen optimal
berücksichtigt werden können.

Abb. 2 zeigt ein Beispiel für eine neuartige Darstellung der epistemischen
Unsicherheit, die durch ein Multi-Modell-Ensemble quantifiziert wurde. Dargestellt ist, wie sich möglicherweise in jeder 0.5° mal 0.5° großen Berechnungszelle
(55 km mal 55 km am Äquator) der Durchfluss in Flüssen im Vergleich zum
Beginn dieses Jahrhunderts ändern wird, wenn die globale Mitteltemperatur
2 °C höher sein wird als in vorindustriellen Zeiten. Das Ensemble besteht aus acht
Modellkombinationen (MK), wobei zwei globale hydrologische Modelle durch
die bias-korrigierten Ergebnisse von vier globalen Klimamodellen angetrieben
wurden (Döll et al. 2018). In Abb. 2a ist der Mittelwert der prozentualen Änderungen aller acht MK dargestellt, da im Allgemeinen angenommen wird, dass sich
die Fehler der einzelnen MK ausmitteln und daher der Ensemble-Mittelwert die
beste Schätzung und wahrscheinlichste Änderung darstellt. Dabei wird die Unsicherheit, die sich über die Variabilität der Ergebnisse der acht MK ausdrückt,
dadurch gezeigt, dass der Mittelwert der prozentualen Änderungen nur in den
Berechnungszellen in kräftigen Farben dargestellt ist, in denen mindestens sechs
der acht MK im Vorzeichen der Änderungen (Zunahme oder Abnahme) übereinstimmen. Die gesamte Spannweite der durch die einzelnen MK berechneten
prozentualen Änderungen zeigen Abb. 2b und 2c. Die Karte in Abb. 2b zeigt
für jede 0.5°-Zelle das Ergebnis der MK, die für die prozentuale Änderung den
kleinsten Absolutwert (unabhängig vom Vorzeichen) aller MK berechnet hat. Da
Änderungen egal in welche Richtung problematisch sind, kann dies als bester Fall,
d. h. die positivste Schätzung der KW-Gefahr, gesehen werden. Schlimmstenfalls
sollten die in Abb. 2c dargestellten prozentualen Änderungen auftreten.

„Eine Einschätzung und Bewertung der größtmöglichen Bandbreite potenzieller Folgen, einschließlich sehr unwahrscheinlicher Folgen mit schwerwiegenden

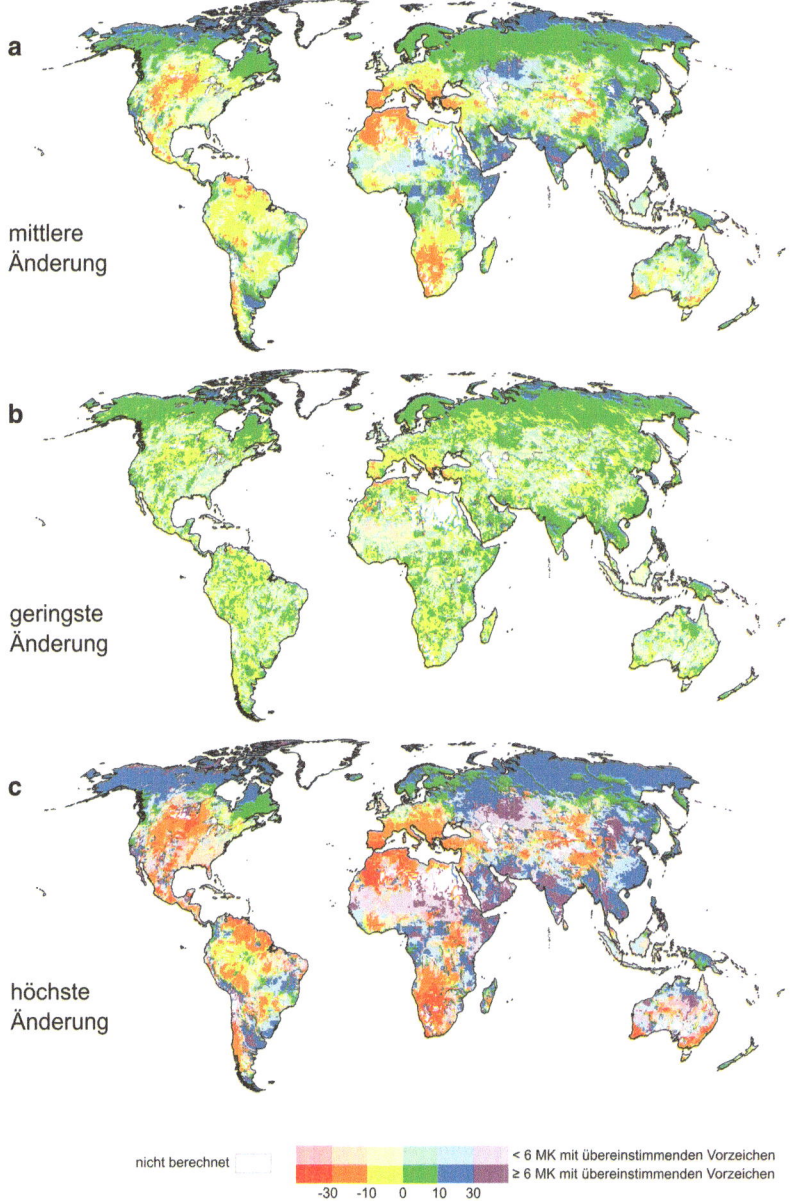

a

mittlere
Änderung

b

geringste
Änderung

c

höchste
Änderung

nicht berechnet ☐   < 6 MK mit übereinstimmenden Vorzeichen
                       ≥ 6 MK mit übereinstimmenden Vorzeichen
          -30   -10   0   10   30

◄**Abb. 2** Prozentuale Änderung des Durchflusses in Flüssen zwischen dem Beginn des 21. Jahrhunderts und einer Welt, in der die globale Mitteltemperatur um 2 °C gegenüber der vorindustriellen Zeit erhöht ist. Daten eines Ensembles von acht Modellkombinationen (MK), wobei zwei globale hydrologische Modelle jeweils durch die bias-korrigierten Ergebnisse von vier globalen Klimamodellen angetrieben wurden (Döll et al. 2018). **a** Arithmetisches Mittel der prozentualen Änderungen aller Modellkombinationen. **b** „Best case" mit geringster Änderung des Durchflusses aufgrund des Klimawandels. Dargestellt ist für jede 0,5°-Zelle die prozentuale Änderung, die von der MK mit dem niedrigsten Absolutwert der prozentualen Änderung berechnet wird, unabhängig vom Vorzeichen. **c** „Worst case" mit höchster Änderung. In abgeschwächten Farben sind die 0,5°-Zellen dargestellt, bei denen weniger als sechs der acht Modellkombinationen im Vorzeichen der Änderung übereinstimmen

Konsequenzen, ist zentral für das Verständnis der Vor- und Nachteile alternativer Risikomanagementmaßnahmen" (IPCC 2014, S. 9). Daher sollten nicht nur Ensemblemittelwerte betrachtet werden, sondern auch weniger wahrscheinliche Zukünfte mit großen potentiellen Auswirkungen. Crosbie et al. (2013) produzierten mehrere Karten für den australischen Kontinent, auf denen die zukünftigen Änderungen der erneuerbaren Grundwasserressourcen, die mit unterschiedlichen Wahrscheinlichkeiten nicht überschritten werden, dargestellt sind. Solche Karten unterstützen, ebenso wie die in Abb. 2 gezeigten, Stakeholder mit unterschiedlicher Risikobereitschaft bei der Entscheidungsfindung. So würden Stakeholder mit sehr hoher Risikobereitschaft eine Anpassung an die minimalen prognostizierten Veränderungen von Abb. 2b für ausreichend halten, während Stakeholder mit einem hohen Sicherheitsbedarf Anpassungsmaßnahmen (z. B. zur Verringerung der Wassernutzung) bevorzugen würden, die auch bei den starken Änderungen des Durchflusses, wie sie in Abb. 2c gezeigt werden, zu einer guten Wasserressourcensituation führen.

4   Schlussfolgerungen

Aufgrund der Komplexität des Erdsystems (einschließlich der menschlichen Gesellschaft) gibt es große Unsicherheiten bei der Abschätzung potenzieller zukünftiger Klimaänderungen und der sich daraus ergebenden Gefahren und Risiken. Bekanntermaßen führt eine ungenügende Berücksichtigung von Unsicherheiten zu suboptimalen Entscheidungen (Bastin et al. 2013). Dabei sind Unsicherheiten für die Entwicklung von Anpassungsmaßnahmen bedeutender als für die Entwicklung von Klimaschutzmaßnahmen. Partizipative transdisziplinäre Prozesse mit Stakeholdern und Wissenschaftler*innen sind am besten für die Bewertung von Klimawandelrisiken und die Entwicklung von Risiko-managementmaßnahmen auf lokaler bis nationaler Skala geeignet. In solchen PRMP sollten die vielfältigen relevanten Unsicherheiten explizit und in geeigneter Form berücksichtigt und diskutiert werden. Dazu können Methoden, wie sie in Kap. 3 und detaillierter in Döll und Romero-Lankao (2017) beschrieben sind, angewendet werden. Die in Kap. 2 vorgestellte Unsicherheitsklassifikation erleichtert die Erfassung und Strukturierung der im spezifischen Kontext relevanten Unsicherheiten.

Von Bedeutung für den Umgang mit Unsicherheiten beim Management von KW-Risiken ist auch, wie Unsicherheiten kommuniziert werden, z. B. von Wissenschaftler*innen in wissenschaftlichen Publikationen und Journalist*innen in Massenmedien. Nach einer Analyse von Abstracts wissenschaftlicher Publikationen forderten Guillaume et al. (2017) ihre Kolleg*innen auf, bewusster und expliziter als bislang die Unsicherheit der präsentierten Forschungsergebnisse sprachlich darzustellen. Die Linguistinnen Simmerling und Janich (2016) beschrieben am Beispiel eines deutschsprachigen Zeitungsartikels zu Geoengineering die Komplexität der „Unsicherheitssprache" von Journalist*innen, mit ihren vielfältigen linguistischen Mitteln und rhetorischen Funktionen. Um das Management der KW-Risiken zu verbessern, empfehle ich, verstärkt zur Charakterisierung und Kommunikation verschiedenartiger Unsicherheiten sowie zur bestmöglichen Berücksichtigung von Unsicherheiten bei Entscheidungen zu forschen.

Danksagung Ich danke Hans-Peter Rulhof-Döll für die Erstellung von Abb. 1 und Tim Trautmann für die Erstellung von Abb. 2.

Literatur

Amer, M., T. U. Daim, und A. Jetter. 2013. A review of scenario planning. *Futures* 46:23–40. https://doi.org/10.1016/j.futures.2012.10.003.
Ascough II, J. C., H. R. Maier, J. K. Ravalico, und M. W. Strudley. 2008. Future research challenges for incorporation of uncertainty in environmental and ecological decision-making. *Ecological Modelling* 219 (3):383–399. https://doi.org/10.1016/j.ecolmodel.2008.07.015.
Bastin, L., D. Cornford, R. Jones, G. B. M. Heuvelink, E. Pebesma, C. Stasch, S. Nativi, P. Mazzetti, und M. Williams. 2013. Managing uncertainty in integrated environmental modelling: The UncertWeb framework. *Environmental Modelling & Software* 39:116–134. https://doi.org/10.1016/j.envsoft.2012.02.008.
Bijlsma, R. M., P. W. G. Bots, H. A. Wolters, und A. Y. Hoekstra. 2011. An empirical analysis of stakeholders' influence on policy development: The role of uncertainty handling. *Ecology and Society* 16:51. http://www.ecologyandsociety.org/vol16/iss1/art51/.

Carey, J. M., und M. A. Burgman. 2008. Linguistic uncertainty in qualitative risk analysis and how to minimize it. *Annals of the New York Academy of Sciences* 1128:13–17. https:// doi.org/10.1196/annals.1399.003

Crosbie, R. S., et al. 2013. An assessment of the climate change impacts on groundwater recharge at a continental scale using a probabilistic approach with an ensemble of GCMs. *Climatic Change* 117 (1–2):41–53. https://doi.org/10.1007/s10584-012-0558-6.

Döll, P., T. Trautmann, D. Gerten, H. Müller, S. Ostberg, F. Saaed, und C.-F. Schleussner. 2018. Risks for the global freshwater system at 1.5 °C and 2 °C global warming. *Environmental Research Letters* 13:044038. https://doi.org/10.1088/1748-9326/aab7.

Döll, P., und P. Romero-Lankao. 2017. How to embrace uncertainty in participatory climate change risk management – A roadmap. *Earths Future* 5:18–36. https://doi.org/10.1002/ 2016EF000411.

Döll, P., B. Jiménez-Cisneros, T. Oki, N. Arnell, C. Benito, G. Cogley, T. Jiang, Z. W. Kundzewicz, S. Mwakalila, und A. Nishijima. 2015. Integrating risks of climate change into water management. *Hydrological Sciences Journal* 60 (1):3–14. https://doi.org/10.1080/ 02626667.2014.967250.

Döll, C., P. Döll, und P. Bots. 2013. Semi-quantitative actor-based modeling as a tool to assess the drivers of change and physical variables in participatory integrated assessments. *Environmental Modelling & Software* 46:21–32. https://doi.org/10.1016/j.envsoft.2013. 01.016.

Döll, P. 2009. Vulnerability to the impact of climate change on renewable groundwater resources: A global-scale assessment. *Environmental Research Letters* 4:036006. https:// doi.org/10.1088/1748-9326/4/3/035006.

Düspohl, M., und P. Döll. 2016. Causal networks and scenarios: Participatory strategy development for promoting renewable electricity generation. *Journal of Cleaner Production* 121:218–230. https://doi.org/10.1016/j.jclepro.2015.09.117.

Guillaume, J. H. A., C. Helgeson, S. Elsawah, A. J. Jakeman, und M. Kummu. 2017. Toward best practice framing of uncertainty in scientific publications: A review of Water Resources Research abstracts. *Water Resources Research* 53:6744–6762. https://doi.org/10.1002/201 7WR020609.

IPCC. 2014. Zusammenfassung für politische Entscheidungsträger In *Klimaänderung 2014: Folgen, Anpassung und Verwundbarkeit. Beitrag der Arbeitsgruppe II zum Fünften Sachstandsbericht des Zwischenstaatlichen Ausschusses für Klimaänderungen (IPCC)*, Hrsg. Christopher B. Field et al., 1–32. Cambridge und New York: Cambridge University Press. Deutsche Übersetzung durch Deutsche IPCC-Koordinierungsstelle, Österreichisches Umweltbundesamt, ProClim, Bonn/Wien/Bern.

Kwakkel, J. H., W. E. Walker, und V. A. W. J. Marchau. 2010. Classifying and communicating uncertainties in model-based policy analysis. *International Journal of Technology, Policy and Management* 10 (4):299–315. https://doi.org/10.1504/ijtpm.2010.036918.

Lang, D. J., A. Wiek, M. Bergmann, M. Stauffacher, P. Martens, P. Moll, M. Swilling, und C. J. Thomas. 2012. Transdisciplinary research in sustainability science: Practice, principles, and challenges. *Sustainability Science* 7 (1):25–43. https://doi.org/10.1007/s11625-011-0149-x.

Mastrandrea, M., K. Mach, G.-K. Plattner, O. Edenhofer, T. Stocker, C. Field, K. Ebi, und P. Matschoss. 2011. The IPCC AR5 guidance note on consistent treatment of uncertainties: A common approach across the working groups. *Climatic Change* 108 (4):675–691. https://doi.org/10.1007/s10584-011-0178-6.

Milly, P. C. D., J. Betancourt, M. Falkenmark, R. M. Hirsch, Z. W. Kundzewicz, D. P. Lettenmeier, und R. J. Stouffer. 2008. Stationarity is dead: Whither water management? *Science* 389:573–574. https://doi.org/10.1126/science.1151915.

Mimura, N., R. S. Pulwarty, D. M. Duc, I. Elshinnawy, M. H. Redsteer, H. Q. Huang, J. N. Nkem, und R. A. Sanchez Rodriguez. 2014. Adaptation planning and implementation. In *Climate change 2014: Impacts, adaptation, and vulnerability. Part A: Global and sectoral aspects contribution of working Group II to the fifth assessment report of the intergovernmental panel on climate change, 869–898*, Hrsg. Christopher B. Field, et al., 1–32. Cambridge und New York: Cambridge University Press.

Renn, O., A. Klinke, und M. van Asselt. 2011. Coping with complexity, uncertainty and ambiguity in risk governance: A synthesis. *Ambio* 40 (2):231–246. https://doi.org/10.1007/s13280-010-0134-0.

Renn, O. 2008. *Risk Governance: Coping With Uncertainty in a Complex World*. London: Routledge.

Scholz, R., und G. Steiner. 2015. The real type and ideal type of transdisciplinary processes: Part II—what constraints and obstacles do we meet in practice? *Sustainability Science* 10 (4):653–671. https://doi.org/10.1007/s11625-015-0327-3.

Simmerling, A., und N. Janich. 2016. Rhetorical functions of a 'language of uncertainty' in the mass media. *Public Understanding of Science* 25 (8):961–975. https://doi.org/10.1177/0963662515606681.

Titz, A., und P. Döll. 2009. Actor modelling and its contribution to the development of integrative strategies for management of pharmaceuticals in drinking water. *Social Science & Medicine* 68 (4):672–681. https://doi.org/10.1016/j.socscimed.2008.11.031.

Van den Hoek, R. E., M. Brugnach, J. P. M. Mulder, und A. Y. Hoekstra. 2014. Analysing the cascades of uncertainty in flood defence projects: How "not knowing enough" is related to "knowing differently". *Global Environmental Change* 24:373–388. https://doi.org/10.1016/j.gloenvcha.2013.11.008.

Van Notten, S. 2006. Scenario development: A typology of approaches. In *Think Scenarios, Rethink Education*, 69–92. Paris: OECD Publishing. https://doi.org/10.1787/9789264023642-en. https://www.oecd-ilibrary.org/education/think-scenarios-rethink-education/scenario-development_9789264023642-6-en.

Walker, W. E., P. Harremoes, J. Rotmans, J. P. van der Sluijs, M. B. A. van Asselt, P. Janssen, und M. P. Krayer von Krauss. 2003. Defining uncertainty: A conceptual basis for uncertainty management in model-based decision support. *Integrated Assessment* 4 (1):5–17. https://doi.org/10.1076/iaij.4.1.5.16466

Döll, Petra, Prof. Dr., Professur für Hydrologie am Fachbereich Geowissenschaften/Geographie der Goethe-Universität Frankfurt am Main, assoziiert mit dem Senckenberg Leibniz Biodiversität- und Klimaforschungszentrum (SBiK-F), Frankfurt am Main.
http://www.uni-frankfurt.de/45217668/dl
p.doell@em.uni-frankfurt.de.

Climate Change, Policy, and Justice

Darrel Moellendorf

Abstract

Climate change and climate change policy raise important issues of intergenerational and international justice. Intergenerational justice requires that CO_2 emissions be halted by the middle of this century or shortly thereafter. But since human development requires energy, the elimination of emissions raises important questions of international justice. Responding adequately to climate change requires international cooperation in order to affect a rapid transition to renewable energy production and consumption and to safeguard conditions in which continued progress in human development can be made.

1 Introduction

The manifold damages of climate change have been the unintended consequences of a period of unparalleled growth sparked by the Industrial Revolution. Since the beginning of the Industrial Revolution the growth of the global economy, measured in terms of the growth of all economic transactions, has been enormous. Thomas Piketty reports that global economic growth per capita from 1700 to 2012 was on average 0.8% annually, which amounts to more than a 1000% increase over the entire period. "Average global per capita income is currently around 760 €s per month; in 1700 it was less than 70…" (Piketty 2014, p. 86). This has brought many gains. Greater wealth has been accompanied by increased longevity.

D. Moellendorf (✉)
Institut für Politikwissenschaft der Goethe-Universität Frankfurt am Main, Frankfurt am Main, Deutschland
E-Mail: darrel.moellendorf@normativeorders.net

© Der/die Autor(en) 2021
B. Blättel-Mink et al. (Hrsg.), *Nachhaltige Entwicklung in einer Gesellschaft des Umbruchs*, https://doi.org/10.1007/978-3-658-31466-8_3

33

In the United Kingdom at the dawn of the Industrial Revolution, life expectancy at birth was about 40 years. It is now about 80 years. Even many poor parts of the world have experienced significant increases in longevity. At the turn of the twentieth century life expectancy in India was about 24 years, and it's now about 65 years (Roser et al. 2013). Increased wealth is also correlated with educational improvements. At the time of the Industrial Revolution over 80% of the global population was illiterate; now it is less than 15% (Roser and Ortiz-Ospina 2016. More wealth has also brought leisure time. Retirement has been made possible on a wide scale for the first time in human history. In 1850 the majority of the male population 65 and older living in the USA was still working. Today less than a quarter of that population is working (Roser 2013). The legacy of the industrial revolution is one of both great gains for human well-being and looming environmental threats. Preserving the former and minimizing and compensating for the latter will be one of the central tasks of justice in the first half of the twenty-first century.

2   Climate Change and Policy

The emission of greenhouse gases through manufacturing, modern agriculture, transportation, and home uses increased the concentration of CO_2 in the atmosphere from about 279 parts per million (ppm) at the dawn of the Industrial Revolution to over 400 ppm now, resulting in significant changes to the climate. The mean surface temperature of the planet is now about 1°C warmer as a result. Continued greenhouse gas emissions at present rates would be likely to add to the existing warming considerably. The range is forecasted to be between an additional 1.4°C and 4.8°C. That would be an amount, and a rate, of warming that is unprecedented in human history.

The damages caused by climate change cannot be known precisely, but there would surely be continued widespread loss of species and eco-systemic destruction, more frequent heat waves and droughts in some locations, more and more extreme precipitation events and tropical storms, sea-level rise causing inundation in some areas, and glacial melting leading to flooding, and later to water shortages. For humans these consequences would include significant threats to food security globally and regionally, increased risks from food- and water-borne as well as vector-borne diseases (such as malaria), greater internal and international migration due to environmental stress, increased risks of violent conflicts, diminished economic growth, and the creation of new poverty traps in some regions (IPCC 2014A). Harsh effects such as these are expected in various parts of the world despite predicted continued global economic growth, forecasted to be between 300 and 900% over the course of the twenty-first century (IPCC 2014B). Currently there are two primary kinds of policy responses to climate change. One is mitigation, which mainly involves reducing and ultimately halting activities that produce climate change; these are mainly the burning of fossil fuels and deforestation. The other kind of policy is adaptation, which involves altering human communities and activities so that the impact of climate change is less. A variety of things may be done to adapt. Sea walls may be built or reinforced; water can be used more efficiently; crops can be diversified and drought-resistant seed strains can be developed; storm drainage can be improved; public health measures can be adjusted; and communities can be relocated. In addition to these policies a third area of policy is now emerging. This policy area involves compensation for the losses and damages that people suffer as a result of climate change.

Humans depend on a natural environment that is conducive to health and wellbeing. Mitigation serves this end not mainly by addressing the present effects of climate change. Instead, it mostly serves the health and wellbeing of people in the future. Economic development courtesy of energy generation and consumption has made us richer, healthier, better educated, and has given us more leisure time. Current innovations and economic productivity will not only benefit us but redound to the future. The future harms of climate change can be avoided in great measure. But a transition to renewable energy will require assuming short-term costs associated with generating renewable energy and changing machines, vehicles, and heating systems to consume that energy. Avoiding some future damage by transferring some of the costs from the future to the present might be thought of as investing in the future. But if great costs are taken on now, economic activity will slow considerably, affecting not only present but also future prosperity. Hence, mitigation raises the issue of the intergenerational distribution of the costs of climate change and energy policies. Moreover, because mitigation requires international cooperation, there is the risk of parties seeking to free-ride off the efforts of others. There are also, then, important questions of how the costs of climate change should be shared among states.

Adaptation policies and compensation for loss and damages can serve both present and future generations. Such policies are also relevant to human development since many of the people most vulnerable to climate change live in poor countries. In contrast to mitigation, adaptation seeks to guard against local damages caused by climate changes. For developing countries, some of which are especially exposed to sea-level rise and droughts, there is the danger that they will be left on their own both to fund adaptation projects and offer compensation of some sort to people who have suffered losses. Hence, the need for adaptation and compensation for loss and damages also raises important questions about how costs should be shared internationally.

The questions of how costs should be shared between generations and states are considerations of intergenerational and international justice respectively. Considerations of justice concern the claims of agents under institutions and policies. Principles of justice are normative in the sense that they require us to adjust our institutions and policies to them, and not *vice-a-versa*. Adjustment of this sort amounts to using principles of justice to guide efforts to reform and construct new institutions and to formulate new policies. In climate change policy there are two primary axes of justice. These are considerations of what future people are owed and considerations of what people around the planet are owed. I briefly discuss both axes in relation to mitigation, adaptation, and compensation policies.

3   Intergenerational Justice

Planetary warming is caused primarily by the concentration of greenhouse gases in the atmosphere. A particular increase in the concentration of atmospheric greenhouse gases causes an increase in average global temperature. The most prevalent of the anthropogenic gases is CO_2. For that reason it tends to get the most attention in discussions of climate change policy. The precise relationship between CO_2 concentrations in the atmosphere, measured in parts per million (ppm), and warming is not yet known. The amount of warming caused by a twofold increase of CO_2 in the atmosphere is referred to as "climate sensitivity." Best current estimates by atmospheric scientists hold that climate sensitivity is between 1.5°C and 4.5°C (IPCC 2013).

Almost half the CO_2 emitted by humans into the atmosphere remains there more than a century; and about 20% of it remains there for thousands of years before cycling back to the Earth. Because of this longevity of residence, the concentration of CO_2 in the atmosphere is a function of total historical emissions since the beginning of the Industrial Revolution. The implication of this for stabilizing global warming is important. Halting warming at any particular temperature target requires arresting the increase of the concentration of CO_2 at some particular amount; and that requires stopping emissions completely. In other words, a net zero carbon global economy is required. I say "net zero" because if there were a scalable technological means by which for every particle of CO_2 emitted some particle could be removed and securely stored, then emissions could continue without increasing the atmospheric concentration. The required technology would function like a CO_2 drain, depositing the material safely underground or at the bottom of the oceans.

The need to halt emissions is particularly urgent if we are to limit warming to between 1.5°C and 2°C, the goal adopted in the UN's 2015 Paris Agreement on climate change. Given the current understanding of climate sensitivity, in order to have a better than 66% chance of limiting warming to 2 °C, scientists estimate that total human emissions must not exceed one trillion tons of carbon. From the beginning of the industrial revolution to the present, humans have already emitted over 600,000,000 tons. We are not simply continually approaching the deadline of the trillionth ton by emitting CO_2; the deadline is moving up in time because globally emissions have been increasing (Trillionthtonne).

The 2°C warming limit is, however, at best a rough estimate of what intergenerational justice requires on behalf of future generations (Moellendorf 2015A). A precise formulation of the temperature goal for the fair sharing of intergenerational costs would require an accurate understanding of several things that currently can only be approximated, including climate sensitivity, the manifold costs of climate change for any given temperature increase, and the costs of transitioning to a net zero carbon economy within the timeframe required to limit warming to a particular temperature. It would also require a justified principle of how costs should be distributed across generations, for example with an aim to maximize preference satisfaction or to equalize generational burdens (Moellendorf und Schaffer 2016). Defending such a principle is an important philosophical task but one that exceeds the limits of this chapter.

Still, it makes sense to consider the various costs to the extent that we can in order to get an idea of how pursuit of a target like the 2°C goal would assign costs across generations. Changing over to renewable energy is assumed to be costly. But the cost of producing energy by means of photovoltaic cells is dropping rapidly, and that makes an ambitious mitigation goal less expensive for present generations. Regarding future costs, models forecasting future climate change costs remain relatively crude and don't inspire confidence. Another problem is that many of the most worrying negative effects of climate change, such as rapid sea-level rise caused by the abrupt collapse of the Greenland and Antarctic ice sheets, are epistemically uncertain (Moellendorf 2014). These events involve processes that are so poorly understood in their details that scientists are not able to attach a probability to their occurrence, even though there is mounting evidence that conditions are becoming more favorable to their happening. Events of unknown probability belong in the category of uncertainties rather than risks. In light of the uncertain – but not non-negligible – probability of such catastrophes, it is reasonable to think that the temperature limit should be kept low (Moellendorf 2014).

How low the temperature target should be also depends on how effective and expensive climate change adaptation is. The higher the temperature goes, the more important adaptation becomes. Some critics of ambitious mitigation argue that as our technological capacity develops over time we can do more to adapt at a lower cost. That might be true up to a point, but given the threat of irreversible catastrophic change, such as rapid land-based ice sheet melting or massive crop failures, it is also possible that our capacity to adapt could be outstripped by the enormity of the negative effects. The most important point for consideration in this regard is that cost–benefit analyses reckon with risks and not uncertainties. When the possible catastrophes are uncertainties rather than risks, it would be seriously misleading to factor them in as low probability events.

The arguments just surveyed suggest that intergenerational justice recommends an ambitious mitigation strategy. How low should the warming target be? Once again, there are no definite answers here. At the time of writing this chapter the Intergovernmental Panel on Climate Change (IPCC) is surveying scientific studies on the transition and the costs of limiting warming to 1.5°C. Total net emissions would have to be limited to about 750,000,000 tons. So, an extremely rapid reduction in net emissions would be required. Whether that could be achieved in the context of a growing global economy is currently unclear. In the most recent report of the IPCC, 87% of the scenarios for limiting warming to 2 °C assume the use of carbon dioxide removal (CDR) technology to drain CO_2 from the atmosphere (IPCC 2014A). Presumably, a bigger drain would be required. CDR technology is, however, only in its infancy, and it is by no means ready for large-scale deployment. Nor is it clear how extensively it could be used. Possible constraints include technological capacity, bio-physical limits of storage, and economic costs.

In the absence of wide scale use of CDR, bringing about a rapid reduction of emissions might require reducing economic activity to austerity levels. We know from the experience of the Great Recession of 2009 that recessions reduce emissions. Global CO_2 emissions fell by about 1% that year (World Bank). Advocates of using recessionary policies to reduce emissions sometimes refer to the approach as "degrowth." A major problem with that strategy is that, in our financially interconnected world, recessions in the developed world invariably get transferred to poor countries through reduced investment by corporations, reduced remittances by individuals, and decreased demand for basic commodities from poor countries. The Great Recession of 2009 also taught us that global recessions can be very harmful to the wellbeing of the global poor. As a result of the Great Recession, world economic growth fell from a rate of 3.9% in 2007 to 3.0% in 2008 all the way down to -2.2% in 2009. Emerging and developing countries saw growth rates fall from 8.3% in 2007 to 8.1% in 2008 and down to 1.2% in 2009 (World Bank 2010). And that produced only a 1% decline in emissions.

The fall in the rate of growth among emerging and developing countries is especially significant for poverty eradication efforts. The World Bank estimates that for every percentage point in growth lost 20 million people are trapped in poverty (UN 2009). So, in the absence of scalable CDR, there is reason to be concerned that pursuing a warming limit of less than 1.5 °C might involve economic policies that are inconsistent with the first Sustainable Development Goal, namely the eradication poverty in all its forms (UN). Of course, the global economy is not an unchangeable and elemental force of nature, but restructuring it so as to achieve poverty eradication in the midst of austerity in the industrialized world would be a major social task, and one for which we lack perspicuous guiding ideas. This casts significant doubt on the moral desirability of setting a temperature target too low. The burdens on the poor in the present and near future could be unreasonable.

4 Global Justice

The matter of how much warming should be limited on behalf of future generations does not exhaust the questions of justice in mitigation policy. An additional concern is whether a global mitigation regime would hinder poverty-eradicating human development. Recent history suggests that national development strategies are very important in this effort. Consider the case of China. In 2001 there were 400 million less people living in poverty in China than in 1981 (Chen and Ravallion 2004). That achievement, however, involved a massive increase in CO_2 emissions. In 1981 China emitted 1,439.84 million metric tons of CO_2 from the consumption of energy. But by 2001 this had more than doubled to 3,226.52 million metric tons (IEA). Obviously, other forms of energy are available to fuel human development, but if they are more expensive than fossil fuels, mandating their use could slow poverty eradication. The United Nations Framework Convention on Climate Change recognizes the need for energy in the pursuit of poverty-eradicating human development. The Preamble to the UNFCCC affirms the importance of the "right to sustainable development" (UNFCCC 1992). The assertion of the right to sustainable development is a claim of justice. A plausible interpretation of that claim is that any mitigation agreement must be consistent with the aim of least developed and developing countries to pursue human development (Moellendorf 2011).

Energy poverty still affects billions of people. Recent estimates indicate that 2.8 billion people lack access to modern cooking fuels and 1.1 billion lack access to electricity (IEA 2017). There is a strong correlation between developing energy capacity and improving human development in a country (IEA 2012). Achieving significant human development gains in the least developed and developing countries will require a massive increase in the consumption of energy. If such an increase were to involve an increase in the consumption of fossil fuels, in order to achieve ambitious mitigation goals developed countries would have to reduce their emissions very substantially to make up for the emissions increase in poor countries. In that case the right to sustainable development would require very robust emissions reductions on the part of developed countries. Alternatively, ambitious global mitigation could be achieved by means of an expansion of renewable energy use in poor countries. Insofar as that would be more expensive than fossil fuel use, respecting the right to sustainable development would require subsidizing the use of renewable energy generation (Moellendorf 2014).

Is respect for the right to sustainable development in climate change policy morally required? Two arguments suggest that it is. First, when states agreed to the treaty that is the UNFCCC they agreed to the treaty language that includes the right. Such an agreement amounted to a promise that any further mitigation agreements under the auspices of the UNFCCC would respect the right. That promise is morally binding. But even if they had not made such a promise, respecting the right is supported by considerations of fairness. Responding adequately to climate change requires international cooperation. It would be unfair that participants in such an effort would be required to take on a burden that would harm their ability to perform the morally mandatory task of eradicating poverty. Hence, respecting the right to sustainable development in assigning the burdens of climate change policy seems to be required by fairness (Moellendorf 2014).

Climate change cannot be adequately addressed by mitigation policies alone. The mean surface temperature of the planet is already nearly 1 °C higher than before the Industrial Revolution. And even if justice in mitigation is served, the mean temperature may rise another full degree Centigrade. Warming of that amount will continue to bring profound changes to the planet, such as those mentioned above. And even if warming were limited to 2°C, the possibility of catastrophic change cannot be ruled out. Respecting the right to sustainable development does not only insulate states' development agendas from the demands of climate change policy; it also protects these agendas and the people they serve from the ravages of climate change. Such protection requires adaptation policies, and when the damages occur it also requires compensation. The assignment of the costs of such policies is an additional important matter of justice.

One important difference between adaptation and compensation policies, on the one hand, and mitigation policies on the other, is that whereas the latter benefits everyone by stabilizing the climate, the former can be directed towards specific groups of people and even individuals who are either especially vulnerable to climate change or have suffered a loss. How is this relevant to justice? A demanding climate change mitigation agreement will require at least the semblance of international justice. This is because robust climate change mitigation will occur, if it occurs, as a result of an international effort to reduce and then halt emissions globally. The international cooperation required to accomplish that is fraught with collective action problems. The central problem is that although every state has an interest in there being robust climate change mitigation, states also seem to have an interest in not assuming the costs of mitigation regardless of what other states do. Building cooperation in such circumstances requires both institutions of accountability and mutual trust. The latter requires that parties be seen to be accepting a fair share of the burdens. Given the right negotiating strategies, poor states can leverage the cooperation of wealthier states in mitigation burden-sharing by threatening non-cooperation. That strategy would be less successful in the case of adaptation and loss and damage policies since wealthier states can pursue these without the cooperation of poorer ones. But insofar as addressing adaptation and compensation for climate change-caused losses are costly, human development and poverty eradication are at risk.

Adaptation and compensation for loss and damages differ in that the former seeks to pre-empt losses before they would occur, whereas the latter seek some form of compensation for the losses after the fact (Moellendorf 2015B). Pre-emptive planning looks to reduce vulnerabilities, whereas loss and damages seek reparation. It is useful to think of vulnerability to climate change as the product of exposure to the risks of climate change and the lack of capacity to protect against them. The first of these is a matter of geography; the second is often a matter of poverty. Other than relocating communities there is nothing that adaptation policy can do to affect the geographical location that exposes people to climate change-related risks. So, the object of adaptation policy is typically to protect those people who will be exposed to risks. The object of loss and damage policies is to provide some kind of compensation to people who have suffered losses or damages due to climate change. Insofar as the poor are especially vulnerable to climate change, and are least able to absorb losses, repair for losses and damages is especially important for them.

How should the distribution of the burden to fund adaptation and compensation for losses and damages be assigned? Unlike climate change mitigation, a collective response is not necessarily required. That renders the most vulnerable states and people at risk of being abandoned by the wealthy. In principal the burden of financing adaptation and compensation funds could fall completely on the states where the vulnerable and affected live. That would place a heavy burden on poor states with especially vulnerable populations. If, as I argued above, respect for the right to sustainable development is a matter of justice in climate change policy, then it is relevant to adaptation and loss and damage policy as well (Moellendorf 2015B). The development prospects of states should be safeguarded in the funding of these policies as well. The right to sustainable development would require that states not be left in a worse position with respect to their development agenda because of their need to adapt to climate change and to provide compensation to those who have experienced losses and suffered damages. Because wealthy states do not need the cooperation of poor states regarding adaptation and compensation, the best political strategy for poor states is to make their cooperation on mitigation contingent on support from wealthy states for adaptation and loss and damage funding.

5   Concluding Remarks

If CO_2 emissions are not halted, the concentration of CO_2 in the atmosphere will continue to grow, warming the planet at a rate and to an extent that could jeopardize human civilizations. There are compelling reasons to think that limiting warming to 2°C is required by intergenerational justice. Achieving that aim will require mitigation policies that transition the global economy completely away from the consumption of fossil fuels this century. It seems also to require the development of technology to capture and store atmospheric CO_2. International justice requires, however, that states be able to pursue poverty-eradicating human development without constraints from an international mitigation treaty. And climate change itself poses threats to human development. The right to sustainable development requires that rich states provide support for adaptation and compensation policies in poor countries in order that the latter may establish protection against the threats of climate change. Justice makes demands. In the case of climate change, responding adequately to these demands requires international cooperation in order to affect a rapid transition to renewable energy production and consumption and to safeguard conditions in which continued progress in human development can be made.

References

Chen, S. & Ravallion, M. 2004. How have the world's poorest fared since the early 1980s? World Bank Policy Research Working Paper 3341. https://documents.worldbank.org/cur ated/en/117601468761425162/pdf/wps3341.pdf.

Intergovernmental Panel on Climate Chante (IPCC). 2013. Intergovernmental Panel on Climate Change. *Climate change 2013: The physical science basis, summary for poli-cymakers.* https://www.ipcc.ch/pdf/assessment-report/ar5/wg1/WG1AR5_SPM_FINAL.pdf

Intergovernmental Panel on Climate Change (IPCC). 2014A. *Climate change 2014: Synthesis report summary for policy makers.* https://www.ipcc.ch/site/assets/uploads/2018/02/AR5_SYR_FINAL_SPM.pdf.

Intergovernmental Panel on Climate Change (IPCC). 2014B. *Summary for policymakers.* In *Climate Change 2014: Mitigation of climate change. Contribution of working group III to the fifth assessment report of the Intergovernmental Panel on Climate Change.* Cambridge: Cambridge University Press. https://www.ipcc.ch/site/assets/uploads/2018/02/ipcc_wg3_ar5_summary-for-policymakers.pdf

International Energy Association. IEA. China Indicators. https://www.iea.org/countries/china

International Energy Association. IEA. 2012. IEA. *World Energy Outlook 2012.* https://web store.iea.org/world-energy-outlook-2012-2

International Energy Association. IEA. 2017. *World Energy Outlook 2017, Executive Sum-mary.* https://webstore.iea.org/download/summary/196?filename=English-WEO-2017-ES.pdf

Moellendorf, D. 2011. A right to sustainable development. *The Monist* 94.

Moellendorf, D. 2014. *The moral challenge of dangerous climate change: Values, policy, and poverty.* Cambridge: Cambridge University Press.

Moellendorf, D. 2015A. Can dangerous climate change be avoided? Global Justice: Theory Practice Rhetoric 8.

Moellendorf, D. 2015B. Climate change justice. *Philosophy Compass.* 173–186.

Moellendorf, D., und A. Schaffer. 2016. Equalizing the costs of climate change. *Midwest Studies in Philosophy.* XL. 43–62:433–452.

Piketty, T. 2014. *Capital in the twenty-first century.* Cambridge, MA: Harvard University Press.

Roser, M., Ortiz-Ospina, E. and Ritchie, H. 2013. Life Expectancy. Our World in Data. https://ourworldindata.org/life-expectancy/.

Roser, M. and Ortiz-Ospina, E. 2016. The global rise of education. Our World in Data. https://ourworldindata.org/global-rise-of-education

Roser, M. 2013. Economic growth. Our World in Data. https://ourworldindata.org/economic-growth#globally-over-the-last-two-millennia-until-today

Triollionthonne. https://trillionthtonne.org/

UN. Sustainable Development Goals. https://sustainabledevelopment.un.org/.

UN 2009. Economic and Social Affairs. *Rethinking poverty report on the world social situation 2010.* New York: United Nations.

UN. United Nations Framework Convention on Climate Change. 1992. https://unfccc.int/res ource/docs/convkp/conveng.pdf

World Bank. CO_2 Emissions. https://data.worldbank.org/indicator/EN.ATM.CO2E.KT
World Bank. 2010. *Global economic prospects 2010: Crisis, finance, and growth.* https://ope
nknowledge.worldbank.org/handle/10986/2415

Darrel Moellendorf, Prof. Dr., Professur für Internationale Politische Theorie des Exzel-
lenzclusters Normative Ordnungen, Professor der Philosophie (kooptiert) an der Goethe-
Universität Frankfurt am Main. https://www.fb03.uni-frankfurt.de/49601922/ensp_Prof__
Dr__Darrel_Moellendorf

Sustainable use of Savanna Vegetation in West Africa in the Context of Climate and Land use Change

Karen Hahn and Anna Leßmeister

Abstract

West African savannas undergo severe changes due to climate change and land use pressure, resulting in degradation and biodiversity loss. These changes directly impact local rural livelihoods, as many cash poor rural communities depend on the provisioning ecosystem services of their environments. In a case study of the interdisciplinary research project UNDESERT, the increasingly challenging sustainable use of wild plant species in West African savannas was investigated. In this study, we present the results and give examples of how scientific results can serve for practical actions to foster sustainable use of important plant resources.

1   Introduction

Savannas are one of the most important ecosystems in Africa. They cover more than half of the continent and provide important ecosystem services for the livelihoods of millions of people. Also for global dynamics, they are relevant as they deliver approximately 30% of terrestrial net primary production and store about

K. Hahn (✉)
Institut für Ökologie, Evolution und Diversität der Goethe-Universität in Frankfurt am Main, Frankfurt am Main, Deutschland
E-Mail: karen.hahn@bio.uni-frankfurt.de

A. Leßmeister
Technische Universität Darmstadt, Darmstadt, Deutschland
E-Mail: anna.lessmeister@tu-darmstadt.de

© Der/die Autor(en) 2021   45
B. Blättel-Mink et al. (Hrsg.), *Nachhaltige Entwicklung in einer Gesellschaft des Umbruchs,* https://doi.org/10.1007/978-3-658-31466-8_4

15% of the carbon on Earth (Grace et al. 2006). Savannas are generally cha-
racterized by a continuous grass layer combined with a spatially and temporally
variable amount of trees and shrubs (Sankaran et al. 2005). Their distribution and
structure is shaped particularly by the amount and seasonality of rainfall (Parr
et al. 2014). In West Africa, savannas cover a wide climatic gradient with a precipitation range from 250 mm/year up to over 1300 mm/year, stretching from dry
Sahelian savannas down to humid savannas in the south adjacent to rain forests.
However, large parts of this savanna zone are old cultural landscapes as they are
inhabited by humans for millennia (Breunig und Neumann 2002). Consequently,
their vegetation and biodiversity is profoundly shaped by human impact in form
of subsistence agriculture, livestock farming and use of wild plant species for
livelihoods.

Many cash poor rural communities in West Africa depend on the provisioning
ecosystem services of their environments, that is products directly obtained from
the ecosystems i.e. food, and medicine (Capistrano et al. 2005). Particularly non-
timber forest products (NTFPs), which comprise any products other than timber
(e.g. fruits, leaves, bark, roots) derived from forests, woodlands and savannas,
contribute to maintain livelihoods (Lykke et al. 2004; Paré et al. 2010; Heubach
et al. 2011; Leßmeister 2018). A wide range of non-timber forest species provide
plant parts which are used for food, medicine, construction materials, cosmetics,
handcraft, fuels, fodder etc. Moreover, some species also provide regular cash
income (Heubach et al. 2011; Leßmeister et al. 2018), as their products are sold
on markets and are even exported to other countries (e.g. nuts of the shea butter
tree, *Vitellaria paradoxa*). Changes in their availability thus, impact directly on
the sustainability of livelihoods of rural communities in West African savannas.

In the last decennia, West African savannas underwent severe changes due
to climatic changes and increasing land use pressure. Land use changes increased due to human population growth resulting in a higher demand of cultivated
land for subsistence farming (Gaisberger et al. 2017). Additionally, the promotion of cash crop cultivation (e.g. cotton, sesame, cashew nuts) for generating
cash income in addition to subsistence agriculture leads to land use intensification
with increasing land allocation, use of fertilizers and pesticides. Consequently, in
the diminishing remaining savanna areas, pasture pressure increased. These
various land use pressures in combination with climatic changes result in increasing degradation of soil and vegetation, comprising biodiversity loss, with
considerable consequences for the ecosystem services of savannas – a trend which
will most probably even aggravate in the future. According to climate predictions
of the latest IPCC-report (2014), West Africa will face a strong temperature increase of between 3 – 6 °C until 2100, as well as severe changes in precipitation,

combined with a higher variability of the rainfall events. Although the ranges and magnitudes of the shifts are still in debate and show high insecurities, particularly the Sahel and tropical West Africa is considered as a hot spot of changes (IPCC 2014).

Therefore, understanding the complex interactions of climatic variations and other environmental factors in concurrence with various human actions is still a key challenge (Mertz et al. 2010; Gaisberger et al. 2017). In the Sahelian zone, for example, vegetation development during the last decades is still controversially discussed (Ouedraogo et al. 2014). Remote sensing studies have documented a greening trend since the early 1980 s, which is in parallel to an increase in rainfall since the severe droughts in the 70 s and 80 s (Herrmann and Tappan 2013; Brandt et al. 2014; Hänke et al. 2016). Contrary, field based studies observed an impoverishment of woody vegetation cover (Brandt et al. 2014), a reduction of woody species richness and a shift towards more arid-tolerant species despite these greening trends (Herrmann and Tappan 2013). Hence, multidisciplinary approaches on different, local to regional scales are required to improve the understanding of these contradictory findings.

Apart from a better understanding of savanna ecosystem changes and their drivers, strategies and actions need to be developed for more sustainable use and restoration of already degraded savanna ecosystems. Even though, various technical approaches exist, e.g. stone lines or deep ploughing for soil restoration in degraded areas, direct implementation by rural communities is still a big challenge (Vohland and Berry 2009). Therefore, involvement of stakeholders right from the start, when developing such approaches, would help to improve the acceptance and long-term sustainability (Liehr et al. 2017). Thus, transdisciplinary research approaches are required which comprise collaboration between multiple scientific disciplines and the integration of extra-scientific knowledge of practitioners and stakeholders throughout the entire research process (Jahn et al. 2012). By a transdisciplinary approach, new knowledge is created, relevant and transferable for science and societal practices (Hummel et al. 2017).

Against this background, the EU-funded transdisciplinary research project UNDESERT (Understanding and combating desertification to mitigate its impact on ecosystem services) focused on i) an improved understanding of land and vegetation degradation and its drivers, ii) the impact of these changes on ecosystem services and the consequences for rural communities, and iii) the development of practical approaches in joint action with local stakeholders for more sustainable use of vegetation in the West African savanna zone (https://undesert.neri.dk/index.php?page=Home). Scientists from different natural and social science disciplines from several European and West African Universities and research institutions as well as stakeholders from various levels (village dwellers up to the ministry level) were involved during the entire project phase of five years. The project aimed at scientific analysis as well as concrete practical actions to create new knowledge and practical experiences relevant for policy and decision making in regard to sustainable management of natural resources. Further important project components were dissemination activities on local to national and international scale as well as capacity development to enhance future sustainable resource managing in the frame of future demographic and climatic changes.

Within the UNDESERT-project, scientists from Goethe-University focused particularly on the provisioning ecosystem services of savannas. The increasingly challenging sustainable use of wild plant species was addressed in a case study in two villages of the savanna zone in southeast Burkina Faso (in parts published in Leßmeister et al. 2015, 2018; Leßmeister 2017). In the following, we give insights into the research approach and results from this case study in regard to its contribution to more sustainable use of wild plant species in West African savannas. Furthermore, we present examples of the UNDESERT project, of how the results can be applied and can serve for concrete practical actions to mitigate degradation and to foster sustainable use of important plant resources. Finally, we give an overview on the UNDESERT project's dissemination and capacity development activities in respect to their contribution to sustainable use of savanna vegetation.

2   Case Study on Useful Wild Plant Species in Southeast Burkina Faso

To gain more insights into the use of wild plant species an enhanced knowledge in regard to their socio-economic valuation as well as the species population development trends is indispensable. For a large number of West African plant species general information about their usefulness is available (Burkill 1985; Arbonnier 2000; Zizka et al. 2015). However, some recent studies showed that preferences and use values of species can differ considerably due to social and spatial differentiations, for example gender, ethnic affiliations, villages (Kepe 2008; De Caluwé et al. 2009; Heubach et al. 2011; Schumann et al. 2012). Thus, in the case study, we aimed to assess detailed data on socio-economic values of species according to different ethnic groups, gender and savanna areas to obtain more insights into the range of the valuation differences. These data are highly important for the development of appropriate conservation strategies and sound practical actions towards sustainable use of the species, as sustainable care for e.g. planted species by the concerned rural people is more likely when the choice of species entirely matches their interests.

To evaluate the consequences of changing species availabilities for rural communities, it is also important to estimate their economic contribution to local household income. Such economic studies improve the understanding of the contribution of NTFP-extraction to rural household economies and enable to identify protection needs of species for conservation as well as improvement of rural livelihoods (Lykke et al. 2004; Schumann et al. 2012; Heubach et al. 2011, 2013; Ouedraogo et al. 2014). Moreover, these studies provide important data for raising awareness of policy and decision makers, as the value of NTFPs is up to now hardly considered in any kind of land use planning, due to a lack of data about their economic values (Schaafsma et al. 2014; Shackleton und Pandey 2014).

2.1 Research Approach

To obtain more information on the socio-economic valuation of useful wild plant species, a participatory research approach was applied, were local people with their knowledge about their environment and their specific interests play a crucial role in the research process (Cunningham 2001). Two different types of interviews were applied:

A. Structured interviews with village dwellers were carried out to assess i) the use and valuation of wild plant species comprising a ranking of useful species and ii) changes in the availability of most useful species according to the local perception. For the interviews, 60 woody species were preselected on the basis of expert knowledge of the study areas and literature. Besides general information on the interviewed person, the questionnaires comprised a simple categorization into three to four categories per topic (use preferences: $0 =$ not useful, $1 =$ a bit useful, $2 =$ useful, $3 =$ very useful; changes of species: $0 =$ no decline, $1 =$ a bit declining, $2 =$ strong decline). Informants were randomly chosen from the two villages irrespective of age, education level and profession but by means of their ethnic affiliation and gender. The main ethnic groups of the villages, representing autochthonous farmers (Gourmantché), migrated farmers (Mossi) and migrated herders (Fulani), were considered to analyze if different use preferences occur. In each village, 24 informants (12 female, 12 male) per ethnic group were considered.

B. Structured household surveys (155 interviews) were applied in the two villages with the same rural dwellers of different ethnic groups as above, to investigate the economic contribution of non-timber forest products (NTFPs) to rural household revenues (for details see Leßmeister et al. 2018) and to obtain detailed information on the different use categories per species. By this, we gained further insights into the possible economic consequences of species changes for rural dwellers and how species declines might affect different use categories, for example if they can lead to specific shortages in food products. Due to determined gender roles in traditional West African rural societies, the interview was split into two parts: Women gave information about harvesting of wild foods, fire wood consumption, medical use of plants as well as for decoration and cosmetic purposes. Men gave information about the households composition and assets, sources of income as well as agricultural production including animal husbandry. All informants were asked to recall quantities harvested from cropping or gathered in the savanna woodland, and the respective amounts which were consumed, sold or bartered. Based on this information, the economic value of all NTFP providing species was calculated as well as the share of their economic value in total household income (for detailed information see Leßmeister et al. 2018). Moreover, for certain use categories (e.g. food consumption) the economically most important species were identified (Leßmeister et al. 2015).

2.2   Use Preferences

The results show that use preferences for the highest ranked species were very similar between people of different ethnic groups in both villages (Fig. 1). The five highest ranked species were highly important for all ethnic groups (see Fig. 1, species to the left side). All five species provide highly valued plant parts for nutrition purposes. The fruits of *Vitellaria paradoxa,* the shea butter tree, are consumed raw and the seeds provide the most important plant fat used for daily nutrition, health care and cosmetics (Pouliot 2012; Heubach et al. 2013). The fruits and leaves of the baobab-tree, *Adansonia digitata,* are also highly appreciated for alimentation: leaves serve as vegetable in daily sauces, the seeds are consumed raw or roasted, 'fruit powder' is prepared as beverage (Schumann et al. 2012). Equally the locust bean tree (*Parkia biglobosa*) provides fruits, which are used in manifold ways: the sweet 'fruit powder' is consumed raw, the seeds are transformed into a local spice, which has a high nutrition value and is part of daily consumed sauces (Kronborg et al. 2014). Moreover, the tamarind tree (*Tamarindus indica*) and the red kapok tree (*Bombax costatum*) possess fruits and flowers which are valued and consumed as food (Thiombiano et al. 2012). Besides, all five species are also used for a variety of other use purposes (e.g. construction, traditional medicine).

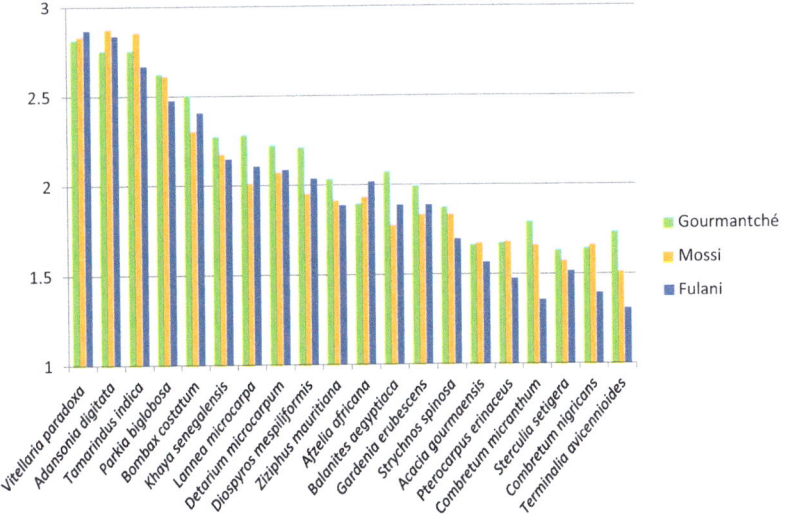

Fig. 1 Ranking of use value of species according to the three ethnic groups (scale: 1 = a bit useful, 3 = very useful, mean for each ethnic group of the two villages)

For species overall ranked on position 6 to 20, the ranking between ethnic groups showed for some species more pronounced differences. However, for species ranked on positions above 20, variations between the ethnic groups were even more distinct, and when considering the ranking of all 60 species, use value estimates were significantly different among ethnic groups (Gourmantché/Mossi F = 14,653, p = 0,023, Gourmantché/Fulani F = 77,594, p = 0,002, Mossi/Fulani F = 41,582, p = 0,005).

In regard to preferences of men and women, it showed that use value estimates were also significantly different between gender (F = 36,709, p = 0,000). However, for the most important species, women and men ranked almost the same species, whereas for species of lower ranking positions, differences were more pronounced. This might be due to different preferences for use purposes, as in general men value fire wood and construction material providing species higher, whereas women prefer species providing food and health care products. Related to the locality (two different villages), the use value estimates were also significantly different (F = 10,759, p = 0,000). For species with high ranking value, differences between the two villages were less pronounced, whereas species of lower ranking position showed more variation in their ranking values between the villages.

Overall, the results showed that significant differences in preferences among ethnic groups, gender and different villages occurred although the highest ranked species generally were common in all categories.

2.3   Economic Contribution of Useful Plant Species to Rural Household Revenues

To obtain more insights into the possible economic consequences related to changes in useful species availabilities, we analyzed the general economic contribution of useful plants to household income (Leßmeister et al. 2018). Overall the results for all interviews together revealed a high economic importance of NTFPs in the rural households economy of the village dwellers. With an average income share of 45%, income from NTFPs accounted for the second largest share in total household income, next to income from crop production (49%), off farm income (5%) and livestock (1%) (Fig. 2). Thus, the sufficient availability of NTFP providing species is highly important for the livelihoods of these rural communities.

In regard to the different use categories of the non-timber forest products, fodder species were economically most important, as they contributed with 61% to the total share of NTFP-income. With a contribution of 30% to NTFP-income, firewood was the second most important use category. Plant parts for food consumption contributed with 6% and tooth twigs with 4% to total NTFP-income

Fig. 2 Household income of all 155 interviewed households together, per income group in percent (adapted after Leßmeister et al. 2018)

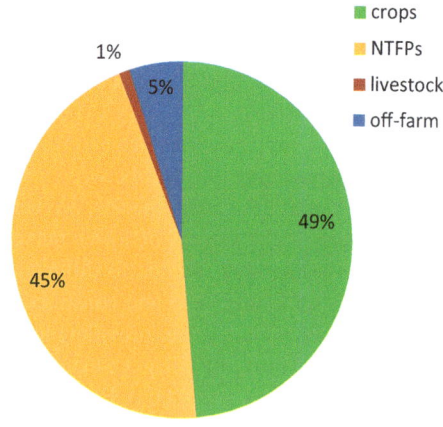

(Leßmeister et al. 2018). In the food category, four economically most important species were identified: highest income share was provided by the shea tree (*Vitellaria paradoxa,* 43% of wild food income), the locust bean tree (*Parkia biglobosa,* 26% of wild food income), the red kapok tree (*Bombax costatum,* 9% of wild food income) and the baobab (*Adansonia digitata,* 7% of wild food income), (Leßmeister et al. 2015).

Comparing the three ethnic groups, we discovered significant differences in NTFP dependency due to different traditional uses and harvesting practices (Fig. 3). The pastoralist society (Fulani) showed the highest income share from NTFPs among ethnic groups (62%), which is partly due to their higher demand of fodder species for their cattle. Differences in income share between the two farmer societies (Gourmantche, Mossi) were less pronounced. However, we discovered also significant differences in the economic contribution of NTFPs to household incomes between the two investigated villages, presumably reflecting differences in the availability of certain species in their surroundings (Leßmeister et al. 2018).

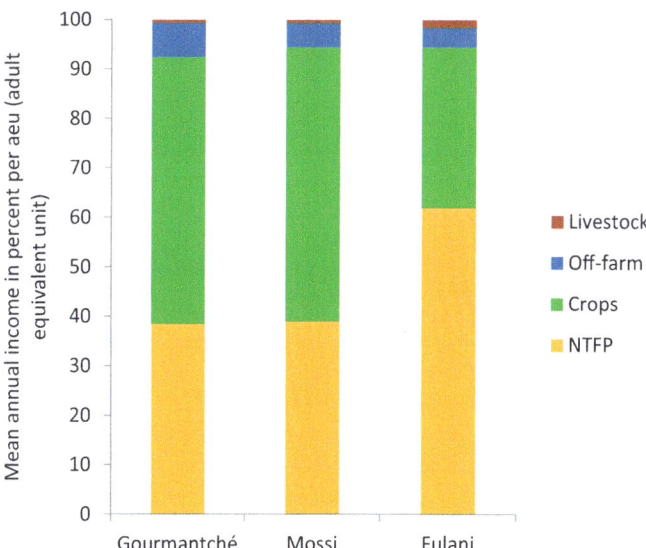

Fig. 3 Mean annual income share per aeu (adult equivalent unit) in percent for each income group for the three ethnic groups (Gourmantché, Mossi, Fulani) (adapted after Leßmeister et al. 2018)

Overall, these results showed that NTFPs provide considerable and significant cash and non-cash income to local livelihoods, and the need of detailed systematic collection of income data from NTFP species on a local scale. Consequently, management recommendations for more sustainable use of NTFP species need to consider ethnic-specific NTFP use patterns and habits as well as local differences with regard to site-specific species compositions. This knowledge is essential to inform national poverty assessments and national accounting, forming the basis of strategic planning and policy making (Leßmeister et al. 2018).

2.4 Perception of Species Changes and Possible Consequences for Users

The perception and knowledge of local resource users provide valuable insights into the local vegetation and its development (Cunningham 2001; Paré et al. 2010). It is one of the most important sources for indications on species population changes as in general abundance data on the former population status lack for West African countries (Wezel und Lykke 2006).

The results show that in both villages many useful species were perceived as declining by the rural dwellers. Fig. 4 gives an overview on the perception of decline for the most important species according to the ranking of the species (overall use value for all ethnic groups). It shows that among the 10 highest ranked useful species, six were perceived as strongly declining, the others as declining. Thus, we can presume pronounced socio-economic consequences for the rural communities as the highest ranked species are all perceived as severely to moderately declining in the study areas.

To gain further insights into the possible consequences for rural dwellers, we analyzed how these species declines might affect different use categories. It revealed that the most important food providing species were all perceived as either 'strongly declining' (e.g. *Adansonia digitata*, *Tamarindus indica*, *Bombax costatum*) or 'declining' (e.g. *Vitellaria paradoxa*, *Parkia bioglobsa*). The decreasing availability of food-providing species will most probably lead to shortages of important food products and supposes considerable consequences for rural household incomes in the future (Leßmeister et al. 2015). In regard to medical care, some highly valued species were also perceived as strongly declining (e.g. *Khaya senegalensis*), others as moderately decreasing. Overall, this might have pronounced effects for health care as the alternative use of less preferred species in case of shortages can play a role for the quality of the medication. In regard to species used for construction and tools (e.g. *Anogeissus leiocarpus*, *Balanites*

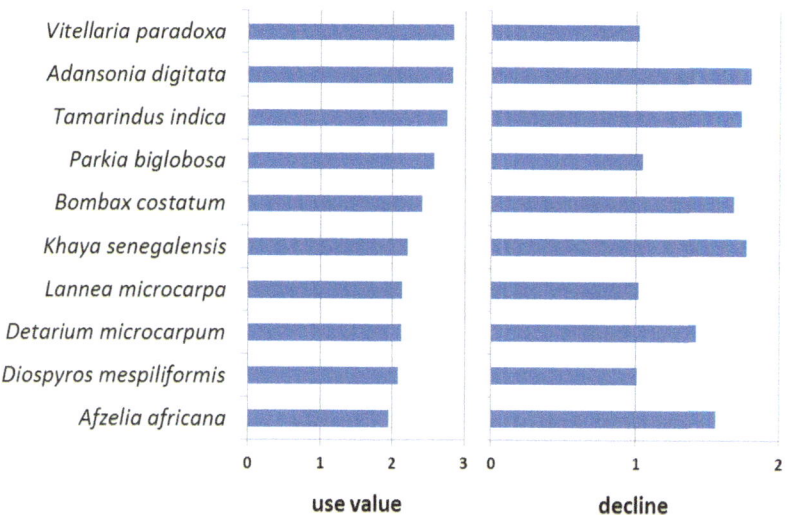

Fig. 4 Overall use values and perception of change (scale use value: 0 = not useful, 3 = very useful; scale change: 0 = no decline, 2 = strong decline)

aegyptiaca) (Schumann et al. 2011; Okia et al. 2011), less severe consequences can be expected as these species were perceived mostly as moderately declining and, in addition, other species can be used for these purposes. The same counts for the use of fire wood as energy supply: the most valued species were estimated as moderately declining and other species can be optionally used (e.g. *Combretum nigricans* instead of *Vitellaria paradoxa*). Contrary, for fodder availability, relevant consequences can be expected, as some highly valued fodder species (*Khaya senegalensis*) (Houehanou et al. 2011) were perceived as strongly declining. Particularly in the dry season, when branches and leaves of woody species are chopped for the cattle, problems for fodder provision can occur, as there are only few alternative tree and shrub species.

Overall, the case study revealed a very high valuation and reliance of village dwellers on non-timber forest product providing species. As most woody species are multi-purpose species, as their plant parts serve for several use categories, a diminishing availability of these species will have consequences for divers use categories. In some cases, a decreasing availability of one species might be substituted by the use of alternative species. However, as most of the highly useful species are perceived as severely declining, an alternative use is no option to meet the demands in the long run (Leßmeister et al. 2015).

Furthermore, the results show that significant differences in preferences among ethnic groups, gender and different villages occurred although the highest ranked species generally were common in all categories. However, already a slight difference in preferences is important in cases where only a reduced number of species can be considered for e.g. planting measures or other measures to foster their sustainable use. Particularly, planting measures with either women groups or men groups should consequently consider different preferences. Thus, the results underline the necessity to obtain detailed knowledge on user's preferences in each case of practical actions.

3   Practical Actions for Sustainable Use and Conservation

To deal with species decline and the consequences for rural livelihoods, planting approaches are valuable measures. Moreover, they can be combined with payments for carbon certification to generate additional income (Lykke et al. 2016). Thorough selection of tree species in tree plantings, considering local communities' preferences and the economic income options from NTFP-providing species can also significantly increase the value of carbon certification projects. However, tree planting of native species is not a tradition in West African societies, despite the fact that rural dwellers are well aware and concerned about the decline of various useful species. Rural communities lack knowledge and experience in planting native trees, although when asked about planting interests, preferences for native species are clearly expressed (Lykke et al. 2016).

Thus, in addition to the knowledge about socio-economic use values, assessments of planting interests of local communities are required as an important source of information for tree species selection in relation to management and conservation projects. In the frame of the UNDESERT project, an assessment of planting interests of local communities was carried out in one study area in Senegal, where a carbon certification project was implemented (https://www.planvivo. org/docs/Arlomom-PDD_published.pdf). To consider local dwellers preferences and needs, 120 people of 10 villages in this project area were asked to provide a ranking value for 55 local tree species of the study area regarding their planting interest.

It showed that all 55 woody species were considered of planting interest, with low variation of the highest ranked species between the villages. Overall, women had a significantly higher interest in tree planting for 22% of the species than men. However, the most useful species were generally common among all groups. Planting of fruit species was prioritized. Thus, local knowledge ensures high focus on food security and local income. In a second step, species preferences need to be combined with practical issues such as availability of seeds, sprouting potential in nurseries and knowledge in growing the species, e.g. by forestry services (Lykke et al. 2016).

For plantings of tree species, as part of the carbon certification project, these results were used as a basis for selecting the species, with taking practical feasibility and experience for species plantings into account. Overall, the results showed that a local knowledge based thorough selection of preferred species can supply local people with products that are highly interesting in terms of local consumption as well as income generation. Thus, with the right species selection, planting projects can provide additional income and food security in the long term. In the case of carbon certification projects, the payment for ecosystem services (PES) provides an important additional income, particularly during the first challenging years. This helps considerably to maintain the plantings until the plants start to produce valued plant parts for e.g. food consumption and other use purposes.

Likewise, assessments of planting interests of rural communities can be applied to identify species of interest for restoration approaches of degraded savanna areas. In the frame of UNDESERT, this approach was applied to combine restoration experiments comprising different traditional and modern restoration techniques for soil treatment (zaï, half-moon, agricultural benches and stone lines deep ploughing) with plantings of native species to foster soil regeneration and rainwater harvesting. Species preferences of rural dwellers were cross-linked with the species' ecology to grow on degraded soils for the final choice of species. Several species of socio-economic interest have been chosen for the experimental sites of the long-term restoration experiments (Bayen et al. 2016). Based on their socio-economic values and their performance in the plantations (survival rate, growth, adaptation to water stress), a number of species were finally highly recommended for successful restoration of degraded lands according to different soil types, topography and climate conditions (Lykke et al. 2016).

Both approaches show, how practical measures can be improved and can profit from involvement of local stakeholders considering their local knowledge and preferences, and by this raise the acceptance and care of the stakeholders for the measures.

4   Dissemination and Capacity Development to Foster Sustainable use

Besides concrete practical approaches, dissemination of scientific findings to the scientific community as well as to the public can contribute to sustainable use of plant resources in savannas. The creation and dissemination of new knowledge relevant and transferable for science and societal practices is a key component of any transdisciplinary approach (Jahn et al. 2012), ideally carried out by both scientists and societal actors. This step is also defined as "co-dissemination" in the frame of the future earth process to foster sustainability science (Mauser et al. 2013).

The UNDESERT project developed various products and tools for dissemination on different scales, ranging from simple fact sheets on practical actions such as tree plantings in restoration measures up to decision support tools addressing the local to national policy and land management planning level (Lykke et al. 2016). To provide broad access to the scientific results for the scientific community as well as the public, several online databases were created and developed by the involved scientists from the Senckenberg Research Institute and Natural History Museum Frankfurt (Schmidt et al. 2012; Dressler et al. 2014). An online data portal provides data availability and exchange between research and applied use. It is composed of three different modules:

1. The West African Data and Metadata Repository (https://westafricandata.sen ckenberg.de/) which is a data warehouse for a variety of ecological and socio-economic data (Gerstner et al. 2015), including for example ethnobotanical data on plant use, environmental changes according to the local perception, modelled distributions of functional plant groups, indicator values for degradation, etc..
2. The West African Vegetation Database (https://westafricanvegetation.sencke nberg.de), which gives access to vegetation data useful for studies of vegetation composition and plant diversity changes, plant distribution, etc. (Schmidt et al. 2012).
3. The West African Plant Database (https://www.westafricanplants.senckenbe rg.de), which is a photo archive and an identification tool for West African plants documenting more than 30% of the West African plant species and most of its savanna species (Dressler et al. 2014). Besides the photos themselves, it is an important source of occurrence and trait data, and receives enormous positive feedback from the scientific community as well as the public. This database also very successfully integrates the source of expert

knowledge from non-professional botanist with good field experience. It can be used and improved at any time by substantial knowledge available from societal actors, like extension workers, foresters, agriculturists, teachers and non-professional botanists.

Moreover, relevant data of these databases contribute to international science infrastructures providing free and easy access to various biodiversity data, such as the Global Biodiversity Information Facility (GBIF), Map of Life (MoL) or the Encyclopedia of life (EoL).

Thus, such online tools are widely accessible and comprise numerous highly detailed data, which are otherwise difficult to access. They are relevant tools for research, education and management. The collection of extensive botanical and environmental data enabled for instance a complete conservation assessment for the flora of Burkina Faso based on IUCN criteria (Schmidt et al. 2017). This sound and comprehensive conservation assessment is an important basis to conserve the native flora and vegetation and thus, indirectly, contributes to fight degradation and support sustainable use of vegetation and local livelihoods (Lykke et al. 2016).

A further important role plays capacity development. In the frame of the UNDESERT project, a new generation of experts in degradation issues and sustainability was educated: Fourteen young PhD students were trained in inter-disciplinary research teams and were partly directly involved in the practical actions (e.g. restoration approaches). This capacity development component is of high importance for biodiversity conservation and approaches of sustainable use as scientists trained in such interdisciplinary environments are outstanding multi-pliers in their environment. They generally distribute their new interdisciplinary knowledge by teaching and training others, or by working in ministries, exten-sion services or in development organizations. Moreover, there is an international need for young well trained scientists in the field of biodiversity conservation and ecosystem services to contribute to international science policy, working across different disciplines (Lambini und Heubach 2017). Thus, they contribute consi-derably to the dissemination and transfer of the new scientific knowledge into practical approaches as well as into the policy and decision making level.

5   Conclusion

The case study investigations on socio-economic values of wild plant species and their sustainable use demonstrated the importance of such local assessments and the involvement of directly concerned local stakeholders into the research process as key knowledge holders. The study showed that NTFP-species provide significant socio-economic contributions to local livelihoods and important products for divers use purposes. In regard to the range of valuation differences, high similarities for the most valued species regardless of ethnic affiliations and gender occurred, whereas for lower ranked species valuation differences were more pronounced. We conclude that, wherever feasible, practical measures should always be based on local assessments to perfectly match local needs and interests. Furthermore, we demonstrated how local knowledge and preferences can be considered in promising practical planting approaches combined with payments of ecosystem services (carbon certification) and restoration approaches to improve the interest and acceptance of the rural population in order to develop more effective sustainable management approaches.

However, local knowledge and experience about species and environmental changes should at best be completed by detailed scientific assessments of NTFP species declines and their drivers to entangle the complex effects of climate, land use change and overharvesting, in order to additionally improve mitigation strategies and actions (e.g. determination of sustainable harvesting rates). In any case, local knowledge and interests for practical measures are a first valuable step to foster sustainable use of useful savanna plant species.

Moreover, the results on the economic contribution of NTFP-species to household incomes provide important information for raising awareness and for policy and decision makers, who so far often undervalue and neglect the role of NTFP-species in their policies. Cash crop cultivation (cotton), for instance, is promoted in national plans without considering the economic loss through diminishing useful tree species going along with cotton cultivation. This accounts even more, as food providing tree species are particularly affected.

These data on the socio-economic contribution of useful species to rural livelihoods are also important for national records as contribution to the Strategic Plan of Biodiversity 2011–2020 (so-called 'AICHI-targets') of the Convention on Biological Diversity (CBD) to improve biodiversity conservation. One of the aims of the Strategic Plan (AICHI-target 2) is to integrate biodiversity values into national and local developing and poverty reduction strategies and to incorporate economic values of biodiversity into national accountings. Furthermore, such data are highly required for the African Assessment Report on Biodiversity and Ecosystem Services of IPBES (Intergovernmental Science-Policy Platform on Biodiversity and Ecosystem Services). These reports provide credible information needed for well-informed decision-making to reverse the current unsustainable use of many plant resources. In this regard, the UNDESERT projects' dissemination activities serve well to distribute the projects results and outputs into national and international decision making boards.

References

Arbonnier, M. 2000. *Arbre, arbustes et lianes des zones sèches d'Afrique de l'Ouest*. CIRAD, MNHN, UICN, Montpellier, Weikersheim & Paris.

Bayen, P., A.M. Lykke, und A. Thiombiano. 2016. Impact of three restoration techniques on seedling survival and growth of three species in the Sahel of Burkina Faso (West Africa). *Journal of forestry research* 27 (2): 313–320.

Brandt, M., C. Romankiewicz, R. Spiekermann, und C. Samimi. 2014. Environmental change in time series – An interdisciplinary study in the Sahel of Mali and Senegal. *Journal of Arid Environments* 105:52–63.

Breunig, P., and K. Neumann. 2002. From hunters and gatherers to food producers: New archaeological and archaeobotanical evidence from the West African Sahel. In: *Ecological Change and Food Security in Africa's Later Prehistory*, Eds. F. Hassan, 123–155. New York: Kluwer Academic/Plenum Publishers.

Burkill, H.M. 1985–2000. *The useful plants of West Tropical Africa*. Vol 1–Vol 5. Royal Botanic Gardens, Kew.

Capistrano, D., C. Samper, C., M.J. Lee, und C. Raudsepp-Hearne. 2005. Ecosystems and human well-being: multiscale assessments: Findings of the Sub-global assessments working group of the millennium ecosystem assessment. *The Millennium Ecosystem Assessment Series* No. 4, 388 p. Washington, D.C.: Island Press.

Cunningham, A.B. 2001. *Applied ethnobotany: people, wild plant use and conservation*. WWF. London: Earthscan Publications Ldt.

De Caluwé, E., S. De Smedt, A.E. Assogbadjo, R. Samson, B. Sinsin, und P. van Damme. 2009. Ethnic differences in use value and use patterns of baobab (Adansonia digitata L.) in northern Benin. *African Journal of Ecology* 47 (3): 433–440.

Dressler, S., M. Schmidt, und G. Zizka. 2014. Introducing African plants – a photo guide – an interactive identification tool for continental Africa. *Taxon* 63:1159–1161.

Gaisberger, H., R. Kindt, J. Loo, M. Schmidt, F. Bognounou, S.S. Da, et al. 2017. Spatially explicit multi-threat assessment of food tree species in Burkina Faso: A fine-scale approach. *PLoS ONE* 12 (9): e0184457. https://doi.org/10.1371/journal.pone.0184457.

Gerstner, E.-M., Y. Bachmann, K. Hahn, A.M. Lykke, und M. Schmidt. 2015. The West African data and metadata repository – a long-term data archive for ecological datasets from West Africa. *Flora et Vegetatio Sudano-Sambesica* 18:3–10.

Grace, J., et al. 2006. Productivity and carbon fluxes of tropical savannas. *Journal of Biogeography* 33:387–400.

Hänke, H., L. Börjeson, K. Hylander, und E. Enfors Kautsky. 2016. Drought tolerant species dominate as rainfall and tree cover returns in the West African Sahel. *Land Use Policy* 59:111–120.

Herrmann, S., und G. Tappan. 2013. Vegetation impoverishment despite greening: A case study from central Senegal. *Journal of Arid Environments* 90: 55e66.

Heubach, K., R. Wittig, E.A. Nuppenau, und K. Hahn. 2013. Local values, social differentiation and conservation efforts: The impact of ethnic affiliation on the valuation of NTFP species in Northern Benin, West Africa. *Human Ecology* 41:513–533.

Heubach, K., R. Wittig, E.A. Nuppenau, und K. Hahn. 2011. The economic importance of non-timber forest products (NTFPs) for livelihood maintenance of rural West African communities: A case study from northern Benin. *Ecological Economics* 70:1991–2001.

Houehanou, T.D., A.E. Assogbadjo, R.G. Kakai, M. Houinato, und B. Sinsin. 2011. Valuation of local preferred uses and traditional ecological knowledge in relation to three multipurpose tree species in Benin (West Africa). *Forest Policy and Economics* 13:554–562.

Hummel, D., T. Jahn, F. Keil, S. Liehr, and I. Stieß. 2017. Social ecology as critical, transdisciplinary science—Conceptualizing, analyzing, and shaping societal relations to nature. *Sustainability* 9:1050; doi:https://doi.org/10.3390/su9071050.

IPCC. 2014. Climate Change 2014: Impacts, adaptation, and vulnerability. Part A: Global and sectoral aspects. Contribution of working group II to the fifth assessment report of the intergovernmental panel on climate change. Hrsg. Field, C.B., V.R. Barros, D.J. Dokken, K.J. Mach, M.D. Mastrandrea, T.E. Bilir, M. Chatterjee, K.L. Ebi, Y.O. Estrada, R.C. Genova, B. Girma, E.S. Kissel, A.N. Levy, S. MacCracken, P.R. Mastrandrea, L.L. White, 1132. Cambridge: Cambridge University Press.

Jahn, T., M. Bergmann, und F. Keil. 2012. Transdisciplinarity: Between mainstreaming and marginalization. *Ecological Economics* 79:1–10.

Kepe, T. 2008. Beyond the numbers: Understanding the value of vegetation to rural livelihoods in Africa. *Geoforum* 39:958–968.

Kronborg, M., J.B. Ilboudo, I.H.N. Bassolé, A.S. Barfod, H.W. Ravn, und A.M. Lykke. 2014. Correlates of product quality of soumbala, a West African non-timber forest product. *Ethnobotany Research and Applications* 12:25–37.

Lambini, K.L., und K. Heubach. 2017. Young scientists welcome at IPBES. *Nature* 550:457.

Leßmeister, A. 2017. Vegetation changes and their consequences for the provisioning service of non-timber forest products (NTFPs) in a West African savanna. *Dissertation* (GU Frankfurt), 174 pages.

Leßmeister, A., K. Heubach, A.M. Lykke, A. Thiombiano, R. Wittig, und K. Hahn. 2018. The contribution of non-timber forest products (NTFPs) to rural household revenues in two villages in southeastern Burkina Faso. *Agroforestry Systems* 92:139–155. https://doi.org/10.1007/s10457-016-0021-1.

Leßmeister, A., K. Schumann, A.M. Lykke, K. Heubach, A. Thiombiano, und K. Hahn. 2015. Substitution of the most important and declining wild food species in southeast Burkina Faso. *Flora et Vegetatio Sudano-Sambesica* 18:11–20.

Liehr, S., J. Röhrig, M. Mehring, and T. Kluge. 2017. How the social-ecological systems concept can guide transdisciplinary research and implementation: Addressing water challenges in Central Northern Namibia. *Sustainability* 9:1109. doi:https://doi.org/10.3390/su9071109

Lykke, A.M., M.K. Kristensen, und S. Ganaba. 2004. Valuation of local use and dynamics of 56 woody species in the Sahel. *Biodiversity Conservation* 13:1961–1990.

Lykke, A.M., K. Hahn, M. Schmidt, J. Axelsen, A. Thiombiano, Y. Bachmann, and W. McGhee. 2016. The UNDESERT project – from research to action for combating desertification and land degradation in West Africa. https://undesert.neri.dk/uploads/PDF/12_ UNDESERT_Appendix2_OverviewSuggestions_NEW.pdf

Mauser, W., G. Klepper, M. Rice, B.S. Schmalzbauer, H. Hackmann, R. Leemans, und H. Moore. 2013. Transdisciplinary global change research: The co-creation of knowledge for sustainability. *Current Opinion in Environmental Sustainability* 5 (3–4): 420–431.

Mertz, O., C. Mbow, J. Østergaard Nielsen, A. Maiga, D. Diallo, A. Reenberg, A. Diouf, B. Barbier, I. Bouzou Moussa, M. Zorom, I. Ouattara, and D. Dabi. 2010. Climate factors play a limited role for past adaptation strategies in West Africa. *Ecology and Society* 15 (4): 25. http://www.ecologyandsociety.org/vol15/iss4/art25/.

Okia, C.A., J.G. Agea, J.M. Kimonda, R.A.A. Abohassan, P. Okiror, J. Obua, und Z. Teklehaimanot. 2011. Uses and management of Balanites aegyptiaca in drylands of Uganda. *Research Journal of Biological Sciences* 6:15–24.

Ouedraogo, I., J. Runge, J. Eisenberg, J. Barron, L. Sawadogo, und S. Kaboré. 2014. The regreening of the Sahel: Natural cyclicity or human-induced change? *Land* 3:1075–1090. https://doi.org/10.3390/land3031075.

Paré, S., P. Savadogo, M. Tigabu, J.M. Ouadba, und P.C. Odén. 2010. Consumptive values and local perception of dry forest decline in Burkina Faso, West Africa. *Environment, Development and Sustainability.* 12:277–295.

Parr, C.L., C.E. Lehmann, W.J. Bond, W.A. Hoffmann, and A.N. Andersen. 2014. Tropical grassy biomes: Misunderstood, neglected, and under threat. *Trends in ecology & evolution* 29 (4): 205–213.

Pouliot, M. 2012. Contribution of "Women's Gold" to West African livelihoods: The case of Shea (*Vitellaria paradoxa*) in Burkina Faso. *Economic Botany* 66:237–248.

Sankaran, M., et al. 2005. Determinants of woody cover in African savannas. *Nature* 438:846–849.

Schaafsma, M., et al. 2014. The importance of local forest benefits: Economic valuation of non-timber forest products in the eastern Arc Mountains in Tanzania. *Global Environmental Change* 24:295–305.

Schmidt, M., T. Janßen, S. Dressler, K. Hahn, M. Hien, S. Konaté, A.M. Lykke, A. Mahamane, B. Sambou, B. Sinsin, A. Thiombiano, R. Wittig, und G. Zizka. 2012. The West African vegetation database. *Biodiversity & Ecology* 4:105–110.

Schmidt, M., A. Zizka, S. Traoré, M. Ataholo, C. Chatelain, P. Daget, S. Dressler, K. Hahn, I. Kirchmair, J. Krohmer, E. Mbayngone, J.V. Müller, B. Nacoulma, A. Ouedraogo, O. Ouedraogo, O. Sambaré, K. Schumann, J. Wieringa, G. Zizka, und A. Thiombiano. 2017. Diversity, distribution and preliminary conservation status of the flora of Burkina Faso. *Phytotaxa* 304 (1): 001–215. https://doi.org/10.11646/phytotaxa.304.1.1.

Schumann, K., R. Wittig, A. Thiombiano, U. Becker, und K. Hahn. 2012. Uses, management, and population status of the baobab in eastern Burkina Faso. *Agroforestry Systems* 85:263–278.

Schumann, K., R. Wittig, A. Thiombiano, U. Becker, und K. Hahn. 2011. Uses and management strategies of the multipurpose tree Anogeissus leiocarpa in eastern Burkina Faso. *Flora et Vegetatio Sudano-Sambesica* 14:10–19.

Shackleton, C.M., und A.K. Pandey. 2014. Positioning non-timber forest products on the development agenda. *Forest Policy and Economics* 38:1–7.

Thiombiano, A., M. Schmidt, S. Dressler, A. Ouédraogo, K. Hahn, and G. Zizka. 2012. Catalogue des plantes vasculaires du Burkina Faso. *Boissiera* 65. Conservatoire et jardin botaniques de la ville de Genève. 391 S. ISBN 978–2–8277–0081–3.

Vohland, K., und B. Barry. 2009. A review of in situ rainwater harvesting (RWH) practices modifying landscape functions in African drylands. *Agriculture, Ecosystems and Environment* 131:119–127.

Wezel, A., und A.M. Lykke. 2006. Woody vegetation change in Sahelian West Africa: Evidence from local knowledge. *Environment Development and Sustainability* 8:553–567. https://doi.org/10.1007/s10668-006-9055-2.

Zizka, A., A. Thiombiano, S. Dressler, B.M.I. Nacoulma, A. Ouédraogo, I. Ouédraogo, O. Ouédraogo, G. Zizka, K. Hahn, und M. Schmidt. 2015. Traditional plant use in Burkina Faso (West Africa): A national-scale analysis with focus on traditional medicine. *Journal of Ethnobiology and Ethnomedicine.* 11:9. https://doi.org/10.1186/1746-4269-11-9.

Hahn, Karen, Dr., Wissenschaftliche Mitarbeiterin am Institut für Ökologie, Evolution und Diversität des Fachbereichs Biowissenschaften der Goethe-Universität Frankfurt am Main, https://www.bio.uni-frankfurt.de/53281651/Karen_Hahn

Leßmeister, Anna, Dr., Kooperationsmanagerin der Rhein-Main Universitäten an der Technischen Universität Darmstadt, https://www.intern.tu-darmstadt.de/dez_i/dezernat_i_l eitung/Index.de.jsp

Umkämpfte Nachhaltigkeit – vergessene Leiblichkeit. Der Fall der Wildpferde in Namibia

Robert Pütz und Antje Schlottmann

Zusammenfassung

Der Beitrag analysiert Konflikte um nachhaltigen Naturschutz. Er zeigt erstens, inwiefern diese in divergierenden Vorstellungen von Natur gründen, z. B. welche Tiere lokale Ökosysteme repräsentieren (dürfen), zweitens, dass Diskursanalysen diese Konflikte nicht hinreichend erfassen, da sie eine *agency of nature* ausblenden (müssen), und drittens, dass Naturschutzkonflikte immer auch inkorporierte Praxis sind, wenn z. B. die verinnerlichte Normativität von Nachhaltigkeit mit der leiblichen Erfahrung der Arbeit mit Tieren in Widerspruch tritt. In den dominierenden Rationalitäten von Nachhaltigkeit findet diese Dimension keinen Platz.

1   Einleitung

Der Namib-Naukluft Park im Südwesten Namibias ist einer der größten Nationalparks weltweit und beheimatet einige der wichtigsten touristischen Attraktionen des Landes. Der aktuelle Management Plan verfolgt das Ziel, die „Nachhaltigkeit und Wettbewerbsfähigkeit" von zonierten Landnutzungseinheiten „zu demonstrieren" (MET 2013, S. 9). Weiterhin wird betont, dass *Nachhaltigkeit* zu einer der

R. Pütz (✉) · A. Schlottmann
Institut für Humangeographie der Goethe-Universität Frankfurt am Main, Frankfurt am Main, Deutschland
E-Mail: puetz@uni-frankfurt.de

A. Schlottmann
E-Mail: schlottmann@geo.uni-frankfurt.de

65
B. Blättel-Mink et al. (Hrsg.), *Nachhaltige Entwicklung in einer Gesellschaft des Umbruchs*, https://doi.org/10.1007/978-3-658-31466-8_5

Säulen des Parkmanagements zähle (ebd., S. 27). Was sich in solchen Darstellungen wie selbsterklärend liest, ist in der Praxis ein hochgradig umkämpftes Feld um die Fragen, wer oder was für wen oder was mit welcher Begründung wie zu schützen ist. Dies zeigt das Beispiel der wildlebenden Pferde im Park, die durch mehrjährige Dürren und jüngst das Vordringen von Hyänen vor dem Aussterben stehen. Was für die einen – große Teile des Parkmanagements und des namibischen Umweltministeriums – der „Lauf der Natur" ist, erfordert für andere – NGOs und Akteure des lokalen Tourismusgewerbes – Maßnahmen des Menschen zum Schutz der Wildpferde.

Zur Untersuchung dieses Falls nehmen wir auf Basis von Feldarbeiten[1] im Folgenden *erstens* eine diskursanalytische Perspektive ein und zeigen, wie in dem Konflikt um „nachhaltigen" Umgang mit den Wildpferden unterschiedliche Naturvorstellungen mit Fragen von Schutzwürdigkeit verknüpft sind. Insbesondere die Frage, welche Tiere das lokale Ökosystem der Namib repräsentieren (dürfen), erweist sich als umstritten, widersprüchlich und folgenreich.

In einer *zweiten* Betrachtung argumentieren wir, dass die Durchsetzung von Nachhaltigkeit immer mit symbolischen und damit einhergehenden materiellen Praktiken der Grenzziehung verbunden ist. Die Territorialisierung von Naturschutz in Parks ist die Verräumlichung eines diskursiv verankerten dualistischen Verständnisses von Natur als Gegenwelt zu einem wie auch immer gestalteten kulturellen Ordnungsprinzip. Auch Territorialisierungen, das symbolische Eingrenzen wie das materielle Umzäunen, sind umkämpft. Sie können den unterschiedlichen Ansprüchen an Natur und ihrem Schutz dienen oder aber auch entgegenstehen. Darüber hinaus zeigt sich die Konflikthaftigkeit der Grenzarbeit aber insbesondere mit Blick auf die materiellen und körperlichen Widerständigkeiten der Pferde sowie ihres Lebensraumes. So wird deutlich, dass rein diskursanalytische Verfahren Konflikte nachhaltigen Naturschutzes nur unvollständig reflektieren können, da sie Aspekte einer *agency of nature* ausblenden (müssen). Wie wir zeigen, können sie jedoch sinnvoll in ein Konzept von Assemblage eingebettet werden, das diskursiv verhandelte Naturvorstellungen als wesentlichen, aber eben nur einen Teil eines Mensch-Wildpferd-Netzwerkes

---

[1] Interviews vor Ort mit Beamten des Ministeriums für Umwelt und Tourismus (MET), Naturparkmanagern, Aktivisten der Namibia Wild Horses Foundation (NWHF) und touristischen Anbietern, Analysen von Programmen (Strategien zum Nationalparkmanagement u. a.) sowie Auswertungen von Printmedien (Artikel und Leserbriefe in namibischer Presse) und Internetforen (Facebook). Die Interviews wurden in deutscher und englischer Sprache geführt. Eine frühere Version des vorliegenden Beitrages wurde bereits in englischer Sprache veröffentlicht (Pütz und Schlottmann 2020)

begreift, das sich aus Menschen und Nicht-Menschlichem (Tiere, Technologien, Diskurse, Materialitäten) zusammensetzt.

Schließlich zeigt unser Fall, dass konfliktreiche Grenzarbeit auch als inkorporierte Praxis von Subjekten erscheint, deren verinnerlichte Normativität von Nachhaltigkeit mit ihrer leiblichen Erfahrung bei der Arbeit mit Tieren zu inneren Konflikten führt – wenn etwa Entscheidungen getroffen werden müssen, die für die Tiere Leben oder Tod bedeuten. In den dominierenden Rationalitäten von Nachhaltigkeit findet diese Dimension keinen Platz. In einem *dritten* Schritt prüfen wir daher mit dem Konzept der Interkorporalität eine Perspektive, die eine andere wissenschaftliche Betrachtung von Mensch-Tier-Interaktionen ermöglicht und nicht zuletzt auch einer Neuverhandlung der Tauglichkeit des Begriffs der Nachhaltigkeit dienlich sein kann.

Ausgangspunkt für unsere Annäherung an den Fall ist, dem breiten gesellschaftlichen „Konsens zu Nachhaltigkeit" kritisch zu begegnen (Schwartz 2016) und ihn vor allem auf die Relationalität und prinzipielle Unterbestimmtheit des Begriffs zurückzuführen. „Nachhaltigkeit" kann sich auf alles Mögliche beziehen und daher auch oftmals zuwiderlaufende Felder gesellschaftlicher Praxis wie die der Natur*nutzung* und des Natur*schutzes* scheinbar unproblematisch vereinen. Mit Laclau (2002) gesprochen ist Nachhaltigkeit ein „leerer Signifikant", der eher dazu dient, gesellschaftliche Kontroversen zu verhüllen, denn sie zum Vorschein zu bringen. Insofern scheint für die wissenschaftliche Betrachtung angezeigt, zunächst nach der Verwendung des Begriffs in der Praxis zu fragen, um dessen Bedeutung zu erkennen (Tremmel 2003, S. 63). Brand und Jochum (2000, S. 174) zufolge geht es um die Analyse eines kontrovers strukturierten Diskursfelds, „auf dem verschiedene Akteure um die Durchsetzung ihrer spezifischen Deutung von Nachhaltigkeit und den daraus sich jeweils ergebenden unterschiedlichen Nachhaltigkeitsstrategien kämpfen". Wir schließen an diesen pragmatischen Zugriff an und begreifen Nachhaltigkeit in ihrem unbestimmten Gehalt heuristisch als etwas, für das – auch bei Konzepten „nachhaltiger Entwicklung" – eine Praxis des Bewahrens bzw. Verdauerns konstitutiv ist, vor allem, wenn die ökologische Sphäre von Nachhaltigkeit angesprochen ist. Gleichzeitig erweitern wir den machtsensiblen Zugang über die diskursive Ebene hinaus und nutzen den Begriff als Zugang zu einem sich um ihn entfaltenden umkämpften Feld gesellschaftlicher Auseinandersetzung, das es in seinen Dimensionen mit Blick auf räumlich und zeitlich situierte diskursive und materielle Praktiken und deren Verhältnis zu erfassen gilt.

2   Fallstudie: Die Wildpferde der Namib

2.1   Herkunft und Geschichte

Die namibischen Wildpferde sind eine Vermischung von Nachkommen verschiedener europäischer Pferderassen, die Ende des 19. Jahrhunderts auf unterschiedliche Weise in die Region Garub gelangten, etwa 100 km von Lüderitz entfernt am Rand der Namib-Wüste. Durch Diamantenfunde hatte Lüderitz einen ungeheuren Aufschwung erfahren. Zur Überwindung seiner isolierten Lage zwischen Wüste und Meer wurde eine Eisenbahnlinie nach Aus gebaut und bei Garub ein ergiebiger Grundwasserspeicher entdeckt und angezapft (vgl. Abb. 1). Bis heute bildet der damals angelegte Brunnen die Basis für die Existenz der Pferdeherden der Namib.

Die Vorfahren der heutigen Wildpferde kamen auf dreierlei Weise nach Namibia und zur Wasserstelle von Garub (vgl. Goldbeck et al. 2011): Eine erste war der Import von Zuchtstuten und -hengsten nach damals Deutsch-Südwestafrika (1884–1915). Die deutschen Kolonialisten benötigten Arbeitspferde und hielten Rennpferde zur Freizeitgestaltung der durch Diamantenhandel vermögend gewordenen Bevölkerungsteile. Für beide Zwecke wurde eine Zucht in Kubub, 35 km südöstlich von Garub, aufgebaut. Ein zweiter Ahnenzweig waren Pferde, die die deutschen „Schutztruppen" zur Kriegsführung benötigten (vgl. Abb. 2). Insbesondere im Vorfeld des Ersten Weltkriegs stieg dieser Bedarf erheblich – historische Quellen belegen Ladungen aus Deutschland mit mehr als 4000 Pferden pro Schiff. Im Ersten Weltkrieg kämpften die deutschen Truppen gegen Verbände der mit England verbündeten Südafrikanischen Union. Deren „Kap-Pferde", selber eine Neuzüchtung, sind der dritte Ahnenzweig der heutigen „Namib Horses".

Insgesamt lagerten im Ersten Weltkrieg rund 8000 Pferde der Kriegsparteien bei Garub. Bei einem Luftangriff auf südafrikanische Truppen am 27.3.1915 wurden alleine 1700 von ihnen versprengt (ebd.: S. 36). Zudem hatten die nach Deutschland geflohenen Zivilisten ihre Arbeitspferde ausgesetzt, wie auch Pferde der unterlegenen deutschen Soldaten auswilderten. Drittens wurde das Gestüt in Kubub aufgegeben und die dortigen Zuchtpferde zerstreuten sich in den benachbarten Bergen. Während die Pferde der Soldaten vornehmlich Wallache waren, lebten im Gestüt fortpflanzungsfähige Stuten und Hengste. Deshalb ist ihr Anteil am Genpool der heutigen Namib-Pferde am größten (ebd.: S. 38). Die in den Wirren der Kriegshandlungen auf unterschiedliche Wege freigesetzten Pferde fanden sich später in größeren Herden zusammen, die vor allem die Suche nach Wasser antrieb. Dies fanden sie in Garub im dort gebohrten Brunnen vor, was die Region in einem Umkreis von 30 km seither zum Lebensraum der Pferde machte.

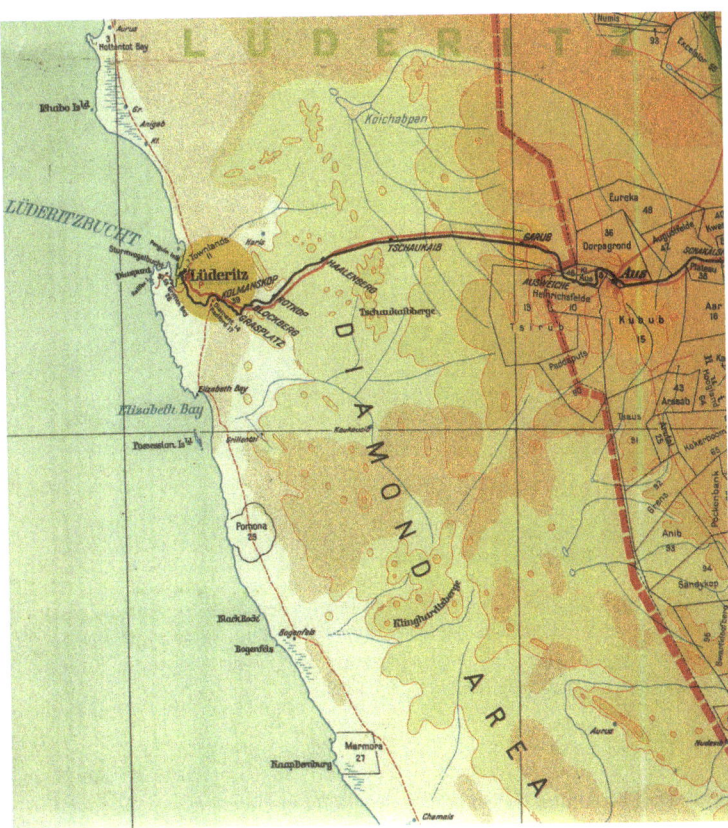

Abb. 1 Historische Karte des südlichen Teils der Namib-Wüste (Goldbeck et al. 2011, S. 26). Die Wildpferde leben um Garub, die Grenzen des Naukluft Parks durchschneiden ihren Lebensraum im Süden (entlang der Eisenbahnlinie) und Osten (östlich von Garub)

Wie konnte ein Bestand von schwankend zwischen 100 und 300 Pferden über mehr als hundert Jahre in einer lebensfeindlichen Umgebung überleben? Erstens, weil sie aufgrund der Diamantenvorkommen immer in einem *Territorium mit eingeschränktem Zugang* lebten. Ein streng überwachtes Betretungsverbot existierte mehr oder weniger kontinuierlich seit der Zeit der deutschen Besetzung. 1979 und 1986 wurde zudem ein Teil ihres Lebensraums dem Namib-Naukluft Nationalpark angeschlossen. Dies setzte einerseits den hohen territorialen Schutz fort – die Tiere gerieten unter Naturschutz und das Gebiet wurde eingezäunt, um sie

Abb. 2 Soldat der Schutztruppe hinter Pferd (Bildarchiv der Deutschen Kolonialgesellschaft, Universitätsbibliothek Frankfurt am Main, 037-0600-36). Pferde wurden im Krieg in vielerlei Funktionen als „working animal" eingesetzt. Hier dient es einem Soldaten als lebendiger Schutzschild und Gewehrauflage zugleich

vor Wilderern zu schützen (ebd.: S. 45) –, beschränkte andererseits aber auch die Mobilität der Pferde und fixierte deren Weidemöglichkeiten.

Zweitens war durch den Brunnen von Garub bis in die Gegenwart eine *Wasserversorgung* kontinuierlich gesichert. Im Krieg wurde die Bohrung zur Versorgung der einen oder anderen Kriegspartei aufrechterhalten. Später wurde sie zur Versorgung der Eisenbahnlinie gepflegt. Nach deren Umstellung auf Dieselantrieb setzte ein Sicherheitsbeamter der Diamantenfördergesellschaft CDM durch, dass die Bohrung auf Kosten der CDM nun zur Versorgung der Pferde weiter gewartet und durch Tränken mit Schwimmerventilen pferdegerecht umgestaltet wurde (ebd.: S. 43). Heute wird die Bohrung durch den Nationalpark instandgehalten.

Mit der Angliederung an den Nationalpark gerieten die Wildpferde in den Fokus einer breiteren (internationalen) Öffentlichkeit. Bis dahin war die Tatsache weitgehend unbemerkt geblieben, dass von den in günstigen Witterungsperioden bis zu 300 Pferden in Dürrezeiten viele verhungerten. Nun aber, in einer schweren Dürreperiode Ende der 1990er Jahre, wurde von Touristen und lokaler

Bevölkerung der Anblick verendender Pferde als Problem an die Nationalparkverwaltung adressiert. Zeitgleich entstanden private Initiativen, die sich dem Schutz der Wildpferde verschrieben, allen voran die Namibia Wild Horses Foundation (NWHF), die Öffentlichkeitsarbeit betreibt, um Spendengelder für die Wildpferde zu sammeln und Druck auf Regierung und Nationalparkmanagement aufzubauen. Großen Einfluss hatte auch der weltweit ausgestrahlte Spielfilm „Running Free" (2000), der die Geschichte der Namib-Pferde als Symbol für Freiheit stilisiert, sowie die durch ihn ausgelöste Berichterstattung in internationaler Presse und TV-Dokumentationen. Im Ergebnis wurde zugestanden, dass die Pferde in Dürrezeiten durch die NWHF *Zufütterung von Heu* erhalten durften, der dritte Faktor für ihr Überleben bis in die Gegenwart.

2.2   Der aktuelle Konflikt

In den 2010er Jahren geriet das weitgehend stabile Schutzsystem aus territorialer Isolation, gesicherter Wasserversorgung und in Dürrezeiten gesicherter Futterversorgung in die Krise. In der ersten Hälfte der 2010er Jahre war das Nahrungsangebot um Garub witterungsbedingt sehr groß gewesen, weswegen die Gegend auch von Antilopenarten (Oryxe, Springböcke u. a.) besiedelt wurde. Diesen folgten Raubtiere nach, insbesondere Hyänen. Von der NWHF wurde deren Ankunft zunächst noch begrüßt, weil sie ein Phänomen zu beseitigen schienen, das Wildpferdeherden angesichts fehlender natürlicher Feinde weltweit auszeichnet: eine starke Zunahme der Population:

„Also vor drei Jahren habe ich noch gesagt: Danke! Die Hyänen kommen rein! Wir waren mit 300 Pferden über unser carrying capacity, über der Tragfähigkeit dieses Gebietes. Und da haben wir gesagt: Super! Die kommen rein!" (NWHF Aktivist 2017)

2014 setzte dann aber eine bis in die Gegenwart (2018) anhaltende Dürre ein, in deren Folge das Gras verdorrte und viele Tiere das Gebiet wieder verließen. Die Pferde waren hierzu jedoch nicht in der Lage. Sie waren an die Nähe der Wasserstelle gebunden und wurden durch den Zaun des Nationalparks daran gehindert, in Richtung höhergelegenes, feuchtes privates Farmland zu wandern. Der ursprünglich zum Schutz der Tiere errichtete Zaun erwies sich nun als Falle. Im Unterschied zu früheren Dürrezeiten wurden nämlich die Hyänen sesshaft: Sie folgten nicht mehr den weiterwandernden Antilopen, sondern blieben in Garub, da die Wildpferde, insbesondere die Fohlen und älteren Stuten, für sie ein leicht verfügbares Nahrungsangebot darstellten.

In der Folge ging die Zahl der Tiere drastisch zurück und von den verbliebenen rund 100 Wildpferden lebten nur noch 33 Stuten in Garub (Swilling 2020). Gesamtzahl und Geschlechterverhältnis bedrohen die Reproduktion akut, so dass die NWHF im Januar 2017 ein faktisches Aussterben der Namib-Wildpferde bis August 2017 prognostizierte und öffentlich machte. Als Reaktion auf den medialen Druck erließ das Umweltministerium eine temporäre Genehmigung zur Fütterung der Hyänen. Auf dieser Grundlage kauft die NWHF seit 2017 auf Spendenbasis Fleisch von Wildfarmen und verfüttert es an die Hyänen. Seitdem ist der Bestand an Wildpferden weitgehend stabil.

3   Umkämpfte ökologische Nachhaltigkeit: Welche Natur? Welche Nachhaltigkeit?

Die Situation der akut vom Aussterben bedrohten Namib-Wildpferde erlaubt, die diskursive und materiell-praktische Umkämpftheit von Nachhaltigkeit exemplarisch zu rekonstruieren. Wie wird nachhaltiges Tun und Sein unterschiedlich gedeutet und von wem? Welche Ansprüche werden hieraus geltend gemacht und welche Widersprüchlichkeiten und Konflikte bringt dies hervor? Wie sich bereits in der kurzen Darstellung abzeichnet, treffen in der Auseinandersetzung über den „richtigen" Umgang mit Hyänen und Pferden fundamentale Fragen nach ihrer Zugehörigkeit zu Natur (und damit verbundenem Naturschutz) auf Fragen ökonomischer Bilanzierung und auf soziale Fragen der Verteilung von Artikulationsrechten und Zugangsmöglichkeiten zu Naturschutzgebieten. Für die Tiere steht die Bewahrung ihres Lebens und für die mit ihnen befasste Tierbiologin das Ziel des genetischen Überlebens der Wildpferde zur Disposition.

Im ersten Schritt unserer Analyse zeigen wir nun, dass für das Verständnis der Praxis ökologischer Nachhaltigkeit die Frage nach den zugrunde liegenden Naturvorstellungen zentral ist. Erst in Relation zu dem, was jeweils als Natur gilt, lässt sich verstehen, mit welchen Inhalten, Normen und Werten Nachhaltigkeit als Ziel verbunden und in materieller Praxis auch verwirklicht wird. Letzteres hat Konsequenzen für die Fragen, welche Natur für die Zukunft erhalten wird und nicht zuletzt auch, wer und was in ihr leben soll und darf. Wir folgen dabei einer Systematisierung von Mace (2014), die im Kontext Naturschutz vier Phasen gesellschaftlicher Naturkonzeptionen (*framings*) im Mensch-Natur-Verhältnis identifiziert. Diese können sich – wie in unserem Beispiel – zeitlich überlappen, wodurch die mit ihnen verbundenen Motive der nachhaltigen Bewahrung konflikthaft werden: Auf eine Vorstellung *nature for itself,* in der es primär um den Erhalt von unberührter Natur und Wildnis geht, folgt eine Phase der Frage, wie diese

Natur trotz technischen Fortschritts und Bewirtschaftung erhalten werden kann. Mensch und Natur erscheinen dabei als separate Einheiten *(nature despite people)*. Etwa ab der Jahrtausendwende verschiebt sich der Fokus auf Ökosysteme unter Einschluss des Menschen und die Vorstellung, aus einer Gleichzeitigkeit von Erhalt und Bewirtschaftung von Natur möglichst dauerhafte Vorteile für den Menschen zu erzielen *(nature for people)*. Für die letzten 10 Jahre konstatiert Mace eine Tendenz, von diesem utilitaristischen Schutzgedanken abzurücken und die Wechselseitigkeit der dynamischen Beziehung zwischen Natur und Mensch anzuerkennen *(nature and people)*.

Naturvorstellungen korrespondieren mit Vorstellungen von Wildnis, die stärker räumlich gefasst sind. Dabei spielen neben bestimmten Pflanzenarten bestimmte Tierarten eine wichtige Rolle. Freilebende Tiere etwa sind konstitutiv für gesellschaftliche Vorstellungen von naturbelassenen Landschaften und dem ländlichen Idyll (Macnaghten und Urry 1999; Jones 2003). Für Repräsentationen von Wildnis in Verbindung mit Namibia sind die *big five* (Elefant, Nashorn, Büffel, Löwe und Leopard) als *flagship species* ikonisch. Dass auch Wildpferde konstitutiv für gesellschaftliche Vorstellungen von Wildnis sein können und dass diese diskursiv umkämpft sind, zeigt Pütz (2017) am Beispiel der Ressourcenkonflikte um das Weideland der Mustangs in den USA. Diese werden v. a. entlang der Frage geführt, ob Mustangs überhaupt „Wildpferde" sind oder nicht vielmehr „verwilderte Pferde". Dahinter steht die für die Praxis entscheidende Frage, ob sie als Bestandteil von ortsgebundener „Natur" anzusehen sind, die schützenswert ist, oder als invasive Art, welche das Ökosystem, v. a. aber die wirtschaftlichen Interessen der Rinderfarmer bedroht.

Die Auseinandersetzungen um die Namib-Wildpferde schließen hier an, sind aber stärker im ökologischen Nachhaltigkeitsdiskurs und damit verbundener Praxis angesiedelt: Welche Tierarten „gehören" zu Namibias Naturlandschaft und haben daher unter der Leitlinie nachhaltiger Entwicklung besondere Schutzwürdigkeit? Anders formuliert: Welche Tiere haben im Kampf um die größte symbolische Bedeutung den Vorzug und „dürfen" Namibias Naturlandschaft repräsentieren? Und das heißt letztlich auch: Welche Tiere dürfen überleben und welche nicht?

Anhand unserer Feldarbeiten können wir im Konflikt um den Umgang mit den Wildpferden drei rivalisierende Programmatiken identifizieren. Sie korrespondieren mit unterschiedlichen gesellschaftlichen Naturvorstellungen im Sinne von Mace (2014), sie ringen miteinander als Konzepte im Kampf um die nachhaltige Entwicklung der namibischen Nationalparks und sie erweisen sich als Frage von Leben und Tod für die Wildpferde und andere in der Region lebende Spezies.

Eine erste Position propagiert Rahmensetzungen, die der „Natur ihren Lauf lassen". Hierin zeigt sich ein Verständnis von Natur als frei von menschlichem Eingriff. Gebiete von Wildnis sind dementsprechend möglichst sich selbst zu überlassen und nur so „nachhaltig" zu bewahren *(nature for itself)*. Durch den Menschen eingeführte und am Leben erhaltene Pferde können demnach keine *Wild*pferde sein. Mehr noch: Jede Praxis zu ihrem Schutz gefährdet die ökologische Nachhaltigkeit „echter" Natur. Dass eine wie auch immer gemanagte Natur bereits eine gesellschaftlich hergestellte Natur ist, wird dabei oftmals ausgeblendet. Der unterliegende Naturbegriff ist ein essentialistischer, streckenweise wird Natur zu etwas Göttlichem:

> *„Ich denke, manchmal machen Leute den Fehler, emotional zu werden über ein environmental issue. (…) Ich weiß, die Hyänen, die jagen. Die sind nicht nur scavenger [Aasfresser]. Aber (…) man kann sich nicht in die Trockenheit einmischen. Es ist act of god. Du kannst es nicht ändern. The survival of the fittest."* (Wildparkmanager 2017)

Mit Naturkonstruktionen verbinden sich spezifische Anforderungen an die Praxis von Nachhaltigkeit. So erfordert die Auffassung *nature for itself* eine Festlegung, welche Tiere zur ortstypischen Natur gehören und welche nicht. In der Logik der Argumentation wird dies über die Dauer der Ansässigkeit gelöst, demnach waren die Hyänen „zuerst da" und haben mehr Recht auf Überleben als die vom Menschen eingeführten Pferde:

> *„And the MET also said, which we understand, that they are an indigenous species and the horses are not. So, if one has to stay and one has to go, the hyenas should stay and the horses should go. Because the hyenas belong there, it was always their territory, even if they haven't been there in big numbers and even if they haven't been so 'resident' as we call it."* (touristischer Anbieter 2017)

Eine zweite Position identifiziert die Hyänen als Schlüssel zur Lösung und schlägt vor, diese umzuziehen oder zu füttern und damit vom Erlegen der Pferde abzuhalten. Nachhaltigkeit ist aus dieser Perspektive nur (noch) durch menschlichen Eingriff zu sichern, der ein aus den Fugen gekommenes Gleichgewicht durch Intervention kurzfristig wiederherzustellen und langfristig zu erhalten vermag. Wenn die Hyänen also zum Problem für den Fortbestand für die Pferde werden, dann ist es angezeigt, einzugreifen:

> *„Since the situation developed as it did over the last ten years, of the hyenas increasing there and coming here and now have established quite a nice little setup here at Garub.*

*This situation is **not sustainable** with the horses. So they've killed all the foals for the last five years.* " (Wildtierbiologin 2017)

Der unterliegende Naturbegriff zeigt sich als nostalgisch-arkadischer Zustand, in dem Mensch und Tier friedlich koexistieren, der Mensch aber dennoch verantwortlich für das Überleben von bestimmten Tieren (hier: Pferden) ist. Diese Figur des Menschen als Hirten verbindet sich mit der Rahmung von Naturschutz im Sinne von *nature and people.*

Eine dritte Position schlägt vor, die Pferde umzuziehen und vor den Hyänen „in Sicherheit" zu bringen:

„Da haben wir vorgeschlagen: Wir möchten diese Wildpferde nach Klein-Aus Vista nehmen [Flächen eines touristischen Anbieters]. Das ist der einzige Farmer, der bereit ist zu sagen, ‚die kriegen dort ihr Reich'. Und wir [die NWHF] schützen sie, diesen kleinen Kern, der noch übrig ist. " (NWHF Aktivist 2017)

„And we think it would be good if it's as close as possible to the area where they are now because that is kind of the same environment and habitat and it still remains as a tourism attraction in the area. Because it is really important for all of us. If you would remove the horses completely, for Aus tourism it would really be a big, big blow. " (touristischer Anbieter 2017)

Diese Position macht argumentativ nicht nur die Tiere selbst, sondern auch deren Nutzen und Nutzbarkeit zum Gegenstand. Nachhaltig ist nicht nur Biodiversität und Artenschutz, also die Sicherung des (genetischen) Überlebens der Pferde, sondern auch das Überleben der lokalen touristischen Ökonomie, die von den Pferden als touristisch nutzbare Konsumgüter (Pütz und Poerting 2020) abhängig ist. Interessant ist die Widersprüchlichkeit, die durch diese Verknüpfung aufbricht, denn sie erschwert eine eindeutige diskursive Zuordnung der Wildpferde. So kann touristischer Wert nur erreicht werden, wenn die Tiere sowohl als „wild" eingeordnet werden können als auch emotionale Verbundenheit zulassen. Verbundenheit mit Pferden wie auch die Sorge um sie sind ebenfalls durch mediale Diskurse – von Kinderfilmen über Jugendbücher bis hin zu künstlerischen Darstellungen und Visualisierungen in sozialen Medien (Poerting und Schlottmann 2020) – mächtige Repräsentationen von z. B. Hengsten (vgl. Abb. 3) oder aber Pferd-Mensch-Beziehungen, die sich dann in der touristischen Praxis des Fotografierens oder aber des Fütterns manifestiert. Dies konterkariert wiederum die

Abb. 3 Steigende Hengste bei Garub (2018, Photo: Teagan Cunniffe). Steigende Hengste sind seit der Antike durch zahllose Darstellungen gefestigt ein mächtiges Symbol und Visiotyp (Pörksen 1997) für Unbändigkeit und Wildheit. In der Namib begeben sich Touristen mit Kameras bewaffnet auf der Suche nach diesem Motiv; als Beleg für ihre Wildniserfahrung

Zuordnung der Tiere zu Wildnis als dem Menschen entgegengesetztes Natürliches, Ungezähmtes.[2] Der inhärente Widerspruch ist indes geradezu konstitutiv für den ökonomischen Wert der Tiere. Sie müssen beides repräsentieren, müssen „sowohl als auch", wild und zahm, sein und noch dazu gut aussehen. Das Paradox entspringt einer anthropozentrischen Perspektive der Inwertsetzung von Natur *(nature for people)* und begründet, warum die Protagonisten damit ringen, Wildheit bewahren zu wollen und dadurch das Wilde gleichsam unmöglich zu machen:

> *„There is a couple paradox between 'wanting them wild' – and they must run around and they must show and beautiful scenery and so, and the stallions must kick and scream and all that [Abb. 3]. But on the other hand, the people find it really nice,*

---

[2] Mit Schlünder (2012, S. 325) ließe sich auch sagen: Der Hunger von Pferden wird mit dem „Hunger" von Menschen nach emotionaler Befriedigung, verbunden mit Akten der Zähmung und Sorge, synchronisiert.

when the horses come up and eat out of the hand. Same person! And (...) who would
really cry out loud when the horses look like they look now: skinny and scruffy."
(Wildtierbiologin 2017)

Welche der Vorstellungen von Natur und zu schützender Wildnis sich als konkrete Ausgestaltung von „nachhaltiger Praxis" durchsetzt, erweist sich für die
betroffenen Tiere allerdings als Frage von Leben und Tod. Sie können je nach
Perspektive „richtige" Repräsentanten ortsgebundener Natur darstellen bzw. zum
„richtigen" tierischen Inventar des Wildparks gehören und überleben. Sie können
als Invasoren wahrgenommen werden und werden (voraussichtlich) sterben.

Die ethische Frage nach dem Recht auf Überleben betrifft nicht zuletzt auch
die wissenschaftliche Praxis als Teil des Diskurses zu Natur und ihrem Schutz.
Wie ist sie positioniert und inwiefern gelingt es ihr, sich in der Rolle einer beob-
achtenden Instanz reflexiv zu distanzieren? In dieser Hinsicht werden Konzeptio-
nen von nachhaltigem Naturschutz, welche die Bedürfnisse nicht-menschlicher
Akteure wie vor allem von Tieren (gemeinhin unter „Natur" subsummiert)
vernachlässigen, jüngst vermehrt der Kritik des Anthropozentrismus ausgesetzt
(Lorimer 2015, S. 15, s.a. Urbanik 2012, S. 17). Auf die damit verbundene
erkenntnistheoretische Problematik kommen wir noch zurück. Wie unser Fall zeigen wird, kann ein Verständnis der Konflikte um nachhaltigen Naturschutz und
Mensch-Tier-Interaktionen mit rein diskursanalytischen Verfahren jedoch nicht
angemessen gelingen, weil dabei Aspekte der Materialität, der Körperlichkeit und
einer – wie auch immer zu fassenden – *agency of nature* in einem „Schreiben
über" und damit außerhalb von Natur (Wolch 2002, S. 730) ausgeblendet werden.

4   Nachhaltigkeit und Territorialisierung

Alle dargestellten Positionen verbindet trotz der aufgezeigten Differenzen
ein mehr oder weniger starkes Festhalten an dualistischen Natur-Kultur-
Verständnissen. Das Denken in Kategorien von Nachhaltigkeit und die Ausrichtung des Handelns daran scheint – zumindest im Feld des Naturschutzes
– unweigerlich verbunden mit einer Reproduktion der Trennung von Natur und
Kultur. Unser Beispiel zeigt aber auch, dass diese diskursive Praxis der ontologischen Abgrenzung menschlicher und nicht-menschlicher Bereiche mit einer
Praxis der Territorialisierung verbunden ist, die immer wieder neue Formen
annimmt (Peluso und Lund 2011). Sie verräumlicht die Trennung zwischen Natur
und Kultur auf unterschiedliche Weise und versucht, „Wildnis" dauerhaft ihren
spezifischen Ort zuzuweisen. Ihre materielle Dimension zeigt sich dabei am

eindrücklichsten in Form des Zauns, der den Park begrenzt oder Gehege, Besu-
cherbereiche u. ä. trennt. Dabei ist für uns grundlegend, dass räumliche Grenzen
– materielle ebenso wie administrative oder eigentumsrechtliche, klassifikatori-
sche ebenso wie semantische – gleichermaßen ermöglichen wie beschränken.
Sie ermöglichen die Festschreibung, Strukturierung und Regelung gesellschaftlicher Naturverhältnisse und dabei erlauben sie insbesondere, Zugehörigkeiten
und Verfügungsrechte festzulegen. Sie bestimmen, welches Tier wo Recht auf
Schutz genießt, aber auch, wem die Tiere gehören und wer dementsprechend an
ihrer Inwertsetzung in Form von Nutzung (auch touristisches Erleben) oder auch
Tötung beteiligt sein darf. Nicht zuletzt beschränken sie auch Zugänge, Verfüg-
barkeiten und die Mobilität von Tier und Mensch und damit ihre erlebten und
gelebten Räume.

4.1 Nachhaltige Verortung von Natur

Der Blick auf die im umkämpften Terrain der Nachhaltigkeit eingelagerten
Praktiken der Territorialisierung offenbart die Funktionalität räumlicher Konzepte für die raumzeitliche Fixierung gesellschaftlicher Naturverhältnisse. Die
mit einem Containerraumkonzept einhergehende essentialisierende Verortung von
Lebewesen und Sachverhalten scheint einerseits ein konstitutives Element von
Nachhaltigkeit, das Erhalten eines Zustands, zu unterstützen und vielleicht auch
erst möglich zu machen: Räumliche Territorialisierung mit dem Ziel zeitlicher
Fixierung. Der genaue Blick macht aber andererseits auch Widersprüche und Ver-
werfungen solcher Territorialisierungen sichtbar, die eher darauf hinweisen, dass
es lohnend sein könnte, anstatt weiterhin die genaue Bestimmung von Natur (und
Kultur), ihrer Territorien oder dort geltenden Regeln zu verhandeln, vielmehr die
etablierten und institutionalisierten diskursiven wie materiellen Praktiken gesellschaftlicher Naturverhältnisse grundlegend anders zu konzipieren und in der Folge
auch anders zu praktizieren.

Die Territorialisierungspraxis des MET fokussiert primär auf die Grenzen des
Nationalparks. Sie produziert Widersprüchlichkeiten, da – wie gezeigt – Wildpferde nach MET nicht zur „ursprünglichen" ortstypischen Natur zählen (also zum
„Außen" gehören), auf der anderen Seite aber im Inneren der Parkgrenzen leben.
Dies führt zur paradoxen Situation, dass das MET der von der NWHF vorgeschla-
genen Umsiedlung und damit einhergehenden „Privatisierung" der Wildpferde
nicht zustimmen kann, obwohl es sie selber nicht als schützenswert erachtet:

„Die sind Teil von unserem Park. Die kann ich nicht einfach rausholen und auf eine Farm bringen." (Wildparkmanager 2017)

Eigentumsrechtliche Territorialisierungen sind mehr als profan, weil sie auf die grundlegendere Frage verweisen, ob und inwiefern ein von jemandem besessenes Tier, eines, das also diskursiv mehr als Eigentum denn als Tier angerufen wird, grundsätzlich überhaupt noch als ein wildes Tier gelten kann, und – in Bezug auf den Fall der Pferde –, inwiefern deren Leben auf Park- oder Farmgelände an dieser Frage etwas ändert.

Ziele der Wildtierbiologin sind hingegen die nachhaltige Bewahrung der „natürlichen Lebensweise" der Pferde und ihr Überleben als Rasse. Auch dies stellt spezifische Anforderungen an Grenzziehungen. Ihre Forderung nach territorialer Integrität erfolgt aus Sicht der Pferde und deren räumlicher Praxis und lehnt dazu quer liegende Parkgrenzen grundsätzlich ab. Sie verknüpft dabei Argumente sozialer Nachhaltigkeit – Pferde repräsentieren koloniale Vergangenheit und sind damit „kulturelles Erbe" – mit Argumenten biologischer Nachhaltigkeit, insbesondere mit dem Erhalt von Biodiversität, da die Pferde über die Jahrzehnte auch genetisch zu einer eigenständigen Rasse geworden seien. Territorium, genauer, wo gelebt und wo gestorben wird, ist hierfür konstitutiv:

„And the thing is also, it is not so easy to just take the horses away and sell them off and so. Because then, first of all you lose the heritage. And you lose the genetic peculiarities. Plus, they also don't do so well in other areas. (…) Then they can rather be hyena food then – that's better for them". (Wildtierbiologin 2017)

Hier wird deutlich, dass die Grenze des Nationalparks in Anlehnung an Foucault auch als eine biopolitische Grenze, eine Grenze von Biomacht aufgefasst werden kann (vgl. Beiträge in Chrulew und Wadiwel 2017). Diese wird insbesondere auch für die Hyänen relevant, die auf Privatland erschossen werden dürfen (und erschossen werden), in den Grenzen der Nationalparks aber nicht.

4.2   Zäune

Die offenbarste Materialisierung bzw. materielle Sicherung menschgemachter territorialer Grenzziehungen findet sich in unserem Beispiel in Form des Zauns. Dessen Ambivalenz liegt in seinem ermöglichenden und einschränkenden Charakter, im inklusiven Schutz von etwas Erhaltenswertem bei gleichzeitiger Exklusion von etwas Bedrohlichem. Das macht den Zaun weltweit zum bevorzugten Mittel von Naturschutz. Mit dem Umzäunen wird immer auch eine Trennung von Natur und Kultur reproduziert und definiert, was oder wer zugehöriges „Wildes" oder fremder „Wilderer" ist (Brockington 2002). Mit dem Ziel der Nachhaltigkeit errichtete Zäune versuchen, „Natur" vor menschlichem Eingriff, vor invasiven Arten, Krankheiten und anderen Bedrohungen zu schützen. Zugleich regulieren sie den Zugang bestimmter Personen (i. d. R. Touristen) zu den Tieren (Evans und Adams 2016, S. 216, zu Zäunen als Technologie des Trennens auch Poerting et al. 2020).

Die Ambivalenz des Zaunes widerspiegelt somit die Ambivalenz von Natur als schützenswert (innen) und bedrohlich (außen). Im Falle Namibias stellt sich die Frage, ob die Wildpferde zur lokalen Artenvielfalt (innen) als bewahrenswert zählen oder als „invasive Art" (außen) und für das lokale Ökosystem bedrohlich angesehen werden. Diese Perspektive erweist sich jedoch nicht nur biopolitisch als zu kurz greifend (Hinchliffe et al. 2013). Nimmt man die Perspektive der Wildpferde ein, verkehrt sie sich geradezu, leben die bedrohlichen Hyänen im Inneren, während ihnen der Zaun die Flucht ins sicherere Außen verwehrt.

Als materielles Hindernis für die Mobilität von Tieren, welche sich der menschlichen Praxis der Territorialisierung widersetzen, aber auch beugen müssen, zeigt der Zaun seine für ökologische Nachhaltigkeit widersprüchliche Wirkung:

> *„Und dann in den 80er Jahren hat man den Zaun gezogen. Dieser Zaun vom Staat, der die Wüste und das Farmland richtig geteilt hat. Weil da viel Wilderei war. Der Zaun hat natürlich viel Schaden angerichtet, da das Wild nicht mehr richtig hin und her ziehen konnte. Mehr Schaden als das, was die Farmer eigentlich gewildert oder geschossen haben. Und dadurch waren natürlich die Pferde jetzt eingeengt auf diesem Gebiet. Die konnten nicht mehr rein ins Townland nach Aus oder auf die Farm gehen."* (NWHF Aktivist 2017)

Widerständigkeit gegen die gesellschaftliche Verortung von Natur in Form ihrer symbolischen und materiellen Territorialisierungen zeigt sich aber auch in der Folge von Witterungseinflüssen sowie von Wasservorkommen und -verfügbarkeit. Deren Dynamik und Unsicherheit steht einer dauerhaften Fixierung eines (richtigen) Ortes von Wildnis genauso gegenüber, wie die Beweglichkeit der Pferde selbst:

> *„Also wenn man davon spricht: Man muss ein riesiges Gebiet kreieren, wo aber auch Freiräume sind von Ost nach West. Weil der Regen kommt immer vom Westen her oder von Osten her. Und der wenigste Niederschlag ist im Westen. Da wo die wilden*

Pferde jetzt sind. 10 mm dort jetzt. Geht man 30 km weiter, waren es schon 60 mm.
Die Chance, dass sie dort überleben können. Und diese Route ist jetzt nicht mehr da. "
(NWHF Aktivist 2017)

Während der Zaun also aus einer Perspektive des Parkmanagements der räumlichen Festschreibung einer bestimmten Natur und damit auch deren nachhaltiger Konservierung dienen soll, beschneidet er die räumliche Mobilität der Tiere und unterstützt gerade nicht die nachhaltige Sicherung des Pferdebestands, wie sie, wenn auch sehr unterschiedlich motiviert, von den zivilgesellschaftlichen Akteuren im Feld angestrebt wird.

5 Perspektiven ontologischer Grenzüberschreitung

Unser Beispiel macht die Problematik der gesellschaftlichen Institutionalisierung und Verortung einer Trennung von Natur und Kultur erkennbar, die durch räumlich gefasste Nachhaltigkeitspolitiken permanent erneuert wird und dabei fortwährend Widersprüchlichkeiten produziert. Gleichzeitig deutet sich bereits an, dass eine rein diskursanalytisch angelegte Betrachtung der Zusammenhänge zu kurz greift. In den letzten Jahren sind in der Humangeografie und verwandten Feldern verschiedene Überlegungen entstanden, wie der Natur-Kultur-Dualismus konzeptionell überwunden werden kann (Steiner 2014; Schröder und Steiner 2020). Diese sind zu großen Teilen inspiriert von nicht-repräsentationalen, posthumanistischen oder netzwerkorientierten Ansätzen (Hybridität, ANT, Assemblage). In Anschluss daran fordert z. B. Lorimer (2015, S. 5) eine „neue Ontologie", die auch konkrete Nachhaltigkeitspraxis anleiten und sich grundsätzlich von Vorstellungen einer zu bewahrenden Natur und den damit verbundenen Einschreibungen von Natur-Kultur-Differenzen lösen solle. Stattdessen schlägt er eine „multinatürliche Ontologie von Wildnis" (ebd.: S. 32) als Basiskonzept vor. Dieses akzeptiere Welt von vornherein als hybrid, als gleichermaßen konstituiert in Assemblagen von Menschen und Nicht-Menschlichem (Tiere, Technologien, Diskurse, Materialitäten) und als multipel in ihren raumzeitlichen Dynamiken.

5.1 Assemblage und Hybridität

Netzwerkorientierte Ansätze akzeptieren Hybridität als Kernbestandteil einer neuen Ontologie, in welcher sich Unterscheidungen zwischen Natur und Gesellschaft, Mensch und Tier, Organismen und Maschinen auflösen. So können in

Anlehnung an Whatmore und Thorne (1998, 2000) Mensch-Wildtier-Beziehungen als Assemblagen konzipiert werden, die sich aus Nahrung, Raubtieren, Menschen, Institutionen, Daten, Algorithmen, Diskursen und Materialitäten zusammensetzen, als *networks of human-animal relations* (1998, S. 436 ff.). Auch die wildlebenden Namib-Pferde können somit als eingebettet in eine Assemblage betrachtet werden, welche die enthaltenen Elemente wie auch die Landschaft der Namib-Wüste ko-konstituiert.

Aus dieser Perspektive sind die Wildpferde – wie alle nicht-menschlichen Entitäten der Namib-Wüste – ausgestattet mit *agency*, d. h. mit Wirkmächtigkeit in Beziehung zu anderem und anderen. Sie widersetzen sich menschlichen Praktiken und fordern in spezifischen Situationen Handlungen heraus. Solchermaßen gefasst interagieren sie aktiv mit nicht-menschlichen Organismen (Hyänen, anderen Pferden, Gras etc.) sowie mit menschlichen Organismen (fütternden und gebissenen Touristen, pflegenden und zählenden Tierschützern, Hoteliers, Wildtierbiologen oder Rangern). Ihr Leben und Sterben bildet den Zweck von NGOs und Ressorts von Behörden, es erzeugt und stabilisiert ein Netzwerk unterschiedlicher Akteure und Organisationen, die sich mit ihm befassen.

Die Interaktionen der Wildpferde sind aber auch – wie gezeigt – eingebettet in umkämpfte Naturschutzdiskurse und Auslegungen von Natur, Wildnis und Nachhaltigkeit, in machtvolle Imaginationen des „Wildpferdes", die durch Medien (z. B. Dokumentationen, Spielfilme) (re-)produziert werden. Auch sie sind Teil der Assemblage. Im speziellen Falle Namibias sind die Pferde darüber hinaus Gegenstand postkolonialer Diskurse, in denen Praktiken des Wildparkmanagements und Maßnahmen zum Schutz der Pferde aus ihrem kolonialen „Ursprung" abgeleitet werden:

> „*Als ich mit dem Vorschlag kam, ‚können wir vielleicht die Hyänen relocaten'? (…) Da war die Antwort: ‚Kommt auf keinen Fall in Frage. Nur weil da so ein paar Deutsche sich die Pferde angucken möchten, müssen wir nicht gleich hier jetzt die Hyänen relocaten'*". (NWHF Aktivist 2017).

> „*Das ist in unserer Umfrage, wo wir drei- vierhundert Responses hatten. Waren vielleicht ein oder zwei schwarzsprechende Namibier, Schwarze, die in diese Richtung gedacht haben: ‚Die Pferde wurden gebraucht durch die Soldaten, um meine Vorfahren zu vernichten'.*" (NWHF Aktivist 2017)

Zudem erweisen sich kalkulative Verfahren (auch) in unserem Beispiel als wesentliches Element von Mensch-Wildpferd-Assemblagen: Die Tiere der Wildpferdeherden werden gezählt, beobachtet und in ihrer Mobilität kontrolliert. Der konkrete Umgang mit ihnen wird durch Algorithmen der Tragfähigkeit auf Basis hydrologischer Messreihen oder Bestockungsziffern bestimmt:

> *„Die carrying capacity wird ausgearbeitet bei uns in jedem Park. Wir wissen schon, wir haben Ranger, die gehen rein und sagen ,large stock unit …, small stock unit …'."* (Wildparkmanager 2017)

Mischkalkulationen aus Fütterungskosten und diesen gegenübergestellte Spendenvolumina lösen Kampagnen der Öffentlichkeitsarbeit der NWHF aus, wodurch die Lebensbedingungen der Wildpferde Gegenstand (internationaler) Berichterstattung werden. Investitionen lokaler touristischer Anbieter in ihr Überleben werden mit erwarteten Einnahmeverlusten infolge ihres Aussterbens abgewogen. Kalkulationen zum erwarteten Aussterben schließlich lösen Fütterprogramme und biopolitische Maßnahmen an anderen Orten Namibias aus:

> *„Nochmal zu den Hyänen. Das ist keine langfristige Lösung. Aber wir haben jetzt einfach jeden dritten Tag eine Stute weniger. Da kann man das Ende absehen. Und das Ende ist eben in 18 Monaten spätestens. (…) Wir wissen wo ihr Bau [der Hyänen] ist. Und dorthin liefern wir jetzt eben Rinder oder Pferde, die erlöst werden mussten, kranke Pferde und solche Sachen. Wir kaufen hauptsächlich Wild auch an. Wir haben so einen Farmer, der eine Überbevölkerung von Oryxen hat. Der liefert uns dann regelmäßig ein Oryx eben aus. Es gibt ja auch viele, die Wildfarmen haben, die Wild produzieren, sozusagen. Die dann, wenn es zu Trockenzeiten kommt, dann müssen die die Zahlen auch runterbringen."* (NWHF Aktivist 2017)

Schließlich ist die Interaktion der Wildpferde stark durch materielle Artefakte vermittelt. Neben dem bereits diskutierten Zaun des Wildparks zählen hierzu auch Bohrlöcher, Tränken, Futterkrippen etc. welche die alltägliche räumliche Praxis der Pferde sowie das auf die Versorgung oder die (touristische) Beobachtung der Pferde ausgerichtete Handeln der Menschen beeinflussen. Wie alle anderen Elemente des Mensch-Wildpferde-Netzwerkes, sind damit auch materielle Artefakte an der Ko-Konstitution von Landschaften wie der Namib-Wüste beteiligt (vgl. Abb. 4).

Die Einnahme von Assemblage-Perspektiven würde die derzeit im Naturschutz dominierenden, territorialisierenden und dabei Natur-Kultur separierenden Nachhaltigkeitspraktiken erheblich herausfordern. Denn aus Assemblage-Perspektive ist eine klare Zuordnung von Wildpferden zu einer wie auch immer definierten Kategorie „Natur" konzeptionell nicht haltbar – alleine schon, weil Assemblagen immer als zeitlich und räumlich situiert anzusehen sind. Damit sind Dynamik

Abb. 4 Beobachtungsstation bei Garub. Ko-Konstitution von Wildnis in der „naturalcultural contact zone" (Haraway 2008): Halbwüste mit in Dürrezeiten quasi nicht vorhandenem Nahrungsangebot, bauliches Ensemble aus Tränke und Beobachtungsstation, das Körper der Pferde vor die Augen von Touristen zwingt, Immobilisierung der Pferde durch Tränken, infolgedessen landschaftsprägender Charakter der Pferdespuren. Tränken als Symbolisierung einer spezifischen Mensch-Pferd-Beziehung, bauliches Ensemble als Verweis auf spezifische Form internationalen Tourismus etc. (Foto: Pütz 2017)

und Wandel konstitutiv für Assemblagen und stehen dem bewahrenden Charakter von „Nachhaltigkeit" diametral entgegen. Kategorisierungen von „Natur" (und ihrem konstitutiven Anderen, der Kultur) sind hier weniger als ontologische Unterscheidungen relevant, sondern vielmehr in ihrer Funktion, z. B. für die Aufrechterhaltung oder Ablehnung bestehender Politiken. Durch diesen Fokus auf die Verwendung von Natur als Konzept lassen sich bedeutsame Zusammenhänge ihrer Ko-Konstitution erkennen, die Widersprüche und Reibungsflächen bestehender Nachhaltigkeitspraxis zum Vorschein bringen.

Darüber hinaus zeigen viele Beispiele unserer Untersuchung das Potenzial und die „Feld-Angemessenheit" von Konzepten der Hybridität, welche Tiere als in zugleich biologisch wie sozial geformten Beziehungen konstituiert auffassen. Denn vor allem Pferde entziehen sich permanent dem Versuch einer eindeutigen Zuordnung zu Natur, nicht nur, weil – akzeptiert man sie ausgestattet mit *agency* – in ihrer Begegnung mit dem Menschen offensichtlich keine Grenze zwischen Natur und Gesellschaft bedeutsam ist, und nicht nur, weil sie – Lorimer (2015) folgend – über ein spezifisches ästhetisches, ökologisches und korporales „Charisma" als *biopower* verfügen. Pferde symbolisieren wie wohl keine andere Spezies die menschliche Sehnsucht nach einer Verschmelzung von Natur und Kultur, wie sie paradigmatisch in der Figur des Zentauren zum Ausdruck kommt und seit Jahrtausenden Gegenstand künstlerischer Darstellungen ist. Dieser zutiefst hybride Charakter des Pferdes, *the horse thing* (s. u.), der auch durch die Jahrhunderte währende „gemeinsame" Unterwerfung der Welt erwuchs (erst Pferde ermöglichten dem Menschen die Überwindung räumlicher Distanz, physischer Grenzen, äußerer Feinde etc., vgl. z. B. Raulff 2015), äußert sich konkret in Widerständigkeiten gegen eine Zuordnung – sowohl diskursiv in der Figur des Pferdes als auch praktisch durch die direkte Erfahrung einer besonderen Emotionalität und, mit Merleau-Ponty (1966) gefasst, Interkorporalität:

> „*Because they do separate. Very few people I think can see them as wild animals. (…) If an oryx stands there with a broken leg they would say: 'Oh the oryx, shame'. But they would actually, at the end of the day, drive past. If it's a horse, very often it's a bit different. It's the horse thing that comes in.*" (Wildtierbiologin 2017)

5.2   Interkorporalität

Die Dimensionen „umkämpfter Nachhaltigkeit" sind mit Blick auf Diskurse und Strategien nicht hinreichend erfasst. Assemblage-Perspektiven fügen insbesondere mit der Akzeptanz der handlungsleitenden Agency von nicht-menschlichen Organismen, materiellen Artefakten und kalkulativen Verfahren wesentliche Elemente hinzu und verweisen auf Hybridität als Konzept, in welchem sich Unterscheidungen zwischen Natur und Gesellschaft auflösen. Sie scheinen dabei aber – wie auch die vorherrschenden programmatischen Rationalitäten von Nachhaltigkeit – körperliche bzw. leibliche Aspekte situierter und konkreter Praxis und deren *agency* dennoch noch nicht hinreichend zu erfassen, wenn nicht gar auszublenden.

Aus dieser Ausblendung ergibt sich ein erheblicher blinder Fleck. Denn auch die Diskurse der Nachhaltigkeit mit dem Ziel der Bewahrung und Verdauerung eines gewollten „natürlichen" Zustands werden inkorporiert. Dies bezieht sich zum einen auf verinnerlichte gesellschaftliche Normen im Umgang mit Natur und ihrem Schutz, welche u. a. bestimmen, wie (welchen) Tieren entgegenzutreten ist. Zum anderen erleben aber Subjekte die Begegnung mit Wildpferden als leibliche und emotionale Erfahrung, die sie – insbesondere, wenn Entscheidungen um Leben und Tod anstehen – mit z. B. entgegenlaufenden Nachhaltigkeitsnormativen in Einklang bringen müssen. Dies erzeugt auf Ebene der Subjekte erhebliche Spannungen. Die wiederum ergeben sich im Wesentlichen aus Versuchen der Aufrechterhaltung einer Grenzziehung zu „Natur".

So ringen die in den Konflikt um die Wildtiere eingebundenen Akteure permanent mit sich selber um die Frage, was noch „natürlich" und was schon „unnatürlicher" Einfluss ist, sie hinterfragen die Grenzziehungen und Grenzüberschreitungen, die sie in ihrer Alltagspraxis laufend vornehmen, und sie erleben die Widersprüchlichkeiten, die sich daraus ergeben. Dies zeigt zunächst eine verbale Reflexion der Fütterpolitik:

> *„Und jetzt sind wir in die Situation gekommen, wo wir uns vielleicht einen schwachen Moment erlaubt haben, die Hyänen auch noch zu füttern. Und jetzt füttern wir die Hyänen und wir füttern die Pferde. Und das ist natürlich kein idealer Zustand."*
> (NWHF Aktivist 2017)

Die konkrete situierte Praxis der Fütterung in der *contact zone* (Haraway 2008), die ja ein Moment intensivster Interaktion zwischen Mensch und Wildpferd ist, erweist sich als ein Moment leiblich erfahrener Interkorporalität (Abb. 5). Die Wildpferde kennen die Zeitpunkte und Orte der Fütterung. Sie halten sich dementsprechend zu bestimmten Zeiten dort auf und nehmen das Heu entgegen, das vom LKW geworfen wird. Das Füttern löst intensive Interaktionen unter den Pferden, mit den Pferden und mit den beteiligten materiellen Artefakten (Futter, LKW, Tröge …) aus: Rangeleien um Futter und Rangordnung, Aufeinanderbeziehen von Körpern unter Pferden und zwischen Pferden und Menschen, Momente gestischen und leiblichen Aufforderns, Berührungen, Gerüche, Verletzungen. Dieser *dance of encounters* (Haraway 2008: S. 4) steht für Grenzüberschreitung par excellence. Die Wildtierbiologin reflektiert dies. Ihre Fütterungspraxis kann als „inkorporierte Grenzarbeit" gelesen werden, als ein permanenter Versuch, eine natürliche Ordnung trotz Zufütterung (nachhaltig) aufrecht zu erhalten und damit dem Normativ zu entsprechen, die Wildpferde als essenziellen Bestandteil ortsgebundener Natur zu erhalten. Sie berührt die Pferde nicht aktiv, sie pflegt oder versorgt nicht ihre Verletzungen, sie versucht, ihre Interaktion auf „wissenschaftliche" Praktiken des Messens und des Beobachtens zu reduzieren, immer von dem Anspruch geleitet, die Grenze zu „Natur" zu respektieren:

> *„When I started, it was to me: I'm not going to touch them. I'm not going to try to touch them. If they come to me I'm not going to chase them away. So I keep a line. So I don't make an effort to make friends with them. And I've*

always just kept that. So I – I mean, I love them as much as I love my domestic horses. But. I understand life and death." (Wildtierbiologin 2017)

Die inkorporierte Grenzarbeit von Subjekten bedeutet damit immer auch Arbeit an den eigenen Emotionen. Im Falle der Wildtierbiologin steht sie für den Versuch einer Grenzziehung zwischen einer als emotional und körperlich akzeptierten Verbindung zum (eigenen) Hauspferd und einer eher von distanzierter wissenschaftlicher Beobachtung geprägten Beziehung zum Wildpferd. Letztere rekurriert auf eine vermeintliche Grenze zur Natur und schließt damit bestimmte Formen der Interaktion aus.

Wie die Fütterungspraxis zeigt jedoch auch die Auseinandersetzung mit der emotional-körperlichen Mensch-Pferd-Beziehung das Scheitern des Versuchs einer Aufrechterhaltung einer Grenze zur Natur:

A: „*When you go through the years, where you see them dying, the draught, whatever you learned to be a bit more, callus, I would say.*" B: „*But they still all have a name.*"

Abb. 5 „Ich lebe im Ausdruck des Anderen, und spüre, dass er in meinem lebt" (Merleau-Ponty, 1964: S. 146). Ein Moment von Interkorporalität in einer Füttersituation. (2017, bei Garub, Foto: R. Pütz)

*A: „They still all have a name. Some just strike you a bit more. Yeah, obviously – there are certain individuals that I particularly like. And I really get cross if the hyenas catch those ones. But. It's life. It's the circle of life. That's how it goes."
B: „You kind of have to." A: „You have to. Yes. That's how it is. That's life."* (NWHF Aktivisten 2017)

Alle Pferde haben einen Namen erhalten. Jedes einzelne ist der Biologin in seiner körperlichen Konstitution wie auch seinen charakterlichen Eigenheiten vertraut. Dieses Wissen ist generiert aus der leiblichen Erfahrung von Mensch-Wildpferd-Begegnungen und solchermaßen grenzüberschreitend. Es hat in den gängigen Rationalitäten von Nachhaltigkeit und Naturschutz jedoch keinen Platz.

6 Eine neue Ontologie der Nachhaltigkeit?

Nachhaltigkeit ist wissenschaftlich ein hoch problematischer Begriff, der durch seine Unterbestimmtheit analytisch kaum zu gebrauchen ist. Auch in der Praxis scheint es kein lohnendes Unterfangen, eine „richtige" Nachhaltigkeit zu verhandeln, solange die unterliegenden Verständnisse (z. B. Naturvorstellungen) unsichtbar bleiben, implizit (z. B. in Konflikten um die praktische Umsetzung) hochgradig umkämpft und durch ihre Unsichtbarkeit aber letztlich nicht verhandelbar sind.

Insofern ist unser Vorschlag für die wissenschaftliche Praxis zunächst, auf den Begriff der Nachhaltigkeit zu verzichten und stattdessen pragmatisch zu betrachten, worum genau es jeweils geht: Um eine langfristige Sicherung bestimmter Arten und wenn ja, welcher? Um Tierschutz und wenn ja, für wen? Um die Erhaltung von Natur und wenn ja, welcher und wer bestimmt diese mit welcher Rechtfertigung? Aus dieser Perspektive werden die im jeweiligen Kontext vorhandenen Widersprüche und Reibungsflächen fassbar und es entsteht grundlegende Erkenntnis über die Paradoxie eines Praxisfeldes, das seinen eigenen Begriffskern permanent konterkariert: Nachhaltigkeit, weil sie in ihrer Relationalität hoch umkämpft ist, kann nicht nachhaltig sein.

Unsere Betrachtung der Situation der Wildpferde in Namibia hat gezeigt, dass eine diskursanalytisch angelegte Untersuchung des Gebrauchs und der Durchsetzung von Nachhaltigkeit zwar wichtige Einsichten zu Deutungshoheiten und machtvollen Territorialisierungen erlaubt. Sie ist jedoch nicht hinreichend, um dieses Feld, das sich ja sowohl um die Fragen zukünftiger gesellschaftlicher Naturverhältnisse als aber auch um tägliche Entscheidungen des Lebens und des Leben-Lassens eröffnet, in seinen Widersprüchlichkeiten und deren Konsequenzen zu erfassen. Die Rolle von (territorialisierter) Materialität, deren Widerständigkeit und *agency,* verbunden mit verinnerlichten Normativen, körperlicher und leiblicher Interaktion und Emotionalität sind hierfür in die wissenschaftliche Betrachtung einzubeziehen.

Lorimer (2015, S. 5) plädiert für eine neue Ontologie von Natur unter dem Begriff „Wildnis" *(wildlife),* den er von (klassischerweise mit Nachhaltigkeit verbundenen) Konzepten von Stabilisierung, Verdauerung und Gleichgewicht entkoppelt und stattdessen mit Konzepten von Dynamik, Prozesshaftigkeit und permanenter Dysbalance verbindet (ebd.: S. 7). In der Konsequenz gilt es ihm zufolge nicht nur, Praktiken der Verortung von Natur aufzugeben und Naturschutz als ein immer vorläufiges, herantastendes Verfahren anzusehen, sondern insbesondere auch, spezifisches Wissen zu akzeptieren und zu aktivieren, das aus einem *learning to be affected* hervorgeht, aus der leiblichen Praxis der Erfahrung von Mensch-Tier Begegnungen. Eine daraus hervorgehende *Conservation after nature* könnte helfen, manche der aufgezeigten Widersprüchlichkeiten zu überwinden (Lorimer 2015, S. 54):

> *„Here, knowledge about the nonhuman world emerges out of situated, embodied, and technological encounters with the nonhumans that are the subject of research. The bodies of scientists are vital for this endeavor. It is only through training and experience that a scientist can learn to be affected by their target organism, ecology, or process. Technologies enhance and extend the possibilities of perception and recording. Science is propelled and guided by scientists' affective attachments to particular species and places. Habits and passions matter here and should be acknowledged, cultivated, and celebrated. There are multiple affective logics at work in conservation that shape what knowledge gets produced and what is accepted as a legitimate account. This is a multinatural approach, with the potential for difference and discord. Finally, natural knowledge is shaped by the relational agencies or biopower of nonhumans – in this case, in the form of nonhuman charisma. "*

Vor dem Hintergrund institutionalisierter Erkenntniskategorien in menschlichen Denktraditionen und Sprachgebrauch ist ein solches Unterfangen, auch dies hat unsere Betrachtung gezeigt, in der Tat eng an die kritische Auseinandersetzung mit in Wissenschaft und Alltagspraxis herrschenden ontologischen Imperativen und an die Entwicklung und mögliche Durchsetzung neuer, „post-dualistischer" Ontologien gekoppelt (Schlottmann et al. 2010). Denn territorialisierende Nachhaltigkeitspolitiken, paradigmatisch zu erkennen in Nationalparks wie dem Namib-Naukluft Park in Namibia, basieren grundlegend auf einer ontologischen Trennung von Natur und Kultur und diese ist Teil ihrer Wirklichkeit. Sie zeigt sich in tiefgreifenden Auseinandersetzungen, was zur (lokalen) Natur zählt, welche

Tiere und Pflanzen sie repräsentieren (dürfen) und welche invasiv oder unrein sind und damit keine Schutzwürdigkeit genießen oder sogar – zum Schutz der „authentischen" Lokalnatur – eliminiert werden müssen. Grenzen von Nationalparks und deren Materialisierung in Form von Zäunen sind – wie gezeigt wurde – Grundlage und Fixierung rechtlicher wie lebenspraktischer Regelung solch dualistischer Natur-Gesellschaft-Konstruktionen.

Auch dem aktuell viel kritisierten „Anthropozentrismus" lässt sich nicht einfach entkommen, insofern er auf eine sozialisatorische Verinnerlichung des cartesianischen Dualismus verweist. Er ist tief verankerter Teil einer gewachsenen Wissenskultur und ihrer Kommunikation. So bleibt erstmal nur anzuregen, die wissenschaftliche Position zu verschieben, indem andere Fragen gestellt werden, die z. B. nicht auf den Sinn und Unsinn von bestimmten Praktiken im Mensch-Tier-Interaktions-Feld allein in Bezug auf den Menschen gerichtet sind (Urbanik 2012, S. 17). Das heißt dann nicht, anzunehmen, dass der Natur-Kultur Dualismus einfach zu überwinden ist, und auch nicht, dass er nicht kontextuell betrachtet funktionell ist. Er ist, wie seine Materialisierung der Zaun, Ermöglichung *und* Einschränkung. Doch diese „Ordnung der Dinge" (Foucault 1974) ist nicht die einzige Möglichkeit des Verstehens von Welt. Sie ist demnach kritisch zu reflektieren, um neue Gestaltungsoptionen zu eruieren, um gesellschaftliche Naturverhältnisse zunächst verstehen und ggf. verändern zu können.

Lorimers Arbeiten, wie die anderer aus der Akteur-Netzwerk bzw. *morethan-representational* Perspektive argumentierender Wissenschaftler*innen sind in der Konsequenz zunächst einmal als Bemühungen um alternative Ontologien von Natur zu sehen, die ermöglichen, neben der diskursiven Dimension anderen, vor allem erfahrungsbezogenen Dimensionen der Naturbestimmung Einlass zu gewähren. An das herrschende Verständnis von Wissenschaft scheinen solche Bemühungen oftmals wenig anschlussfähig, wie schon Whatmores (2002) Vorschlag, Geographie als ein „Kunsthandwerk" zu denken, gezeigt hat. Den Anschlussschwierigkeiten zugrunde liegt nicht zuletzt ein Verständnis von einer sich in ihren Gegenstand nicht einmischen dürfenden objektiven Wissenschaft. Was dabei selten zur Diskussion gebracht wird ist aber, dass wissenschaftliche Praxis sich unweigerlich einmischt und Position bezieht, wenn sie etwa einem bestimmten Natur- und – hier besonders hervorgehoben – Nachhaltigkeitsverständnis folgt und dabei implizit Position bezieht. Sie entscheidet dann mit, ob es um Bewahrung einer (z. B. durchweg positiv gesetzten) Artenvielfalt, der nationalen Wirtschaft, des Unterhalts eines Kleinbauern etc. und damit gleichsam *nicht* um Bewahrung von anderem, z. B. einer Herde von Wildpferden, geht. Und so sind Ansätze wie *more-than representational, more-than human* oder *ANT* auch als Bemühungen zu sehen, sich aus diesen wissenschaftstheoretischen Widersprüchen expliziter Objektivität und implizitem *taking sides* zu lösen, weil sie Kontingenz in hohem Maße erwarten und daher die Vorläufigkeit von Erkenntnis akzeptieren – und damit quasi *vor* der dann beobachtbaren Kategorisierung und Grenzziehung agieren. Eine solche Vorgehensweise wird umso plausibler, wenn vorausgesetzt wird, dass auch Wissen inkorporiert ist und eine leibliche Dimension hat und dass soziale Ordnung verinnerlicht ist (Jäger 2004).

Die gegenwärtige Rationalität von Nachhaltigkeit als Ziel von Naturschutz jedenfalls, das wurde deutlich, sieht Emotionalität und inkorporierte Erfahrung in Mensch-Wildtier-Begegnungen nicht vor. Sie abstrahiert vielmehr von der leiblichen Erfahrung von Menschen. Auch Assemblage-Ansätze zeigen sich hier eher blind. Insofern erscheint uns ein noch stärkerer Einbezug von Leiblichkeit in die wissenschaftliche Betrachtung von Mensch-Tier-Verhältnissen durchaus vielversprechend, will man die blinden Flecken wissenschaftlicher Beschäftigung mit gesellschaftlichen Naturverhältnissen verkleinern. Und hierzu lässt sich nicht nur auf neue Ansätze der *emerging fields* im ausgerufenen Anthropozän, etwa der *environmental humanities* oder *animal geographies,* zurückgreifen, sondern auch auf eine ganze Breite klassischer phänomenologischer Ansätze. Diese wären, ggf. neu gelesen, einerseits für Themen körperlicher Anrufung und Normierung, aber insbesondere auch von leiblicher Erfahrung in Mensch-Tier-Begegnungen fruchtbar zu machen, wie an anderer Stelle ausgeführt wurde (Pütz 2019a, 2021).

„Ich lebe im Gesichtsausdruck des anderen und fühle, wie er in meinem lebt", schreibt etwa Merleau-Ponty im Rahmen seiner Entwicklungen des „Phänomenologie der Wahrnehmung" (1966), und es ist insbesondere Merleau-Pontys Begriff der „Interkorporalität", der uns mit Dutton (2012) als vielversprechender Ausgangspunkt erscheint (vgl. auch Whatmore 2002, S. 5). Interkorporalität beschreibt die leibliche Verbundenheit zur Welt und den begegnenden Anderen. Sie ist als leibliche Intersubjektivität nicht *zwischen* zwei Körpern, sondern wird als mit diesen (in der visuellen, haptischen etc. Begegnung) leiblich bereits verbunden entworfen (Haller 2017). So ließe sich auch in Anschluss an Lorimers' Vorschlag um den Begriff *wildlife* ein um das Leibliche erweiterter Begriff der Wildnis erkenntnisleitend einbringen (Schlottmann 2019). Auch eine Weiterführung der (heuristischen) Unterscheidung von Körper und Leib erscheint uns fruchtbar für die Analyse von Mensch-Tier-Beziehungen, insofern mit ihr leiblichen Aspekten besondere Aufmerksamkeit geschenkt werden kann, sie aber auch in ihrer Widersprüchlichkeit etwa zu inkorporierten Normen und der diskursiven Konstruktion von menschlichen und tierischen Körpern offengelegt werden können. Diese Perspektiven einer „neuen Tiergeographie" (Pütz et al. 2021) führen u. a. auch zur wissenschaftlichen Analyse von Situationen, in denen die Grenzen

zwischen Mensch und Tier sich verflüssigen, z. B. die Führung von Blindenhun-
den (Higgin 2012) oder Reiten (Pütz 2019b), eignen sich aber auch als Basis für
eine andere Ontologie von Nachhaltigkeit, die derart aus Interaktionen gewonnenes Wissen akzeptiert. *Learning to be affected,* evtl. weitergehend gedacht auch
learning to be intercorporeal, wäre dann jedenfalls nicht als widersprüchliche Praxis von Wildtierbiologen anzusehen, die permanent nicht nur die Grenze zwischen
Natur und Gesellschaft infrage stellt. Solches Lernen von Zwischenleiblichkeit,
als ein „mutual becoming and becoming horse" (Spannring 2019) wäre als Praxis
zu akzeptieren, welche die Grenze zwischen rationaler wissenschaftlicher Beobachtung (mit entsprechenden Technologien des Zählens, Messens und Kartierens)
und empathischem Erleben aufhebt und damit auch die Basis für eine grundlegend
andere wissenschaftliche Praxis bildet.

Danksagung Für anregende Diskussionen danken wir Kolleg*innen der Arbeitsgruppe
„Geographien von Mensch-Tier-Verhältnissen" – Olivier Graefe, Jürgen Hasse, Lisa Krieg,
Julia Pörting, Verena Schröder und Christian Steiner – sowie Simone Pütz.

Literatur

Brand, K., und G. Jochum. 2000. *Der Deutsche Diskurs zur nachhaltigen Entwicklung.*
    *Abschlußbericht eines DFG-Projekts zum Thema „Sustainable Development/Nachhaltige
    Entwicklung – Zur sozialen Konstruktion globaler Handlungskonzepte im Umweltdis-
    kurs".* München: MPS.
Brockington, D. 2002. *Fortress conservation. The preservation of the Mkomazi Game Reserve
    Tanzania.* Oxford: Currey.
Chrulew, M., and D. J. Wadiwel. 2017. *Foucault and animals.* Leiden: Brill.
Dutton, D. 2012. Being-with-animals. Modes of embodiment in human-animal encounters. In
    Crossing boundaries. Investigating human-animal relationships, Hrsg. L. Birke und J.
    Hockenhull, 69–85. Leiden: Brill.
Evans, L., und W. Adams. 2016. Fencing elephants. The hidden politics of wildlife fencing
    in Laikipia. *Kenya. Land Use Policy* 51:215–228.
Foucault, M. 1974. *Die Ordnung der Dinge. Eine Archäologie der Humanwissenschaften.*
    Frankfurt a. M.: Suhrkamp.
Goldbeck, M., T. Greyling, und R. Swilling. 2011. *Wilde Pferde in der Namibwüste.* Windhoek:
    Friends of the wild horses.
Haraway, D. 2003. *The companion species manifesto. Dogs, people, and significant otherness.*
    Chicago: Prickly Paradigm Press.
Haraway, D. 2008. *When species meet.* Minneapolis: University of Minnesota Press.
Haller, M. 2017. Interkorporalität. In *Handbuch Körpersoziologie,* Hrsg. G. Klein et al., Bd.
    1, 45–49. Wiesbaden: Springer VS.
Higgin, M. 2012. Being guided by dogs. In *Crossing boundaries. Investigating human-animal
    relationships,* Hrsg. L. Birke et al., 73–90. Leiden: Brill.

Hinchliffe, S., J. Allen, S. Lavau, N. Bingham, and S. Carter. 2013. Biosecurity and the topologies of infected life: From borderlines to borderlands. *Transactions of the Institute of British Geographers* 38 (4): 531–543.

Jäger, U. 2004. *Der Körper, der Leib und die Soziologie. Entwurf einer Theorie der Inkorporierung.* Königstein: Helmer

Jones, O. 2003. The restraint of beast': Rurality, animality, actor network theory and dwelling. In *Country Visions*, Hrsg. P. Cloke, 283–307. London:Harlow Pearson.

Laclau, E. 2002. *Emanzipation und differenz.* Wien: Turia & Kant.

Lorimer, J. 2015. *Wildlife in the Anthropocene. Conservation after nature.* Minneapolis: University of Minnesota Press.

Mace, G. 2014. Whose conservation? *Science* 345 (6204): 1558–1560.

Macnaghten, P., and J. Urry. 1999. *Contested natures.* London: Sage.

Merleau-Ponty, M. 1964. The child's relations with others. In *The primacy of perception*, Hrsg. J. M. Edie, 96–155. Evanston IL: Northwestern Universities Press.

Merleau-Ponty, M. 1966. *Phänomenologie der Wahrnehmung.* Berlin: de Gruyter.

MET (Ministry of Environment and Tourism Namibia). 2013. *Management Plan Namib-Naukluft Park.* Windhoek: Selbstverlag.

Peluso, N., and C. Lund. 2011. New frontiers of land control: Introduction. *Journal of Peasant Studies* 38 (4): 667–681.

Poerting, J., J. Verne, und L. Krieg. 2020. Gefährliche Begegnungen. Posthumanistische Ansätze in der technologischen Neuaushandlung des Zusammenlebens von Mensch und Wildtier. *Geographische Zeitschrift* 108 (2020) 3: 153–175.

Poerting, J., und A. Schlottmann. 2020. Das Charisma der Petfluencer: Zur Medialisierung konsumtiver Mensch-Tier Beziehungen am Beispiel Instagram. *Berichte. Geographie und Landeskunde* 93 (2020) 1–2: 145-170.

Pörksen, U. 1997. *Weltmarkt der Bilder. Eine Philosophie der Visiotype.* Stuttgart: Clett-Cotta.

Pütz, R. 2017. Wildpferde in den USA. Ressourcenkonflikte, Wildniskonstruktionen und Mensch-Wildtier-Verhältnisse. *Geographische Rundschau* 10:46–51.

Pütz, R. 2019a. Pferderücken. In *Räume der Kindheit. Ein Glossar*, Hrsg. J. Hasse und V. Schreiber, 259–265. Bielefeld: transcript.

Pütz, R. 2019b. Versuchen Sie, mit der Zartheit Ihrer Hilfen Neugier zu erwecken. *Reiten als Zwischenleiblichkeit. Piaffe* 24 (1): 54–59.

Pütz, R. 2021. Making companions: Companionability and encounter value in the marketization of the American Mustang. *Environment and Planning E: Nature and Space* 4(2): 585–602. https://doi.org/10.1177/2514848620924931.

Pütz, R., und J. Poerting. 2020. Mensch-Tier-Verhältnisse in der Konsumgesellschaft. *Berichte. Geographie und Landeskunde* 93 (1–2): 123–143.

Pütz, R., und A. Schlottmann. 2020. Contested conservation—neglected corporeality: The case of the Namib wild horses. *Geographica Helvetica* 75 (2020)2: 93–106 https://doi.org/10.5194/gh-75-93-2020.

Pütz, R., A. Schlottmann, und E. Kornherr. 2021. Einführung in die neue Tiergeographie. In *Mehr-als-menschliche Geographien. Schlüsselkonzepte, Beziehungen und Methodiken*, Hrsg. C. Steiner, V. Reiser, und G. Rainer. Stuttgart: Steiner (im Druck).

Raulff, U. 2015. *Das letzte Jahrhundert der Pferde.* München: Beck.

Schlottmann, A., O. Graefe, und B. Korf. 2010. Things that matter. A dialogue on interpretative and material semiotics in geography. *Geographische Zeitschrift* 98 (4): 226–236.

Schlottmann, A. 2019. Wildnis. In *Räume der Kindheit. Ein Glossar*, Hrsg. J. Hasse und V. Schreiber, 378–384. Bielefeld: transcript.

Schlünder, M. 2012. Wissens-Hunger im Stall. Die Entstehung von Knochen-Schafen als Versuchstiere in der Unfallchirurgie. *Berichte zur Wissenschaftsgeschichte* 35 (4): 322–340.

Schröder, V., und C. Steiner. 2020. Pragmatist Animal Geographies. Mensch-Wolf-Transaktionen in der schweizerischen Calanda-Region. *Geographische Zeitschrift*. https://doi.org/10.25162/gz-2020-0003.

Schwartz, S. 2016. *Nachhaltigkeit als Komplexitätsfalle. Grundmuster eines politischen Diskurses zwischen Hoffnung und Enttäuschung*. Münster: Universitäts- und Landesbibliothek Münster.

Spannring, R. 2019. Mutual becomings? In search of an ethical pedagogic space in human-horse-relationships: Interdisciplinary approaches to curriculum and pedagogy. In *Animals in Environmental Education*, Hrsg. T. Lloro Bidard und V. Banschbach, 79–95. Cham: Palgrave Macmillan.

Steiner, C. 2014. *Pragmatismus – Umwelt – Raum*. Stuttgart: Steiner.

Swilling, R. 2020. Running with the wild horses of the Namib. In *Country life*, https://www.countrylife.co.za/travel/heritage/wild-horses-namibia Zugegriffen: 09. Juni 2020.

Tremmel, J. 2003. *Nachhaltigkeit als politische und analytische Kategorie. Der deutsche Diskurs um nachhaltige Entwicklung im Spiegel der Interessen der Akteure*. München: Ökom-Verlag.

Urbanik, J. 2012. *Placing animals*. Lanham: Rowman & Littlefield Publishers.

Whatmore, S. 2002. *Hybrid geographies*. London: Sage.

Whatmore, S., und L. Thorne. 1998. Wild(er)ness: Reconfiguring the geographies of wildlife. *Transactions of the Institute of British Geographers* 23 (4): 435–454.

Whatmore, S., und L. Thorne. 2000. Elephants on the move. Spatial formations of wildlife exchange. *Environment and planning D: society and space* 18 (2): 185–203.

Wolch, J. 2002. Anima urbis. *Progress in Human Geography* 26 (6): 721–742.

Pütz, Robert, Prof. Dr., Professur für Humangeographie am Institut für Humangeographie der Goethe-Universität Frankfurt am Main.
www.humangeographie.de/puetz

Schlottmann, Antje, Prof. Dr., Professur für Geographie und ihre Didaktik am Institut für Humangeographie der Goethe-Universität Frankfurt am Main.
www.humangeographie.de/schlottmann

Der Mensch und der Rhein

Bruno Streit

Zusammenfassung

Der Rhein und seine Zuflüsse zeigen eine wechselvolle hydrologische, biologische und kulturelle Geschichte. Menschen leben seit mindestens 600.000 Jahren am Flusssystem. Das Kapitel beleuchtet ihre wechselvolle Beziehung zum Rhein, der für sie Barriere, Grenze oder Verteidigungslinie, Nahrungslieferant, Waren- und Personentransportweg, Vorfluter für Abwässer, Energiequelle oder eine Region für Freizeittourismus war. Wechselnde gesellschaftliche Ziele haben Sichtweisen und Nachhaltigkeitskonzepte für Fluss und Landschaft geprägt und immer wieder modifiziert.

1 Die Rheinregionen und ihre gesellschaftlichen Verankerungen

Von den 20 größten Fluss-Einzugsgebieten Europas belegt das Einzugsgebiet des Rheins mit 185.000 km², einschließlich seiner Zuflüsse, zwar nur den Rang 11. Aber die gesamtwirtschaftliche Bedeutung und Leistung weist dem Rhein-Einzugsgebiet die Spitzenposition zu. Auch mit einer geschätzten heutigen Bevölkerungsdichte von 330 Einwohnern pro km² liegt es an der Spitze (Tockner et al. 2009). Die Gesamt-Einwohnerzahl im Einzugsgebiet beträgt knapp 60 Mio. Menschen.

B. Streit (✉)
Institut für Evolution, Ökologie und Diversität der Goethe-Universität Frankfurt am Main, Frankfurt am Main, Deutschland
E-Mail: streit@bio.uni-frankfurt.de

© Der/die Autor(en) 2021   97
B. Blättel-Mink et al. (Hrsg.), *Nachhaltige Entwicklung in einer Gesellschaft des Umbruchs*, https://doi.org/10.1007/978-3-658-31466-8_6

Die offizielle Länge des Rheins wird heute mit 1233 km angegeben, berechnet von der Quelle des Vorderrheins und unter Einschluss der Länge des Bodensees (Kremer 2015). Als Rheinende wird Hoek van Holland unterhalb Rotterdams definiert. In den Jahrtausenden vor der Rheinkorrektion am Oberrhein, die den Lauf um 81 km verkürzte, und Begradigungen an anderen Rheinabschnitten herbeiführte, war der Gesamtstrom seit Ende der Kaltzeit rund 100 km länger, betrug also etwa 1330 km, variierte allerdings im Verlaufe seiner Geschichte infolge natürlicher Laufverlegungen.

Der Rhein ist derjenige europäische Fluss, der vom Hochgebirge bis zur Mündung ins Meer die wohl faszinierendsten Landschaften passiert oder geschaffen hat, die man in den europäischen Fluss-Systemen antreffen kann. Zu diesen Landschaftselementen gehören die alpinen Hochgebirgs- und ehemaligen Gletschertäler, der Durchbruch durch den größten alpinen Bergsturz (den Flimser Bergsturz am Vorderrhein, der sich etwa 7450 v.Chr. ereignet hat), die beiden ökologisch sehr unterschiedlichen Bodensee-Becken und der Rheinfall im Hochrhein. Ganz andere Eindrücke vermittelte zumindest früher der Oberrhein mit dem ehemals breit mäandrierenden und inselreichen Strom im oberen Teil und dem bogenreichen Verlauf im unteren Teil. Am Übergang vom Rheingau zum Mittelrheintal zog sich ehemals ein Quarzit-Querriff über den Fluss, das eine mit Schiffen kaum passierbare Stromschnelle darstellte und das die Wassermassen im Rheingau zurückstaute. Eine Zeichnung oder ein Gemälde jenes Riffs ist nicht bekannt, doch dürfte es so ähnlich ausgesehen und gewirkt haben, wie eines der von M. Merian im 17. Jahrhundert noch festgehaltenen Riffe im Hochrhein (vgl. Abb. 1). Der mit vielen Felsen und Untiefen versehene anschließende Mittelrhein durch das Rheinische Schiefergebirge verlangte von Schiffsführern hohes Können und bis in die zweite Hälfte des 20. Jahrhunderts die Mitwirkung von Lotsen. Der Niederrhein unterhalb Bonns schließlich zieht in weit gezogenen Bögen in Richtung des heutigen Ästuardeltas, des gezeitengeprägten Mündungsbereichs von Rhein und Maas. Der sich in den Niederlanden mehrfach gabelnde und vernetzte Rheinstrom hat sich bis in die jüngste Vergangenheit immer wieder verändert, indem Verbindungen zwischen Rhein, Maas und IJssel natürlicherweise oder künstlich vereinigt oder wieder getrennt wurden. Die Bezeichnungsweise der Mündungsarme des Rhein-Maas-Systems folgt einer eigenen Nomenklatur und umfasst die IJssel (deutsch: Geldersche Issel), Nederrjin, Lek und Waal, wobei die Waal seit etwa Ende Mittelalter der abflussmäßig bedeutendste Mündungsarm ist. Die Maas war über mehrere Jahrhunderte ein Nebenfluss der Waal, verlief dann selbständig, mündet jetzt aber wieder in den untersten Abschnitt des Rhein-Maas-Deltas; ihr Einzugsgebiet wird heute nicht mehr zum Rheinsystem gezählt.

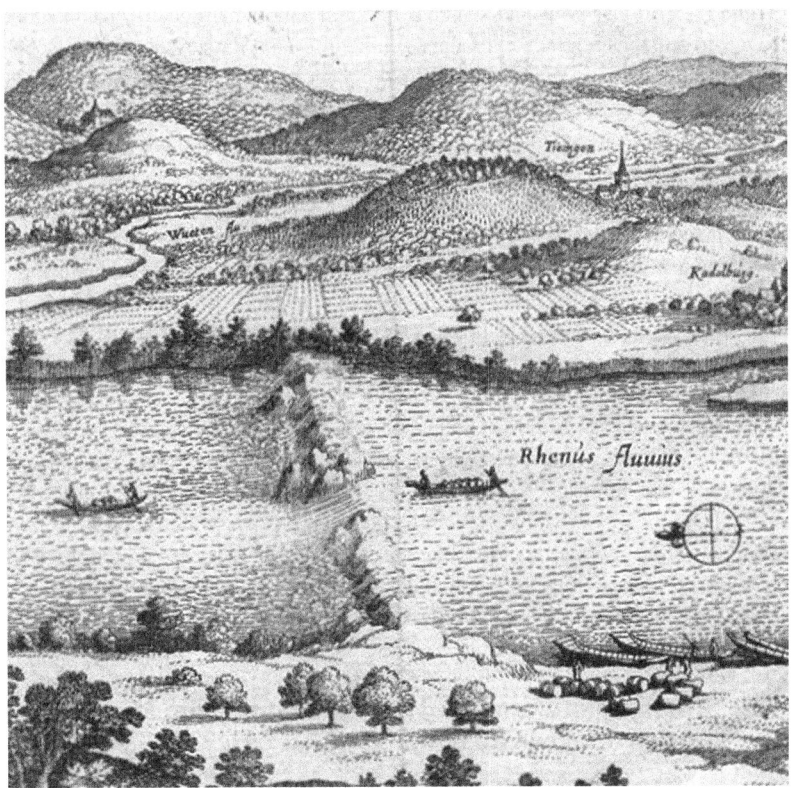

Abb. 1 Einer der Lauffen (= Stromschnelle, Katarakt) des Hochrheins im 17. Jh., Ausschnitt aus einem Stich von M. Merian (um 1650). Links u. hinten die Wutach bei Tiengen. Vorne die (heute meist nur als wellig fließender Flussbereich erkennbare) Stromschnelle mit künstlich erschaffener Bootsdurchfahrt. Ähnlich, aber mit etwa dreimal größerer Wassermasse, könnte damals das Querriff mit Schiffsdurchfahrt am „Binger Loch" im Mittelrheintal ausgesehen haben. – Abbildung rechtefrei

Welche Bedeutung hat der Strom für die Anwohner, welche Empfindungen und Assoziationen weckt er bei ihnen? Überall ist er Bezugs- und Orientierungspunkt, nach dem sich Ortsanlagen, Straßenverläufe und Eisenbahnlinien, Brücken und Freizeitaktivitäten richten. Auch führen zahlreiche Personen- und Autofähren über den Fluss. Der Rhein ist über weite Strecken Grenzverlauf zwischen Staaten und Bundesländern. Manche Regionen kennen spezielle Geschichten oder Sagen über ihn. Die Fischerei ist zwar faktisch zum Erliegen gekommen, doch verschafft der Strom Einkommensmöglichkeiten über den Schiffs- und Freizeittourismus. Hoch-wässer haben allerdings immer wieder mal Schäden und Leid gebracht, hingegen die – heute nicht mehr auftretenden – Eisschollen und Eisdecken, von denen noch alte Gemälde zeugen, ehemals eine als Abwechslung empfundene Bereicherung im winterlichen Landschaftserlebnis.

Naturverbundene Menschen suchen ausgewiesene Schutzgebiete auf, die zwar erheblich anders aussehen als früher, aber weiterhin Artenschutzbiotope darstellen und zumindest andeutungsweise einen Eindruck vom früheren Erscheinungsbild und der biologischen Besiedlung geben können. Andere Regionen erinnern an die „Rheinromantik" des 19. Jahrhunderts, an Weinkultur und „rheinische Fröh-lichkeit". Generell spiegeln der Rhein und seine Nebenflüsse ein buntes und vielfältiges Natur- und Kultur-Erbe wider.

Geplant worden ist diese facettenreiche und in den Regionen auch identitäts-fördernde Gemütswirkung nie, sondern sie ist das mehr beiläufige Produkt der historischen und politischen, gesellschaftlichen und kulturellen sowie der wirt-schaftlichen und wasserbaulichen Geschichte. Was der Rhein nur noch in Resten bieten kann, ist ein ursprünglicher Flusscharakter, denn er ist heute hydrologisch gebändigt, biologisch umgekrempelt und gesellschaftlich vermarktet. Über all dies macht sich der Alltagsbürger allerdings normalerweise kaum Gedanken.

2   Rhein-Entstehung und früheste Funde von Menschen und Artefakten ab 600.000 v.Chr.

Der heutige Rheinlauf kann gut 16 Mio. Jahre, ins Mittelmiozän, zurückverfolgt werden (Preusser 2008). Damals entsprang aus der Region der gerade entstan-denen Kaiserstuhlvulkane im Oberrheingraben ein Flusssystem, das als Ur-Rhein und Vorläufer des heutigen Ober-, Mittel- und Niederrheins angesehen und defi-niert werden kann. Dieser damalige Fluss wandte sich beim heutigen Worms in Richtung Alzey und weiter nach Bingen, nutzte also auch das Bett, das den heu-tigen Unterlauf der Nahe darstellt. Ab dem heutigen Bingen durchfloss er das noch flache Rheinische Schiefergebirge in einem breiten und flachen Tal und ver-einigte sich bei Koblenz mit dem noch älteren Flusssystem der Mosel. Bereits im Gebiet um Köln-Düsseldorf war nach rund 500 km die damalige Ur-Nordseeküste erreicht und der Fluss mündete ins Meer. In den Sumpfmooren der Region ent-standen die rheinischen Braunkohlelager, die besonders im 20. und beginnenden 21. Jahrhundert stark abgebaut wurden und werden.

Die rechtsrheinischen Nebenflüsse Main und Neckar gehörten in ihrem Mittel- und Oberlauf noch lange dem Donausystem an. Der den Spessart und dessen Vorland entwässernde heutige Untermain dürfte vor gut 2 Mio. Jahren eine Verbindung zum Rheinsystem entwickelt haben; der Ober- und der Mittelmain aus der fränkischen Alb kamen durch rückwärtige Erosion vor vielleicht 1 Million Jahre als Wasserspender für das Rheinsystem hinzu. Ähnliches gilt für den Neckar, einen in seinem Oberlauf ehemaligen Donauzufluss, der vom nahe und tief gelegenen Oberrheingraben durch rückwärtige Erosion des heutigen unteren und mittleren Neckars „angezapft" wurde. Die damalige Donau bezog allerdings den Großteil ihrer Wassermassen, wie schon zuvor, weiterhin aus dem Alpenbereich, wo die „Aare-Donau" als größter Wasserlieferant diente. Irgendwann vor einer bis drei Millionen Jahren wandten sich jedoch die Wassermassen von Aare und heutigem Hochrhein in Richtung Oberrheingraben, womit die Verbindung zu dem in die Nordsee entwässernden Ur-Rhein etabliert war. Nur der Alpenrhein oberhalb des Bodensees fungierte noch als Zubringer zur Donau. Er wandte sich wohl erst vor 400.000 bis 500.000 Jahren dem Hochrhein zu. Alle diese Zeitangaben über Laufrichtungen und alte und neue Flussverbindungen sind als grob approximativ anzusehen, da sie sich nicht durch direkte Datierung einordnen lassen. Infolge der beiden Umleitungen, die die Aare und den Alpen- und Hochrhein in Richtung Oberrheinische Tiefebene lenkten, schwoll der Wasserabfluss des Oberrheins um wohl über 1000 m^3/s an Wasser an und erreichte damit etwa seine heutige Abflussmenge.

Dies war auch die Zeit, ab der mit Sicherheit Menschen im Rhein-Einzugsgebiet lebten, die paläoanthropologisch als *Homo heidelbergensis* (Heidelbergmensch) bezeichnet werden. Der älteste Fund stammt vom Rand der Oberrheinischen Tiefebene zwischen Heidelberg und Sinsheim auf der Gemarkung der Gemeinde Mauer und besteht aus einem Unterkiefer, der auf ein Alter von rund 600.000 Jahre datiert worden ist. Damals herrschte eine länger andauernde und eher milde Eiszeitphase, der sogenannte Cromer-Komplex. Der nächstälteste Fund im Rheinsystem wurde bei Steinheim an der Murr gefunden, einem Neckar-Nebenfluss nördlich von Stuttgart. Er wird auf ein Alter von rund 250.000 Jahre geschätzt und stellt einen Übergang zu den Neandertalermenschen *(Homo neanderthalensis)* dar. Ähnlich alt ist der Präneandertaler-Fund von Reilingen zwischen Mannheim und Karlsruhe. Die Analysen von Neandertalerzähnen sprechen für eine überwiegend pflanzliche Ernährungsweise dieser damaligen Menschen, aber wohl ergänzt durch Großwildnahrung, worauf Artefakte wie Faustkeile und andernorts einige Speerfunde seit der Zeit des Heidelbergmenschen hinweisen. Faustkeile wurden auch am Hochrhein bei Pratteln (oberhalb Basels) gefunden und auf ein Alter von 200.000 bis 300.000 Jahre geschätzt.

Die Nutzung des auf die damaligen Menschen sicher mächtig und erhaben, vielleicht beseelt wirkenden Rheinstroms als Nahrungsquelle war wohl theoretisch möglich, aber spezifische Gerätschaften wie Harpunen und Einbäume sind archäologisch erst von *Homo sapiens* bekannt. Als Nahrungsquelle hatte er ziemlich sicher wenig bis keine Bedeutung. Gut denkbar ist allerdings, dass die damaligen Menschen am Rheinufer oder an ausgetrockneten Altarmen geeignete Geröllstücke sammelte, die dort in großer Vielfalt zu finden waren und Rohstoffe für unterschiedliche Steinwerkzeuge liefern konnten. Auch jagdbare Auentiere dürften sich in Rheinnähe aufgehalten haben.

3   Mensch und Rhein in der Würm-Kaltzeit (115.000 bis 10.000 v.Chr.)

Irgendwann in der letzten Kaltzeit, vor vielleicht 20.000 bis 70.000 Jahren und möglicherweise in einer Zwischen-Warmphase, wurde der oberste Teil der damaligen Donau, die „Feldberg-Donau", durch Erosionsarbeit eines Rhein-Nebenflusses, die Wutach, zum Rheinsystem abgelenkt und steuert seitdem ihr Wasser bei Waldshut dem Hochrheinwasser bei. Der weiter stromaufwärts im Hochrhein in Richtung Schaffhausen gelegene Rheinfall ist eine noch jüngere Erscheinung und entstand gegen Ende der letzten Kaltzeit vor 14.000 bis 17.000 Jahren, nachdem der Rheinlauf beim Gletscherrückzug gleichsam sein altes Bett „verpasst" hat. Für Wanderfische bildet der 23 m hohe Wasserfall seitdem eine Ausbreitungsgrenze. Lediglich von Aalen wird in regionalen Blättern zuweilen berichtet, dass sie in Ufernähe über Land den Rheinfall „umgehen" können (Arnet 2016).

Im Unterlauf des Rheinstroms gab es zeitweise noch wesentlich größere Veränderungen: In allen größeren Kaltzeiten war der Niederrhein um bis 500 km länger, denn die Mündung des wasserreichen Stroms lag weit draußen im westlichen Ärmelkanal zwischen Cornwall und der Bretagne und rund 100 m tiefer als heute. Bis dorthin nahm er als Nebenflüsse auch Elbe, Weser, Themse, Maas, Schelde, Somme und sogar die Seine auf. Dieser große Paläo-Rheinstrom existierte das letzte Mal vor etwa 12.000 bis 18.000 Jahren und wurde ab dann infolge des Meeresspiegelanstiegs wieder kürzer. Über die damaligen Rheinsiedler wissen wir gar nichts, denn ihre damaligen Wohnplätze und Sammel- oder Jagdreviere liegen heute bis rund 100 m unter dem Meeresspiegel. Das heutige Mündungsgebiet des Rheins (bzw. des Rhein-Maas-Systems) dürfte sich vor ca. 6000 Jahren, am Ende des sogenannten Atlantikums, etabliert haben, als der zuvor noch einmal rascher ansteigende Meeresspiegel in eine endgültig langsamere Anstiegsphase überging.

Die Deutsche Bucht war nach der Kaltzeit noch für einige Jahrtausende über weite Strecken trocken, wurde mittlerweile von Elbe und Weser durchflossen und wurden nun von den ihrer Jagd nachgehenden modernen Menschen *(Homo sapiens)* durchstreift. Denn schon ab etwa 40.000 vor heute sind die Populationsgrößen der Neandertaler-Variante des Menschen *(Homo neanderthalensis)* wohl stark zurückgegangen, wenn nicht schon verschwunden. Die Bevölkerung der alsbald alleinigen (aber partiell auch durch Einkreuzung von Neandertaler-Genen entstandene) Art *Homo sapiens,* in der europäischen Variante als „Cro Magnon – Mensch" bezeichnet, besiedelte zunehmend das eisfreie Europa.

Europa zeichnete sich vor 40.000 Jahren durch eine noch reichhaltige Großtierwelt aus, wie z. B. Ausgrabungen im Rheinland aus dem damals relativ milden Zwischenstadium der Würm- oder Weichsel-Kaltzeit (sogenanntes MIS 3) aufdeckten: Dort wurden zwischen Mönchengladbach und Aachen Knochen von Wollhaarmammut, Wildpferden, Wildrindern (Wisent oder Auerochse), Riesenhirsch, Höhlenlöwe und Höhlenhyäne gefunden (Matzerath et al. 2012). Die Funde kennzeichnen eine kühl-gemäßigte Waldumgebung.

Die Menschen der jüngeren europäischen Altsteinzeit, d. h. der Periode von ca. 40.000 bis ca. 9500 v.Chr., erlebten auch die letzten großen Vulkanausbrüche im Bereich der Vulkaneifel und damit der Mittelrheinregion: Vor etwa 12.900 Jahren führten die Ausbrüche des Laacher-See-Vulkans zu einer Barriere im Rheintal, als Vulkanasche und Bims auf der Höhe von Koblenz und Brohl den Abfluss blockierten und vorübergehend den Rheinwasserspiegel bis 18 m hoch ansteigen ließen. Das Resultat war ein zeitweise fjordähnlicher Stausee weit flussaufwärts bis etwa zum Binger Riff (Park und Schmincke 2009).

Ab dieser jüngeren Altsteinzeit findet man zunehmend mehr menschliche Artefakte, die Werkzeuge, Waffen oder Kunstgegenstände darstellten. Manche Rohmaterialien oder Fertigprodukte müssen viele hundert Kilometer transportiert worden sein, was etwa aus marinen Schneckenschalen hervorgeht, die nun mitten auf dem Kontinent zu finden waren. Da es noch keine Tragetiere gab, musste alles zu Fuß transportiert werden, wenngleich auch Transporte über Wasserwege grundsätzlich möglich gewesen sind. Allerdings datieren die archäologisch ältesten Einbaumfunde von vor rund 8000 v.Chr. (vermutete Bootkonstruktion von Pesse in den Niederlanden, leicht spätere Funde auch in Nigeria, China, an der Ostsee usw.), somit erst aus der späteren Mittelsteinzeit (Mesolithikum, in Europa um 9500 bis 4500/5500 v.Chr., je nach Region). Überlegungen zur weltweiten Besiedlungsgeschichte, darunter der Besiedlung Australiens vor 60.000 Jahren, führen allerdings häufig zur Vermutung, dass Boote oder Flöße zumindest in manchen Regionen schon früher bekannt gewesen sein müssen.

In den zwischen den Kaltzeiten liegenden Warmzeiten wanderten üblicherweise wärmeliebende Säugetiere zurück nach Mitteleuropa, darunter auch Waldelefanten sowie entlang der Stromgebiete Flusspferde und Wasserbüffel. Die letzte Warmzeit, in der dies aber für die Tiere gemäß Fossilfunden tatsächlich im großen Maßstab noch der Fall war, war die Eem-Warmzeit vor 126.000 bis 115.000 Jahren, als lediglich Neandertalermenschen in Europa lebten. Aus der jetzigen Warmzeit, die um ungefähr 10.000 v.Chr. begann, finden sich keine Fossilien von Elefanten, Büffeln oder Flusspferden, was mit einiger Wahrscheinlichkeit auf den bereits starken Jagddruck in den süd- und südosteuropäischen Herkunftsgebieten der sich dort mittlerweile stark ausgebreiteten Cro Magnon-Menschen zurückzuführen ist. Die Heidelberg- und NeandertalerMenschen der vorangegangenen Warmzeiten hatten einen geringeren Jagddruck und eine generell mäßigere Einflussnahme auf die Umwelt ausgeübt. In den französisch-spanischen Höhlenmalereien, die um 40.000 bis 13.000 Jahren entstanden sind, wurden noch etliche Großtiere abgebildet, die teilweise schon bald (Riesenhirsch), teilweise erst in späterer Zeit (Wildpferd, Auerochse) in Europa ausgestorben sind.

4   Vom Mesolithikum bis zur Eisenzeit (9500 bis 1. Jahrtausend v.Chr.)

Die Siedlungsstrukturen änderten sich während der Mittelsteinzeit (Mesolithikum, ab etwa 9500 v.Chr.) und wiesen auf teilweise längerfristige Nutzungen hin und nicht nur temporäre Behausungen permanent nomadisierender Populationen. Parallel änderten sich auch Jagd- und Sammelmethoden. Die in der beginnenden Warmzeit noch verbliebenen Jagdtiere umfassten vor allem Hirsch- und Rinderartige sowie Wildschweine, welche eine immer noch reichliche Fleischversorgung ermöglicht haben dürften, wobei andererseits Rentiere, Saigas und Wildpferde in Mitteleuropa seltener geworden sind. Aber lokal werden ab jetzt auch Einbäume und Paddel bekannt, ebenso Fischernetze aus Weidenbast sowie Netzschwimmer und Angelhaken. Offensichtlich wurden nun auch Sammeltiere, wie Muscheln, und Kleintiere, wie Vögel oder Kleinsäuger, vermehrt als Nahrung verwendet. Die Jagdwaffen wurden weiterentwickelt und angepasst, worauf Feuerstein-Projektile und vereinzelt Dolche – Messer mit beidseitiger Schneide und einem Schaft aus Bast – hinweisen. Vermutlich wurde die Haselnuss als Nahrungsmittel intensiv genutzt und möglicherweise aktiv verbreitet. Ansteigende

Bevölkerungsgrößen machte eine solche Verbreiterung der Ressourcenbasis wohl notwendig.

Ab etwa 5800 v.Chr. wanderten neue Menschengruppen nach Mitteleuropa und in die Rheingegend ein, die grundsätzlich neuartige Lebensformen und Fertigkeiten mitbrachten: domestizierte Tiere und Pflanzen, geschliffene Steingeräte und eine reichhaltige Keramik sowie eine generationenlange Sesshaftigkeit. Verzierungsmuster ihrer Keramikgeräte weisen diese Menschen der sogenannten (Linear-)Bandkeramischen Kultur zu, die früher nicht mit bestimmten Populationen in Zusammenhang gebracht werden konnte. „Gewandert" und nach Mitteleuropa emigriert sind dabei, genetisch nachweisbar, nicht nur die neuen Kenntnisse, Pflanzensamen und Vieh, sondern reale menschliche Bevölkerungsgruppen, die die bisherigen Kulturträger der Region allmählich ersetzten (Hofmanová et al. 2016). Dies musste nicht notwendigerweise auf physischem Druck oder gar Gewalt beruht haben, sondern kann die Folge höherer Reproduktionsraten dank verbesserter Ernährung und damit gleichsam einer demographischen Verdrängung mit zumindest partiellem genetischem und kulturellem Austausch gewesen sein. Vermutlich werden aber auch bisherige Kulturträger ihre Lebensweise den neuen Erkenntnissen gegenüber angepasst haben.

Die Zuzügler kamen vielleicht teilweise aus der ägäisch-pontischen Region, wo sie durch den damals letztmaligen relativ starken Meeresspiegelanstieg im 6. Jahrtausend v.Chr. vertrieben worden sein mögen. Sie siedelten in Mitteleuropa in Regionen fruchtbarer, oft lössreicher Böden. Die von ihnen errichteten Siedlungen dürften oft nicht mehr als 100 Personen beherbergt haben und waren wohl für eine Nutzungsdauer von 1–2 Generationen (40–60 Jahre) konzipiert. Auf rechtsrheinischem Gebiet bzw. dem Einzugsgebiet der entsprechenden Nebenflüsse datiert man älteste Funde auf 5500 bis 5800 v.Chr. Die vielleicht älteste linksrheinische Siedlung wurde in Form eines Bauernhauses bei Düren (zwischen Köln und Aachen) ausgegraben und auf ca. 5200 v.Chr. datiert. Sie zeigt, dass der Rhein keine grundsätzliche Ausbreitungsgrenze darstellte, vielleicht aber doch auch etwas verzögernd auf die Ausbreitung wirkte. Künftige Funde könnten diese Interpretation aber auch modifizieren.

Nahrung aus Gewässern spielte im Rheineinzugsgebiet weiterhin eine untergeordnete Rolle. Dies war in der von Friesland bis Polen verbreiteten Trichterbecherkultur, die auch für eindrücklichen Megalithgräber steht und von 4200 bis 2800 v.Chr. dauerte, wohl anders: Dort sind Aufsammlungen von Mollusken sowie Fischerei und die Jagd auf Robben und Wale nachgewiesen. Diese Kultur reichte aber nicht bis ans Rheinsystem.

Im Zeitraum von ungefähr 3500 bis 1000 v.Chr., somit von der Jungsteinzeit bis in die Bronzezeit, sind an den ehemals am Ende der Kaltzeit entstandenen

Seen des Rheineinzugsgebietes Pfahlbau-Siedlungen errichtet worden, teilweise
im feucht-sumpfigen Uferbereich, teilweise im ufernahen Litoral der Gewässer
selber. Aufgrund der natürlichen Wasserstandsschwankungen dieser Alpenrand-
seen ist im Allgemeinen schwer zu sagen, ob am Ort der Siedlung wirklich
permanent Wasser war und wie tief es war, denn praktisch stets variierten die
Wasserstände zwischen Nass- oder Schneeschmelzperioden und Trockenzeiten
einerseits und aber als Folge der mitteleuropäischen Niederschlagsverteilung
auch regelmäßig zwischen Sommer und Winter. Beim Bodensee-Obersee und
Bodensee-Untersee, den beiden einzigen permanenten Seen, durch die der Rhein
seit Ende der Kaltzeit fließt, ist dies heute noch eindrücklich erkennbar und
macht oft um 1,5 m aus, in besonderen Jahren auch deutlich mehr. Die Bedeutung dieser wassernahen oder im Wasser errichteten Siedlungen mag im Schutz
gegen Hochwasser, Raubtiere, Vorratsschädlinge oder feindliche Menschengruppen gelegen haben. Trotz direkter Gewässernähe entstammte die tägliche Nahrung
allerdings primär der Landwirtschaft, wie Befunde aus dem Bodenseegebiet
lehren: In den aufgefundenen Töpfen fanden sich Reste von Getreidebrei, Erb-
sen, Bohnen und Linsen, Schlafmohn und Lein, daneben Beeren, Äpfel und
Haselnüsse. Milchprodukte, Vogeleier, Wild und auch Fleisch von domestizierten
Tieren gab es hingegen wohl seltener, ebenso Fische (Pfahlbaumuseum Unteruhl-
dingen/Bodensee 2020). Aber natürlich besaßen die Bewohner dieser Siedlungen
bereits Boote in Form von Einbäumen (Schöbel 2009).

Aus inneralpinen Regionen kennt man Funde mit Jagdausrüstungen. Ein
solcher ist der berühmte Fund des „Ötzi" aus der Zeit um 3200 v.Chr. in den Ostal-
pen, aber auch Funde aus dem Rhein-Einzugsgebiet bereichern unsere Kenntnisse:
In den Berner Alpen fand man Ausrüstungsgegenstände sowie Pfeile und Bögen,
die auf 2600 bis 2900 v.Chr. datiert werden (Junkmanns et al. 2015). Solche
Funde geben auch Hinweise auf mögliche alte Wanderrouten im Quellgebiet der
Ströme, die jeweils ins Nachbar-Einzugsgebiet führen konnten.

Für die Versorgung mit Rohstoffen, Schmuck und Fellen könnten mittlerweile
doch Gewässerwege, zumindest entlang großer Niederungsflüsse, eine gewach-
sene Rolle gespielt haben. Auf einen funktionierenden Fernhandel weisen aus
dem Mittelmeer stammende Stachelaustern (Spondylus-Muscheln) und ihre Per-
len hin, die zwar sogar schon zuvor gehandelt wurden, deren Schalen jetzt aber
in den kontinentalen Bandkeramikkulturen auch zu Armringen, Gürtelschnallen
und Anhängern verarbeitet wurden. Wie der Transport und Handel technisch und
logistisch ablief, ist unklar. Scheibenräder waren vereinzelt bereits ab rund 3000
v.Chr. bekannt, haben aber vielleicht eher dem Nahtransport gedient. Und ob es
den expliziten „Berufsstand" des reisenden Händlers schon gab, ist unbekannt.

Ab etwa 2800 v.Chr. folgte eine weitere Einwanderungswelle von nunmehr indogermanisch sprechenden Menschen aus südrussischen Steppengebieten (Haak und Lazaridis 2015). Auf sie geht die Dominanz der indogermanischen Sprachen in Europa zurück, die die alteuropäischen Sprachen im Rheingebiet allmählich verdrängten. Die nördliche Einwanderungsgruppe der Indogermanen steht für die schnurkeramische Kulturstufe und repräsentiert offenbar die Vorstufen der slawischen, baltischen und germanischen Sprach- und Kulturgemeinschaften, wobei nur die letzteren das Rheinsystem erreichten, das damit etwa die westliche Grenze der „Schnurkeramiker" darstellte. Wirtschaftlich war die Kultur auf Landwirtschaft sowie Rind, Schaf, Ziege und Schwein für Fleisch und Milchprodukte ausgerichtet; ein nennenswerter Konsum von Fischen oder anderen Gewässerorganismen ist nicht erkennbar.

Zugtiere (Ochsen, Pferde) und Wagen mit Speichenrädern sowie zunehmender Bootstransport dürften ab dem 2. Jahrtausend v.Chr. einen intensivierten Fernhandel mit Salz, Rohmaterialien oder auch fertigen Gerätschaften aus Kupfer, Bronze oder Eisen ermöglicht haben. Hierbei musste auch das Wegenetz wagengerecht ausgebaut werden, was möglicherweise erst unter den Kelten im 1. Jahrtausend v.Chr. wirksam geschah. Die Nahrungsgrundlage mitteleuropäischer Keltenstämme basierte primär auf agrarisch gewonnenen Pflanzenprodukten sowie Nutztieren, wie man aus dem Inhalt von Abfallgruben schließen kann. Wildtiere spielten ebenso wie aquatische Nahrung weiterhin eine geringe Rolle. Bei den germanischen Stämmen war dies wohl ähnlich. Von den Kelten sind verschiedene Wagen- und Bootstypen bekannt geworden, darunter Flachboote, wie sie um die Zeitenwende dann auch von den in der Region siedelnden Römern dem Prinzip nach übernommen wurden. Sie erleichterten den römischen Besatzern Kolonisierung und militärische Präsenz über die Nebenflüsse als Waren- und Truppentransportwege.

Keltische Stammesverbände am Rhein zur Zeit der römischen Landnahme waren unter anderem die Helvetier im heutigen schweizerischen Mittelland, die Rauriker am südlichen Oberrhein, die Treverer im heutigen Rheinland-Pfalz von Rheinhessen bis Koblenz. Zu den Treverer-Funden gehören Wagengräber schon aus der Zeit um 600 v.Chr. sowie Kultstätten. Etruskische Schnabelkannen und Weingefäße aus dem Rhonetal zeugen von einem ausgeprägten Fernhandel über Wasserscheiden hinweg.

Der Name für den Rhein geht in der Form Rênos möglicherweise ebenfalls auf die Kelten zurück, vielleicht abgeleitet aus einem indogermanischen Wort für „rinnen" im Sinne von „fließen" und verwandt mit dem griechischen ρέω (rheo,

fließen). In seinem Quellgebiet in Graubünden ist das Wort Rhein (bzw. rätoroma-
nisch Rein) jeweils nur Bestandteil des Gesamtnamens verschiedener Quellflüsse
(Vorderrhein, Medelser Rhein, usw.).

Personifiziert wurde der Rhein als (männlicher) Flussgott betrachtet und von
den Römern Rhenus genannt (angelehnt an die griechische Schreibweise mit *Rh*),
teilweise sogar als *Rhenus pater* („Vater Rhein") bezeichnet. Er gehört zu den
wenigen großen Flüssen Deutschlands und Frankreichs, die grammatikalisch
männlichen Geschlechts sind. Denn die meisten Flüsse und auch fast alle größeren Zuflüsse zum Rhein sind, bis auf Neckar und Main, weiblich. Dem Fluss
bzw. Flussgott wurden in der Kelten- bis Germanenzeit verschiedene Riten entge-
gengebracht, darunter Opfergaben oder auch, wie von antiken Autoren berichtet,
das rituelle Eintauchen neugeborener Kinder ins Rheinwasser.

5   Von der Römer- bis zur napoleonischen Zeit

Schon in der Frühzeit der römischen Präsenz am Rhein am Ende des 1. Jahrhunderts v.Chr. entstanden vermutlich Kanalbauten, die den Niederrhein über den
damaligen *Lacus Flevus,* den damaligen Vorgängersee des heutigen Ijsselmeeres,
mit dem Nordsee-Wattenmeer verbinden halfen. Welche Teile allerdings mit dem
von antiken Schriftstellern genannten *Drususkanal* (benannt nach Nero Claudius
Drusus, 38–9 v.Chr.), gemeint sind, ist unklar. Eindeutiger können wir römische
Brücken, Häfen und Hafenstädte identifizieren. Die Römer haben aber auch Fluss-
schiffe selber für die Gewässer des Rheinsystems optimiert und vielleicht auch
bereits eine gewisse Verbesserung für Schiffspassagen beim Binger Riff geschaffen – sprengen konnten sie allerdings noch nicht, nur abschlagen. Auf jeden Fall
dienten der Rhein und seine Seitenflüsse trotz gut ausgebautem Straßennetz als
wichtige Transportrouten speziell für den Schwerverkehr, so für Steinblöcke oder
auch Fässer und Gefäße.

An Großtieren gab es im Gebiet des Oberrheins damals wohl noch Elche;
hierauf weisen Elchgeweihe, die man in Mainz gefunden hat. Welchen Anteil der
Flussfischfang aus dem Rhein für den wöchentlichen Speisezettel hatte, ist schwer
zu erfassen, jedenfalls hatte er wohl nicht die durchaus erhebliche Bedeutung, die
er später in Mittelalter und früher Neuzeit für die örtliche Bevölkerung haben
sollte.

Erst rund 1000 Jahre später begannen die Menschen, die hydromechanische
Energie fließender Gewässer sowie deren Fischreichtum intensiver zu nutzen. An
Nebenflüssen entstanden Wassermühlen, Kanal- und auch Flussquerbauten. Die
Nutzung der Wasserkraft erleichterte die Mechanisierung in der Verarbeitung von

Nahrungsmitteln (speziell Getreide) und Materialien. Die Fischerei erlaubte eine zumindest saisonal – nämlich zu den Fischwanderzeiten – üppige Versorgung der Bevölkerung mit frischen Flussfischen. Diese machen nun oft einen wesentlichen Anteil der Nahrung aus und wurden auf dem oft zentralen Fischmarkt der Städte angeboten. Dass sich Dienstpersonal früher aber über zu viel Lachs in Mahlzeiten beschwert haben soll, wie häufig kolportiert wird, wird mittlerweile als ein in ganz Deutschland und für verschiedene Flüsse erzählte ironische Glosse interpretiert (Wolteer 2007).

Die Intensivfischerei belastete aber im Laufe der Zeit auch die Größe der Wanderfischzüge. In Vogelschaugrafiken, wie sie ab dem 16. Jahrhundert aufkamen, erkennt man die sich quer durch Flussläufe ziehenden Netze, beispielsweise vom linken zum rechten Ufer über den Main am oberen Ende der Stadt Frankfurt. Sie ließen lediglich Öffnungen für Boote und die Flößerei. Aus der zeitlichen Entwicklung von Anlandungen, Preisstrukturen und Steuern ist abgeschätzt worden, dass die Populationsstärken der Wanderfische schon früh unter Druck gerieten und abnahmen (Lenders et al. 2016). Der Niedergang der Wanderfischschwärme war somit wohl ein Langzeit-Prozess und entwickelte sich nicht erst in der Neuzeit als Folge plötzlicher Übernutzung oder Gewässerverschmutzung; die letztere beschleunigte und finalisierte lediglich das Verschwinden mancher Arten.

Infolge von Bevölkerungszunahmen und vermehrtem Bauholzbedarf kam es schon seit dem Hochmittelalter in vielen Wäldern zum Kahlschlag und zu Ferntransporten von Holz aus entlegeneren Regionen, insbesondere aus Mittelgebirgen. In deren Hängen begann man Abflussrinnen zu bauen, durch welche mittels ausgelösten Wasserschwalls aus ebenfalls neu ausgehobenen Floß- oder Schwellteichen oberhalb der Rinnen Baumstämme talwärts in ein größeres Fließgewässer flottiert werden konnten. Dort wurden daraus – sofern die Gewässer breit genug waren – Flöße gebaut. Floßteile konnten auch miteinander verbunden werden, sodass das Gesamtfloß, einem Eisenbahnzug ähnlich, den Windungen der Bäche und Flüsse folgen konnte.

Speziell auf der rechten Rheinseite gegenüber Mainz wurden ab dem 17. Jahrhundert kleinere Flöße zu großen, ab Koblenz zum Teil zu sehr großen Flößen, den Holländerflößen, zusammengebaut. Sie wurden so genannt, weil ihre Fahrt häufig über die Waal nach Dordrecht in Südholland führte. Diese Floßzüge benötigten zur Steuerung bis über 500 Mann, die nachts, nachdem jeweils ein Verankerungsplatz angesteuert war, in Holzhütten auf der Floßmitte schliefen. Die Holländerflöße konnten bis 300 m Länge und 60 m Breite messen und einen Tiefgang bis 2 m aufweisen. Die verwendeten Baumstämme mussten aus Konstruktionsgründen normiert sein und maßen vielfach 23 m. Nach dem Bau von Schiffsbrücken in Koblenz und Köln im 19. Jahrhundert musste die Floßgröße allerdings redimensioniert werden; die letzten Flöße flottierten in den 1960er Jahren den Rhein hinunter.

Floß-Havarien waren infolge der schwerfälligen Manöverierbarkeit nicht selten und ein großes Hindernis stellte auch lange Zeit das Binger Riff dar. Eine entscheidende Sprengung hat dort Ende des 17. Jahrhunderts ein Frankfurter Holzhändler veranlasst und dadurch für die Schifffahrt ein „Loch", das ab dann so genannte „Binger Loch", geschaffen (Stumme 2016). Später folgten weitere Sprengungen und Erweiterungen mit auch bis in die Gegend von Mainz reichenden Folgen für das Erscheinungsbild der Rheinlandschaft im Rheingau.

6   Die großen Veränderungen und Gewässerbelastungen nach 1800

Mehrere technische Großeingriffe in das Rheinsystem erfolgten nach 1800, darunter die Bingerloch-Erweiterungen für die bereits um 1830 am Rhein einsetzende Dampfschifffahrt. Später erfolgten großräumige Umgestaltungen und Umlenkungen der dortigen Fahrrinnen, wobei schließlich infolge des freien Wasserabflusses das bereits kurz erwähnte Rheingau-Landschaftsbild erheblich verändert wurde: Infolge der rund zwei Meter starken Rheinspiegelabsenkung und der stärkeren Strömung vereinigten sich die bisherigen rund 30 Kleininseln zu wenigen großen, andere verlandeten oder wurden abgetragen. Die ehemals am Wasser erbauten Burgen von Eltville und Rüdesheim scheinen ins Landinnere verlegt und überall sank der Grundwasserspiegel.

Aber auch anderswo am Rhein und in seinen Nebenflüssen wurden die Flussbetten jetzt zwischen feste Uferböschungen eingefasst. Vom Oberrhein bis zum Niederrhein wurden im Laufe der Zeit zahlreiche längsverlaufende Leitwerke und quer zur Fließrichtung angeordnete Buhnen zwecks Erleichterung des Schiffsverkehrs errichtet. An manchen Stellen entstanden Winter- und Schutzhäfen sowie dem Umschlag dienende Großhafenanlagen.

Die größte ökologische Veränderung begann 1817 durch die Oberrhein-Begradigung. Damals wurde der bis zwei Kilometer breite Flachlandfluss mit seinen zahlreichen Kiesinseln im südlichen Teil und mit seinem imposanten kurvigen Verlauf im nördlichen Teil im Verlaufe weniger Jahrzehnte in ein einheitlich ausschauendes 200 bis 250 m breites und verkürztes Bett gezwängt (vgl. Abb. 2b im Vergleich mit 2a). Hierdurch sollten neue Agrarflächen und Ansiedlungen ermöglicht sowie Hochwässer durch raschen Abfluss vermindert werden. Die Maßnahme führte aber zu einer in diesem Ausmaß nicht erwarteten Tiefenerosion von bis rund 10 m infolge des verkürzten und schneller fließenden

Wasserlaufs. Damit verbunden kam es auch zu einer Grundwasserabsenkung, welche Randgewässer und Feuchtgebiete austrocknen ließ. Die am Rhein in den vorangegangenen Jahrhunderten noch heimischen Biber, Fischotter und Sumpfschildkröten, die allerdings schon zuvor äußerst selten geworden waren, fanden ab jetzt definitiv keinen natürlichen Lebensraum mehr. Auch für die Landwirtschaft war der Grundwasserstand nunmehr zu tief und Hochwasserkalamitäten verlagerten sich von jetzt an schlicht rheinabwärts. Viele bisherige Auengebiete wurden gemäß einem schon im 18. Jahrhundert begründeten Konzept der nachhaltigen Holzbewirtschaftung mit – allerdings nun anderen – Baumarten großflächig aufgeforstet.

Auch am Alpenrhein zwischen etwa Chur und dem Bodensee-Obersee wurden ab den 1860er Jahren Binnenkanäle und Begradigungen sowie eine völlig neue und schnurgerade See-Einmündung erbaut. Der weitgehende Umbau des gesamten Rheinbetts vom Oberlauf bis zur Mündung in die Nordsee – unter Einschluss

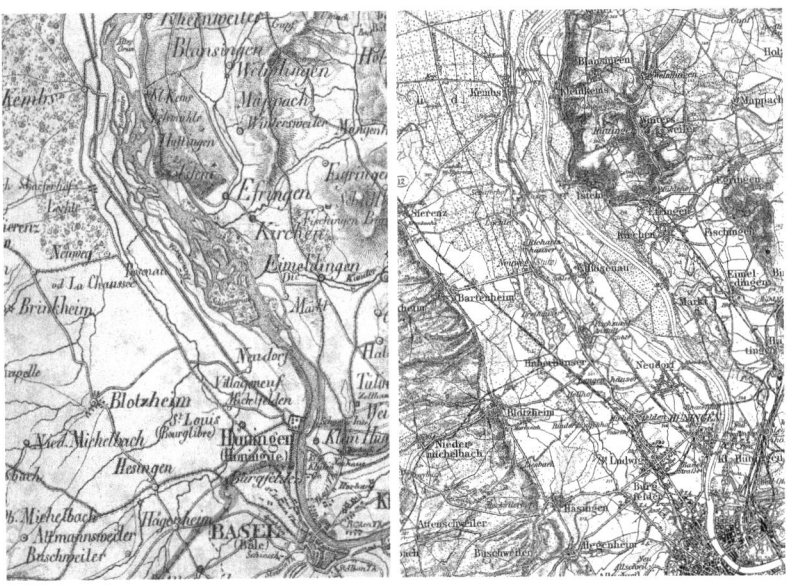

Abb. 2a und 2b Links der mäandrierende und bis ca. 2 km breite Hochrhein (aus Holdenecker 1836), rechts das kanalisierte Rheinbett (Karte des Deutschen Reiches 1889) mit Einzeichnung der neuen Wirtschaftsforste im früheren Auengebiet. Im 20. Jahrhundert wurde ein zusätzlicher, der Stromerzeugung und Schifffahrt dienender Seitenkanal erbaut, der auch dem neuen Rheinbett nur noch wenig Wasser belässt. – Abbildungen rechtefrei

auch praktisch aller Nebenflüsse – führte dazu, dass Fischarten, die Flachufer benötigen, kaum noch Lebensräume fanden. Krautlaichende Arten, wie Hecht, Karpfen, Schleie und Rotfeder wurden deutlich seltener. Die klassischen mitteleuropäischen Fischregionen, die sich aus der Forellen-, Äschen-, Barben- und Brachsen-Region zusammensetzen, sind im Rhein kaum noch erkennbar; die verbliebenen Fischarten haben sich neu sortiert, insbesondere nach den ab 1898 im Hochrhein und später auch im Oberrhein errichteten Flusskraftwerken.

Zu einem optischen, geruchlichen und gesundheitlichen Problem führten die Einleitungen zunehmend größerer Mengen an ungeklärten Abwässern als Folge der im 19. und 20. Jahrhundert stark ansteigenden Bevölkerungen und Industrieanlagen bei noch weitgehend fehlenden Kläranlagen. Dabei wurde der im Rheinwasser gelöste Sauerstoff stark aufgezehrt, was an heißen Sommertagen das Überleben vieler Insektenlarven verunmöglichte und auch zu Fischsterben führen konnte. Die Schwermetall- und Salz-Frachten waren im 20. Jahrhundert lange Zeit hoch und führten zusammen mit den erniedrigten Sauerstoffkonzentrationen zu weiteren Krankheits- und Todesursachen für die Flussbesiedler. Häusliche und industrielle Abwässer wurden erst ab dem dritten Viertel des 20. Jahrhunderts nennenswert Klärprozessen zugeführt. Im Niederrhein verminderte sich die Zahl größerer Wirbelloser, die als Stoffzersetzer und als Fischnährtiere fungieren, von über 100 Arten im Jahre 1900 auf rund 25 Arten gegen Mitte des 20. Jahrhunderts. Um 2000 zählte man dank verbesserter Wasserqualität wieder 70 bis 80 Arten (nach Uehlinger et al. 2009). Allerdings trugen nun primär die massiv auftretenden „Neubürger" zum numerisch besseren Gesamtergebnis bei. Denn die Biozönose hatte sich mittlerweile grundlegend gewandelt.

7   Der Rhein als biologisches Exotarium

Ab dem 16. Jahrhundert entstand ein Binnenkanalsystem, das europaweit getrennte Fluss-Systeme und auch Meeresteile miteinander verband und neue direkte Schiffsverbindungen ermöglichte. Als eine ökologische Frühfolge dieser Kanalverbindungen gilt heute die Einschleppung der Wandermuschel (auch Dreikant- oder Zebramuschel genannt), die aus dem Schwarzmeergebiet nach Mitteleuropa und 1826 in den Rhein eingeschleppt wurde. In den 1960er bis 1980er Jahren wurde sie gar zu einer bedrohlichen Massenplage in Seen und Flüssen und verstopfte Wasserrechen und Entnahmerohre. Lange Zeit wurde aber den Einschleppungen, Einwanderungen und Aussetzungen gebietsfremder Arten öffentlich und wissenschaftlich kaum Beachtung geschenkt. Um 1900 waren im Rhein aber immerhin schon 12 gebietsfremde Arten, 1950 bereits 37 Arten zu verzeichnen. Zu einem medialen Thema wurde der biologische Wandel im Rhein, mittlerweile auch im Hochrhein und Bodensee einsetzend, ab Beginn der 1990er Jahre (Streit 1992), als insgesamt schon 63 gebietsfremde Arten im Rhein gezählt wurden (Kinzelbach 1995). Dem Laien und Spaziergänger fielen jetzt auch die Millionen leeren Schalen der knapp 2 cm großen Asiatischen Körbchenmuschel auf, die vom Ober- bis Niederrhein am Ufer angespült lagen. Ab der Jahrtausendwende wurde die Exotenplage auch auf und über dem Wasser evident, als sich die durchsetzungsstarken Nilgänse ausbreiteten. Diese werden inzwischen teilweise bejagt; gegen die exotischen Kleinorganismen, die die einheimischen im Gewässer weitgehend verdrängt haben, lässt sich aber faktisch nichts unternehmen.

Etliche der Zuzügler im Rhein sind nach einiger Zeit selber wieder durch andere invasive Arten verdrängt worden, bislang nie allerdings durch Wiederausbreitung einheimischer Arten. So wurden die Dreikantmuscheln nach den 1980er Jahren durch Millionen kleiner Röhrenkrebschen *(Chelicorophium)* an der Anheftung der Larven auf den Stein- und Felsoberflächen gehindert, worauf die Muscheldichte wieder deutlich zurück (und die der Krebschen hoch) ging. Fast lehrbuchartig deutlich waren solche Verdrängungabfolgen bei Flohkrebs-Arten, wo einheimische Arten zunächst von einer nordamerikanischen Art *(Gammarus tigrinus)* abgelöst wurden, die aber selber nach Eröffnung des Main-Donau-Kanals (1992) durch größere Arten, darunter den Großen Höckerflohkrebs *(Dikerogammarus villosus),* verdrängt wurde (Haas et al. 2002). Ein derartiges sich manchmal mehrfach wiederholendes Phänomen der Massenwechsel ist in Anlehnung an Fluktuationen in der Finanzwelt als *Boom and Bust Cycle* (Auf- und Abschwung-Zyklus) bezeichnet worden. In die Rhein-Nebenflüsse dringen exotische Flohkrebse im Übrigen ungefähr so weit ein, wie der Schiffs- und Bootsverkehr reicht; erst weiter flussaufwärts finden sich noch die angestammten heimischen Arten (Chen et al. 2012). Selbst im Bodensee tritt der Große Höckerflohkrebs seit etwa 2013 im Uferbereich massenhaft auf (ANEBO 2020).

Unter den Rheinfischen sind aus dem Donaugebiet eingeschleppte und in Bodennähe lebende kleine Grundeln (Gobiidae) auffällig und dominant geworden: Die Flussgrundel und die Kessler-Grundel sind wohl direkt über den Main-Donau-Kanal in den Rhein gelangt, die Schwarzmundgrundel wahrscheinlich zunächst über die Ostsee. Die Verschleppungen basierten wohl meist auf der auch im Binnenschiffverkehr zuweilen durchgeführten Aufnahme von Ballastwasser direkt aus dem Fahrwasser. Diese Art der schiffsunterstützten Ausbreitung wurde hier wohl durch das spezielle Verhalten der Grundel-Jungfische begünstigt: Sie kommen nachts an die Wasseroberfläche, um Zooplankton zu fressen und bei diesem Vorgang sind wohl verschiedentlich Exemplare unbeabsichtigt aufgenommen und wo anders wieder ausgesetzt worden.

Allerdings verschiebt sich die Artenzusammensetzung der Rheinfische regional auch infolge wirtschaftlicher und betrieblicher Veränderungen: Die Bodensee-Aale, die bislang dank künstlichem Besatz im See lebten, werden möglicherweise bald verschwunden sein, weil der natürliche Aal-Nachzug über den Rheinfall zu gering ist und der künstliche Besatz aus wirtschaftlichen Gründen schon Anfang des 21. Jahrhunderts aufgegeben worden ist.

Die aus Natur- und Artenschutzüberlegungen initiierten Wiedereinbürgerungen von Wanderfischarten, wie Lachs, Maifisch, Stör und Nordseeschnäpel, wurden zwar medienwirksam inszeniert und brachten Exemplare dieser Arten wieder in die Zuflüsse zurück, doch bleiben sie bezüglich Individuenzahl und ökologischer Relevanz für das Rheinsystem von randständiger Bedeutung. Ihr Vorkommen beschränkt sich auch primär auf Regionen des Niederrheins. Die zahlreichen Kraftwerke, die von Iffizheim am Oberrhein an aufwärts installiert sind, erlauben zwar über die Fischtreppen Flussaufwanderungen, sind aber bei der Abwärtswanderung durch den Turbinensog oft tödliche Hindernisse für die Fische.

Der anthropogene Klimawandel beeinflusst die Lebensgemeinschaft des Rheins ebenfalls, ist aber vermutlich nicht von dominanter Bedeutung, zumal die kühl adaptierten und zugleich sauerstoffbedürftigen Arten, darunter viele Insektenlarven, ohnehin schon früher im Rhein selber ausgestorben sind (Streit 2016). Die heutzutage um oft über 2 °C gegenüber früher erhöhten Wassertemperaturen sind außer auf die Erwärmung des Regionalklimas zu einem guten Teil auf die Einleitungen von Klärwerken und Kühlwässern zurückzuführen, die meist wärmer in den Rhein gelangen, als dessen eigene Wassertemperatur ist. Als Hauptursachen für den Faunenwandel der letzten 40 Jahre gelten daher der globalisierte Frachtverkehr, der Durchstich des Main-Donau-Kanals, die bewusste oder unbewusste Freisetzung von Arten aus privater und kommerzieller Haltung, die Uniformität des Flussbetts, das siedlungsfeindliche, stark hydraulische Regime und eben auch die erhöhte Wassertemperatur.

8   Zeitbezogene Nachhaltigkeitsstrategien

Jede Epoche und jede Gesellschaft hatte ihre besondere Beziehung zum Rhein und zum Rheinsystem. War der Rheinstrom in der Altsteinzeit vermutlich primär ein Ausbreitungshindernis, das nur unter besonderen Bedingungen überquert werden konnte, so entwickelte sich später eine ehrfürchtige und quasi-religiöse Beziehung zu dem großen Fluss, der schließlich gar personifiziert dargestellt wurde. Ab der Römerzeit dienten der Rhein und die Nebenflüsse als Handels-

und Truppentransportwege. Jetzt wurden, im Gegensatz zur Keltenzeit, Siedlungen auch vielfach in Form militärischer Anlagen und ziviler Wohnstädte gebaut. Das Nachhaltigkeitskonzept jener Zeit zielte auf die Errichtung einer langfristig angelegten, städtisch geprägten und militärisch gesicherten Kolonialzone mit guter Verkehrsinfrastruktur und blühendem Handel ab.

Die mittelalterliche und frühneuzeitliche Gesellschaft nutzte mit zunehmendem *Know-How* effizient die Energie- und Nahrungsressourcen des Rheinstroms und seiner Nebengewässer, gründete Fischerdörfer und Städte – diese verschiedentlich als Fortsetzung ehemaliger römischer Städte. Sie dienten als Handelsumschlagorte und neue Machtzentren, betrieben im Rhein Wassermühlen, professionalisierten den Fischfang und lagen verkehrsgünstig am Rhein als Transportroute für Waren und Personen. Das Rheinsystem wurde dadurch in einen ganzheitlich und langfristig konzipierten volkswirtschaftlichen Produktions- und Logistikprozess integriert.

Als nach 1800 die Anrainerregierungen anfingen, die imposante Fluss-Großlandschaft des Oberrheins, die heute unbestrittener Kandidat für die UNESCO-Welterbe-Liste wäre, in eine ökologisch und optisch eher monotone Gerinnelandschaft umwandeln zu lassen, wurden wieder andere Aspekte der Nachhaltigkeit propagiert, so die Aussicht auf neue und nachhaltig nutzbare landwirtschaftliche Flächen für die wachsende europäische Bevölkerung, daneben auch ein Schutz vor Überschwemmungen und (dies war zunächst allerdings eher sekundär) Verbesserungen für die Schifffahrt. Die forstliche Bewirtschaftung der ehemaligen Auenregion wurde im Sinne einer nachhaltigen Holzproduktion optimiert. Der Verlust der reichhaltigen Auen- und Randgewässer-Flora und -Fauna wurde in Kauf genommen und möglicherweise von nur wenigen Menschen bedauert.

Nur gerade Reste der wahrlich für Mitteleuropa einmaligen Stromlandschaft, von der uns noch einige Gemälde und Stiche einen wehmütigen und entrückt wirkenden Eindruck hinterlassen, blieben erhalten (vgl. auch Abb. 3). Selbst diese Reste sehen heute anders aus als früher, auch in den als Naturschutzzonen ausgewiesenen Randgebieten. Allerdings ist dies meist nur Spezialisten und Heimatforschern bekannt und bewusst. Selbst an weltbekannten Orten, wie der Loreley, ist das Rheingerinne breiter und sicherer für die Schifffahrt gestaltet worden und lässt die früher gefährliche Flussfahrt um den Felsen kaum noch nachempfinden. Nur im Bodensee-Hochrhein-Gebiet sind noch gewisse wertvolle ursprüngliche Landschaftselemente zu finden: So gehören der Bodensee-Obersee und -Untersee zu den wenigen mitteleuropäischen Seen, bei denen kein Wehr den Seespiegel reguliert, sodass sie noch die natürlichen jahreszeitlichen Spiegelschwankungen voralpiner Seen von ein bis zwei Metern zeigen. Auch der 150 m

Abb. 3 Linke Rheinseite oberhalb der Loreley. Manche der von Schiffern ehemals gefürchteten Felsen sind bei Niedrigwasser noch deutlich zu sehen, andere sind weggesprengt. Signalbojen weisen die sichere Durchfahrt aus. Die Lärmbelästigung durch die beidseitigen Straßen und Eisenbahnlinien wird oft moniert. Am Steilhang zur Hochebene Rebhänge mit Stützmauern und teilweiser Verbuschung. (Copyright Bruno Streit 7. Mai 2011)

breite Rheinfall bietet einen nahezu unverfälschten Gesamteindruck, ebenso – in Grenzen – einige wenige Stellen des übrigen Hochrheins, des Seerheins und der Quellflüsse in den Graubündner Alpen.

– – – – –

In Nachhaltigkeitsdebatten und -strategien wird oft argumentiert, dass in einem Gesamtkonzept „Ökologie", „Ökonomie" und „soziale Funktion" der jeweils betrachteten Einheit, sei es ein Betrieb, eine Siedlung oder eine Landschaft, generationengerecht erhalten bleiben sollen. Dabei lässt man sich bei Natursystemen bezüglich „Ökologie" fast immer vom momentanen, im Vergleich zu früher bereits deutlich manipulierten System leiten und geht davon aus, dass dieser derzeitige Ist-Zustand bewahrt werden könne und solle. Das wird aber allein schon aus Gründen ökologischer Dynamiken, wozu Sukzessionen, biologische Invasionen und chemische Depositionen gehören, für keines der verbliebenen Schutzgebiete langfristig funktionieren. Die Rheingeschichte lehrt darüber hinaus auch, dass Umweltveränderungen stark durch politische, wirtschaftliche und gesellschaftliche Ziele und Zwänge hervorgerufen werden und dass ein gleichsam museales Konservieren von belebten Naturausschnitten illusorisch ist. Jede Generation formuliert neue Ansprüche und Ziele und ist sich auch nie über alle Folgen von vornherein im Klaren – oder nimmt sie bewusst in Kauf.

Es werden sich auch am Rhein und in seinen Nebenflüssen neue Veränderungen einstellen, ohne dass wir deren Richtung und die zukünftigen gesellschaftlichen Veränderungen und Vorstellungen abschätzen können. Die weitgehende Umwandlung der einheimischen Flussfauna in eine unspezialisierte Exotenfauna, die sich im Rheinsystem ausgerechnet in einer Zeit etabliert hat, als Bevölkerung und Politik sogar besonders sensibel für Natur- und Artenschutz eintraten, illustriert dies prägnant: Die erfolgten Veränderungen bei gleichzeitigem Verlust der ehemaligen einheimischen Fauna waren von keiner Seite gewollt, lassen sich jetzt aber auch nicht mehr zurück abwickeln.

Literatur

ANEBO. 2020. Aquatische Neozoen im Bodensee. https://www.neozoen-bodensee.de/neozoen/dikerogammarus, 3.3.2020. Zugegriffen 12. Mai 2020.

Arnet, H. 2016. Eine Qual für den Aal. *Tagesanzeiger (Zürich)*, aktualisierte Internetversion vom 4. Februar 2016.

Chen, W., D. Bierbach, D. M. Plath, B. Streit, and S. Klaus. 2012. Distribution of amphipod communities in the Middle to Upper Rhine and five of its tributaries. *BioInvasions Records* 1 (4): 263–271

Haak, W., I. Lazaridis, (36 weitere Autoren), and D. Reich. 2015. Massive migration from the steppe was a source for Indo-European languages in Europe. *Nature* 522:207.

Haas, G., M. Brunke, und B. Streit. 2002. Fast turnover in dominance of exotic species in the Rhine River determines biodiversity and ecosystem function. In *Invasive aquatic species of Europe: Distribution, impact and management*, Hrsg. E. Leppäkoski, S. Gollasch, und S. Olenin, 426–432. Dordrecht: Kluwer Academic Publishers.

Hofmanová, Z., S. Kreutzer, (36 weitere Autoren), and J. Burger. 2016. Early farmers from across Europe directly descended from Neolithic Aegeans. *Proceedings of the National Academy of Sciences* 113:6886–6891.

Junkmanns, J., J. Francuz, K. Mischler, und K., Räss. 2015. Schnidejoch und Lötschenpass: Bogen, Pfeile und andere Teile von Bogenausrüstungen. In *Schnidejoch und Lötschenpass. Archäologische Forschungen in den Berner Alpen*, Hrsg. A. Hafner, Bd 1, 280–319. Bern: Archäologischer Dienst des Kantons Bern.

Kinzelbach, R. 1995. Neozoans in European waters—Exemplifying the worldwide process of invasion and species mixing. *Experientia* 51:526–538.

Kremer, B. S. 2015. *Der Rhein – von den Alpen bis zur Nordsee*, 2. Aufl. Duisburg: Mercator

Lenders, H. J. R., T. P. M. Chamuleau, A. J. Hendriks, R. C. G. M. Lauwerier, R. S. W. E. Leuven, and W. C. E. P. Verberk. 2016. Historical rise of waterpower initiated the collapse of salmon stocks. *Scientific Reports* 6:Article # 29269.

Matzerath, S., E. Turner, P. Fischer, and J. van der Plicht. 2012. Radiokohlenstoffdatierte Megafauna aus dem Interpleniglazial der westlichen Niederrheinischen Bucht, Deutschland – Die Funde aus dem Löss der Ziegeleigrube Coenen (Kreis Düren). *Quartär* 59:47–66.

Park, C., und H.-U. Schmincke. 2009. Apokalypse im Rheintal. *Spektrum der Wissenschaften* Februar 2009:78–87.

Pfahlbaumuseum Unteruhldingen/Bodensee. 2020. https://www.pfahlbauten.de/museum/fra gen-pfahlbaumuseum.html. Zugegriffen: 12. Mai 2020.

Preusser, F. 2008. Characterisation and evolution of the River Rhine system. *Netherlands Journal of Geosciences* 87:7–19.

Schöbel, G. 2009. Vom Baum zum Einbaum – ein archäologisches Experiment im Pfahlbaumuseum Unteruhldingen am Bodensee. *Bericht der Bayerischen Bodendenkmalpflege* 50:79–83.

Streit, B. 1992. Zur Ökologie der Tierwelt im Rhein. *Verhandlungen der Naturforschenden Gesellschaft Basel* 102:323–342.

Streit, B. 2016. Biologischer Wandel im Rheinsystem. In *Warnsignal Klima: Die Biodiversität.*, Hrsg. J. L. Lozán, S.-W. Breckle, R. Müller, und E. Rachor. 130–135. Hamburg: Wissenschaftliche Auswertungen, in Kooperation mit GEO.

Stumme, W. 2016. Flößerei auf dem Rhein. https://www.regionalgeschichte.net/bibliothek/ aufsaetze/stumme-floesserei-rhein.html. Zugegriffen: 12. Mai 2020.

Tockner, K., U. Uehlinger, C. T. Robinson, D. Tonolla, R. Siber, and F. D. Peter. 2009. Introduction to European rivers. In *Rivers of Europe*, Hrsg. K. Tockner, et al., 1–21. Amsterdam: Elsevier.

Uehlinger, U., K. M. Wantzen, R. S. E. W. Leuven, and T. H. Arndt. 2009. The Rhine River Basin. In *Rivers of Europe*, Hrsg. K. Tockner et al., 199–245. Amsterdam: Elsevier.

Wolteer, C. 2007. Nicht mehr als dreimal in der Woche Lachs. *Nationalpark-Jahrbuch Unteres Odertal* 4:118–126.

Streit, Bruno, Prof. Dr., bis 2013 Professur für Ökologie und Evolution am Fachbereich Biowissenschaften der Goethe-Universität Frankfurt am Main; 2013-2020 Seniorprofessur für Evolutionsbiologie und Biodiversitätsforschung ebendort.

https://www.bio.uni-frankfurt.de/ee

Nachhaltige Entwicklung als Strategie der Völkergemeinschaft zur Überwindung der „Grenzen des Wachstums". Ein kritisch-historischer Abriss

Birgit Blättel-Mink

Zusammenfassung

Nachhaltige Entwicklung ist ein politisches Leitbild, auf welches sich die Völkergemeinschaft in den 1980er Jahren verständigt hat, um der von vielen Wissenschaftler*innen konstatierten ökologischen Krise sozial und ökonomisch verträgliche Lösungen entgegenzusetzen. Das Leitbild basiert auf der freiwilligen Selbstverpflichtung der Länder und so wundert es nicht, dass die Erfolge in Richtung gerechte Verteilung inter- und intragenerationaler Lebensbedingungen bis dato eher bescheiden ausfallen. In einem historischen Abriss werden die politischen und wissenschaftlichen Facetten des Leitbildes ausbuchstabiert und einer kritischen Analyse unterzogen.

Einleitung

Was hat der Club of Rome, ein 1968 initiierter internationaler Zusammenschluss von Wissenschaftler*innen, mit dem Oberberghauptmann Carl von Carlowitz (1645–1714) gemeinsam? Der Club of Rome wurde durch seinen 1972 erschienenen Bericht „Grenzen des Wachstums" international bekannt. In diesem Bericht wird zum ersten Mal und mit drastischen Bildern auf die Unvereinbarkeit kapitalistischen Wirtschaftens und dem Erhalt natürlicher Ressourcen aufmerksam gemacht: „Wenn die gegenwärtige Zunahme der Weltbevölkerung, der Industrialisierung, der Umweltverschmutzung, der Nahrungsmittelproduktion und der

B. Blättel-Mink (✉)
Institut für Soziologie der Goethe-Universität Frankfurt am Main, Frankfurt am Main, Deutschland
E-Mail: b.blaettel-mink@soz.uni-frankfurt.de

© Der/die Autor(en) 2021   121
B. Blättel-Mink et al. (Hrsg.), *Nachhaltige Entwicklung in einer Gesellschaft des Umbruchs*, https://doi.org/10.1007/978-3-658-31466-8_7

Ausbeutung von natürlichen Rohstoffen unverändert anhält, werden die absoluten Wachstumsgrenzen auf der Erde im Laufe der nächsten hundert Jahre erreicht." (Meadows et. al. 1972, S. 17) Damit griffen die Autor*innen der Studie auch den Zusammenhang zwischen wachsender Weltbevölkerung und der steigenden Nahrungsmittelproduktion im Zeitalter der Industrialisierung auf, auf den der Nationalökonom Thomas Malthus (1798) hingewiesen hatte. Der Oberberghauptmann Carlowitz hatte bereits 1713 mit dem Konzept der Nachhaltigkeit in der Holzwirtschaft eine mögliche Lösung für den zunehmenden Ressourcenverbrauch parat: „Wird derhalben die größte Kunst, Wissenschaft, Fleiß und Einrichtung hiesiger Lande darinnen beruhen, wie eine sothane Conservation und Anbau des Holtzes anzustellen, daß es eine continuierliche beständige und nachhaltende Nutzung gebe, weiln es eine unentberliche Sache ist, ohne welche das Land in seinem Esse (im Sinne von Wesen, Dasein, d. Verf.) nicht bleiben mag." (Carlowitz 1713, S. 105–106) Nachhaltigkeit in der Forstwirtschaft bedeutet in der Folge, dass jedes Jahr nur so viele Bäume geschlagen werden, wie nachwachsen.[1] Diese Konzept der Nachhaltigkeit wurde als Reaktion auf den Bericht des Club of Rome von der Völkergemeinschaft aufgegriffen und variiert. In diesem Beitrag wird die Geschichte des Leitbildes Nachhaltigkeit skizziert, es werden unterschiedliche Konzepte der Nachhaltigkeit vorgestellt und es wird der Erfolg der Nachhaltigkeitsstrategie der Völkergemeinschaft kritisch diskutiert. Abschließend wird ein Blick auf die Rolle der Wissenschaft zur Durchsetzung einer nachhaltigen Entwicklung – vor allem im Übergang zum Anthropozän – geworfen.

1   Nachhaltige Entwicklung – Ein globales Leitbild

Die Völkergemeinschaft reagierte mit mehreren Konferenzen der Vereinten Nationen auf den Bericht des Club of Rome. Die erste dieser Konferenzen fand bereits 1972 in Schweden statt. Dort wurde die Kommission für Umwelt und Entwicklung gegründet, die vier als zentral angesehene globale Probleme identifizierte: den Raubbau an den natürlichen Lebensgrundlagen, die wachsende Ungleichheit in den Einkommens- und Vermögensverteilungen, die zunehmende Anzahl in absoluter Armut lebender Menschen sowie die Bedrohung von Frieden und Sicherheit. Die sogenannte „Brundtland-Kommission" kreierte 1987 ein für viele Jahre gültiges Verständnis nachhaltiger Entwicklung: „Sustainable development is

---

[1] Auch in der Fischwirtschaft findet dieses Konzept Anfang des 20. Jahrhunderts ein Echo: „maximum sustainable yield" verweist auf eine Fischwirtschaft, die nur dann überleben kann, wenn sie die Erträge in Abhängigkeit von den Fischbeständen bemisst (https://en.wikipedia.org/wiki/Maximum_sustainable_yield; Zugriff: 14. Juni 2020).

development that meets the needs of the present without compromising the ability of future generations to meet their own needs." (World Commission on Environment und Development 1987) Die im Jahre 1992 stattfindende UN-Konferenz über Umwelt und Entwicklung in Rio de Janeiro gilt als eine Art Höhepunkt dieser Debatten und fand, nicht zuletzt aufgrund der vorhergehenden Umweltkrisen (Atomkatastrophe im russischen Tschernobyl, Chemieunfall im indischen Bhopal, mehrere Öl-Tanker Unfälle), eine breite öffentliche Aufmerksamkeit. In der Folge fanden (und finden bis heute) weitere UN-Konferenzen statt, die in der Regel Strategien dafür entwickelten, wie mit bis dato nicht erreichten globalen Zielen im Umweltschutz sowie mit neuen globalen Herausforderungen (Ozon-Loch, rapider Rückgang der Bio-Diversität, Folgen des Klimawandels) umzugehen sei. Das Hauptergebnis der Rio-Konferenz 1992, auf der neben politischen Repräsentant*innen von 178 Ländern auch Nicht-Regierungs-Organisationen beteiligt waren bzw. ihre eigene Parallelkonferenz durchführten, stellen fünf Dokumente beziehungsweise damit verknüpfte Ziele der Weltgemeinschaft dar. Zuerst die *Rio-Deklaration zu Umwelt und Entwicklung* in deren 27 Prinzipien erstmals global das Recht auf nachhaltige Entwicklung verankert wurde. Weiter wurden das Vorsorge- und das Verursacherprinzip als Leitprinzipien anerkannt. Die Bekämpfung der Armut, eine angemessene Bevölkerungspolitik, Verringerung und Abbau nicht nachhaltiger Konsum- und Produktionsweisen sowie die umfassende Einbeziehung der Bevölkerung in politische Entscheidungsprozesse werden als unerlässliche Voraussetzungen für eine nachhaltige Entwicklung genannt. Zweitens die *Klimarahmenkonvention,* mit der das Ziel verfolgt wurde, die Treibhausgasemissionen auf einem Niveau zu stabilisieren, das eine gefährliche anthropogene Störung des Klimasystems verhindert; drittens die *Konvention über die biologische Vielfalt,* welche zur Erhaltung der biologischen Vielfalt eine nachhaltige Nutzung ihrer Bestandteile sowie eine gerechte Aufteilung, die sich aus der Nutzung der genetischen Ressourcen ergebenden Vorteile, forderte; viertens die Walderklärung, in der es um die *nachhaltige Bewirtschaftung der Wälder* geht, d. h. auch die Wälder des Südens, und fünftens die *Agenda 21,* welche die Umsetzung der Nachhaltigkeitsziele auf nationaler und lokaler Ebene betrifft, wozu sich die Unterzeichnerländer verpflichteten.

Mit dem Konzept *Nachhaltige Entwicklung* der Vereinten Nationen ist eine spezifische Sichtweise des Verhältnisses von Mensch und Natur verknüpft: eine *anthropozentrische* nämlich, die davon ausgeht, dass die Natur dem Menschen zur Bedürfnisbefriedigung zur Verfügung steht und von ihm in Kulturland umgewandelt werden darf, und nicht etwa, dass die Natur um ihrer selbst willen zu erhalten ist (*biozentrische* Sichtweise). Die in diesem Verständnis enthaltene Verknüpfung von ökologischer, sozialer und ökonomischer Entwicklung über die

Zeit *(intergenerationale Gerechtigkeit)* und über alle jetzt lebenden Generationen hinweg *(intragenerationale Gerechtigkeit)* wird über viele Jahre zum Leitbild der globalen, auch wissenschaftlichen, Debatten einer nachhaltigen Entwicklung. Der deutsche Sachverständigenrat für Umweltfragen (SRU) argumentiert: „Der entscheidende Erkenntnisfortschritt, der mit dem Sustainability-Konzept erreicht worden ist, liegt in der Einsicht, dass ökonomische, soziale und ökologische Entwicklung nicht voneinander abgespalten und gegeneinander ausgespielt werden dürfen. Soll menschliche Entwicklung auf Dauer gesichert sein, sind diese drei Komponenten als eine immer neu herzustellende notwendige Einheit zu betrachten." (SRU 1994, S. 9) Dennoch belegen die Folgekonferenzen (Rio- + 5, + 10, + 20), dass die Umsetzung dieses als normativ, da politisch gesetzt, angesehenen Leitbildes der (globalen) Entwicklung nicht zu dem erwünschten Erfolg führt, im Gegenteil, die globalen Umweltprobleme verschärfen sich. Explosives Bevölkerungswachstum und damit eine Gefahr des Überschreitens globaler *Tragekapazitäten* (vgl. Mohr 1995) sowie exponentielles Wachstum der Ausbeutung nicht-erneuerbarer Ressourcen, vor allem durch technischen Fortschritt, und die Produktivitätssteigerung unter der Ägide wirtschaftlichen Wachstums, mit der Gefahr des ökologischen „out-burning" (vgl. Daly et al. 1998), bis hin zur Ausrufung des *Anthropozäns,* vor allem durch die Gruppe um Paul J. Crutzen (Crutzen et al. 2011), und der wissenschaftlich fundierten Beobachtung wonach der Klimawandel und der Verlust an Biodiversität zu einem großen Teil auf menschliches Handeln der letzten 200 Jahre zurückzuführen sind, stellen die zentralen Stellgrößen der Umweltkrisen dar.

Die in Rio de Janeiro 2012 beschlossenen Vereinbarungen betonen noch einmal den vereinten Kampf gegen die Armut, die Anerkennung und Bestätigung der Rio Richtlinien und bereits bestehender Umwelt- und Nachhaltigkeitsstrategien sowie die Entwicklung einer Wirtschaft basierend auf nachhaltiger Entwicklung und Armutsbekämpfung *(Green Economy).* Vor allem an der Idee „grünen Wachstums" gab es immer wieder Kritik, so beispielsweise durch den Ökonomen Alberto Acosta, der das Modell einer Green Economy als „grüne Fassade" (die grüne Farbe dafür kommt von US-Dollar-Scheinen) bezeichnete. Angesichts des ungebremsten Klimawandels und einer Milliarde hungernder Menschen müsse dringend ein Paradigmenwechsel her, und den habe Rio keinesfalls eingeleitet.[2]

Mit den UN-Konferenzen wird jedenfalls ein institutioneller Rahmen geschaffen um die Einbindung des Leitbilds in die politischen Systeme der

---

[2] Vgl.   https://www.nachhaltigkeit.info/artikel/weltgipfel_rio_20_rio_de_janeiro_2012_ 1419.htm; Zugriff: 14. Juni 2020.

UN-Mitgliedsstaaten und auf internationaler Ebene zu realisieren. Das UN-Umweltprogramm (UNEP) wird zu einer vollwertigen UN-Agentur.

UNEP hatte bereits 2008, in Kooperation mit der Weltorganisation für Meteorologie (WMO), das Intergovernmental Panel on Climate Change (IPCC) als zwischenstaatliche Institution ins Leben gerufen, um für politische Entscheidungsträger*innen den Stand der wissenschaftlichen Forschung zusammenzufassen. Die „Rechtmäßigkeit der wissenschaftlichen Inhalte" von IPCC-Berichten erkennen Regierungen durch die Verabschiedung der Zusammenfassung für politische Entscheidungsträger*innen an. Hauptaufgabe des der Klimarahmenkonvention (UNFCCC) beigeordneten Ausschusses ist es, Risiken des vom Menschen verursachten Klimawandels zu beurteilen sowie Vermeidungs- und Anpassungsstrategien zusammenzutragen. 2010 erfolgte sodann die Einrichtung der Intergovernmental Science-Policy Platform on Biodiversity and Ecosystem Services (IPBES) als zwischenstaatliches Gremium zur wissenschaftlichen Politikberatung zu den Themen biologische Vielfalt und Ökosystemleistungen. Das Biodiversitätsgremium soll politischen Entscheidungsträger*innen zuverlässig unabhängige, glaubwürdige Informationen über den Zustand und die Entwicklung der Biodiversität zur Verfügung stellen, damit diese gut informierte Entscheidungen zu ihrem Schutze treffen können.

Die Verantwortung menschlichen Handelns für den Klimawandel und den Verlust an Biodiversität gilt mittlerweile mit der Ausrufung des *Anthropozäns* – zumindest von großen Teilen der Wissenschaft – als belegt. „Various lines of evidence, reviewed by the Intergovernmental Panel on Climate Change (IPCC), clearly show that a large part of the modern increase in CO2 is the result of burning fossil fuels, with some contribution from cement manufacture and some from deforestation. (Geological Society of London 2010, S. 5; Crutzen et al. 2011; vgl. auch Jahn et al. 2015).

Nachdem die sogenannten Millenniumsentwicklungsziele der Vereinten Nationen[3] bis 2015 nur teilweise erreicht wurden – so hat der ökologische Fußabdruck des Menschen noch zugenommen bzw. tritt der „earth overshoot day" jedes Jahr früher ein (2017 bereits Mitte August), der Tag, an dem die natürlichen Ressourcen des Jahres bereits ausgenutzt sind, und von den sieben quantifizierten „planetaren Grenzen" („planetary boundaries"; Rockström et. al. 2009) hatten 2015 bereits vier die Grenzwerte überschritten (Klimawandel, Biodiversität, Landnutzung und biogeochemische Kreisläufe; Steffen et. al. 2015) – wurden auf der UN-Konferenz in New York die sogenannten *Sustainable Development Goals*

---

[3] Vgl.   https://www.bmz.de/de/themen/2030_agenda/historie/MDGs_2015/index.html (Zugriff: 10. Juli 2020).

(SDGs) der Agenda 2030 für Nachhaltige Entwicklung verabschiedet und gelten seither als *die* globalen Ziele, auf die sich die Völkergemeinschaft verständigt hat, um den Klimawandel abzuschwächen und Armut und Ungleichheit zu bekämpfen. „While the SDGs are not legally binding, governments are expected to take ownership and establish national frameworks for the achievement of the 17 Goals. Countries have the primary responsibility for follow-up and review of the progress made in implementing the Goals, which will require quality, accessible and timely data collection. Regional follow-up and review will be based on national-level analyses and contribute to follow-up and review at the global level." ()[4].

In der Wissenschaft bilden sich, in Anlehnung an den Club of Rome, globale Netzwerke heraus wie beispielsweise Future Earth[5]. Dieses internationale Netzwerk baut auf der Arbeit nationaler Nachhaltigkeitskomitees auf, wie das 2013 gegründete DKN (Deutsches Komitee für Nachhaltigkeit), welches von der DFG (Deutsche Forschungsgemeinschaft) gefördert wird und sich als „unabhängiges, wissenschaftliches Beratergremium gegenüber Forschungsförderern sowie als nationale Plattform für Wissenschaftler und Wissenschaftlerinnen, die sich mit dem Thema globale Nachhaltigkeit befassen"[6], versteht.

2   Der Begriff „nachhaltige Entwicklung"

Das Verständnis von Nachhaltigkeit der Vereinten Nationen dominiert über viele Jahre den politischen, gesellschaftlichen und wissenschaftlichen Diskurs (vgl. Grunwald und Kopfmüller 2012). Die konstruktivistische Sichtweise[7] dieses Ansatzes wird von Ortwin Renn noch einmal betont: „Nachhaltigkeit bedeutet die Verträglichkeit menschlicher Eingriffe in die Umwelt mit dem von einer Gesellschaft sozial und kulturell konstruierten Natur- und Umweltbild.

---

[4] Die Antwort der Europäischen Kommission ist 2019 der „European Green Deal", dessen zentrale Strategien weiterhin Effizienz und Effektivität sind: https://ec.europa.eu/info/sites/info/files/european-green-deal-communication-annex-roadmap_en.pdf (Zugriff 26. Juni 2020).

[5] Vgl. https://www.futureearth.org (Zugriff: 14. Juni 2020).

[6] Siehe https://www.dkn-future-earth.org/komitee/ueber-uns (Zugriff 12. Juli 2020).

[7] Der biozentrische, oder protektionistische, Ansatz dagegen setzt den Menschen gleich mit allen anderen Lebewesen und verpflichtet ihn, aufgrund seiner spezifischen Fähigkeiten, dazu, die Verantwortung für den Erhalt natürlicher Ressourcen zu übernehmen. Eine typische Definition nachhaltiger Entwicklung aus dieser Perspektive, die nicht von ungefähr an von Carlowitz erinnert, lautet: „Die Konstanz des natürlichen Kapitalstocks und von den Zinsen leben" (Pearce et al. 1989; vgl. auch Immler 1995). Hier gerät der Fortschrittsgedanke der technischen Zivilisation an eine Grenze.

Gleichgültig, ob es beispielsweise die vielbeklagte Umweltkrise im Sinne eines naturwissenschaftlichen Sachverhaltes gibt oder nicht; die sozialwissenschaftliche Sichtweise geht von einer sozialen Krisenwahrnehmung aus, die immer selektiv ist, und bestimmte (kulturell verfestigte) Muster der Bewertung nahelegt. Urteile über Nachhaltigkeit sind demnach Präferenzäußerungen der gegenwärtigen Generation über das, was sie sich selbst und den künftigen Generationen an Umwelt- und Lebensqualität zubilligen wollen. Dabei stehen vor allem Verteilungsfragen im Vordergrund." (Renn 1994, S. 9) Renn führt das Konzept der Lebensqualität in die Debatte ein: „Eine nachhaltige, auf Dauer angelegte Entwicklung muss den Kapitalstock an natürlichen Ressourcen so weit erhalten, dass die Lebensqualität zukünftiger Generationen gewährleistet bleibt." (Renn 1996, S. 24) Er verweist damit auf das Prinzip der Gleichbehandlung von Menschen über Zeit (*intergenerationale Gerechtigkeit*) und auf das begrenzende Kriterium, das die Norm der Nachhaltigkeit für gesellschaftliches Handeln darstellt. So impliziert der Nachhaltigkeits-Begriff wirtschaftliche Entwicklung, d. h. Wachstum kann weiterhin als dominantes Ziel gelten, aber eben unter nachhaltigen Bedingungen *(qualitatives Wachstum)*. Debattiert werden in der Folge die Zusammenhänge der ökologischen Krise mit ökonomischem Wachstum und sozialer Gerechtigkeit – im intragenerationalen wie im intergenerationalen Zusammenhang. Die Grenzen dieses sogenannten *Drei-Säulen-Modells* werden deutlich, wenn man sich die Komplexität jeder einzelnen Dimension vor Augen führt, weshalb nicht wenige Autor*innen für eine Fokussierung auf die ökologischen Probleme plädierten (vgl. auch Grunwald und Kopfmüller 2012, S. 53 ff.). Der politische Wille dieser Zeit ging – zumindest in Deutschland – in Richtung eines *integrativen* Konzepts von Nachhaltigkeit. „In diesem Sinne hat die deutsche Bundesregierung in ihrer Nachhaltigkeitsstrategie nicht die einzelnen Dimensionen, sondern vier querschnitthafte Prinzipien an den Anfang gestellt: Generationengerechtigkeit, Lebensqualität, sozialer Zusammenhalt und internationale Verantwortung." (Grunwald und Kopfmüller 2012, S. 60) Der sogenannte HGF(Helmholtz-Gemeinschaft)-Ansatz (vgl. Kopfmüller et al. 2001) benennt drei konstitutive Elemente nachhaltiger Entwicklung: *intra- und intergenerative Gerechtigkeit, globale Orientierung* und einen *anthropozentrischen Ansatz*. „Im integrativen Konzept geht es darum, das Postulat global verstandener Gerechtigkeit in Zeit und Raum auf die menschliche Nutzung von (natürlichen und sozialen) Ressourcen und ihre Weiterentwicklung zu beziehen." (Grunwald und Kopfmüller 2012, S. 62) In einem nächsten Schritt werden daraus generelle Ziele formuliert, die in gewisser Weise quer zu den Säulen der Nachhaltigkeit liegen: die Sicherung der menschlichen Existenz (z. B. Gesundheit, Grundversorgung, gerechtere Einkommen), die Erhaltung des gesellschaftlichen Produktivpotentials

(z. B. Erhaltung der Leistungsfähigkeit von Ökosystemen, Beachtung der Folgen technischer Entwicklung) und der Bewahrung der Entwicklungs- und Handlungsmöglichkeiten (z. B. individueller Zugang zu Bildung und Arbeitsmärkten, Erhaltung der kulturellen Vielfalt, Stärkung der Gemeinwohlorientierung). Die o. g. globalen SDGs bauen auf diesen substanziellen Nachhaltigkeitsregeln auf.

Um die Ziele der Nachhaltigkeit zu konkretisieren, bzw. um die Grenzen der Belastbarkeit von Ökosystemen zu erfassen, griff der WBGU (2011; Wissenschaftlicher Beirat der Bundesregierung für Globale Umweltveränderungen) 2011 in seinem Hauptgutachten das sogenannte *Leitplankenkonzept* (siehe auch *Planetary Boundaries;* Rockström 2009) auf. „Auf Basis des besten verfügbaren Wissens über die Belastbarkeit natürlicher Systeme sollen Leitplanken als zulässige Bandbreiten der menschlichen Umweltbeeinflussung vereinbart werden". (Grunwald und Kopfmüller 2012, S. 56)

Dass die Ziele der Nachhaltigkeitspolitik bisher nicht erreicht wurden, wird unter anderem von Vertreter*innen der Postwachstumsbewegung als dem Leitbild inhärent postuliert. Joan Martinez Alier et. al. (2010) unterstellen dem Leitbild Nachhaltigkeit eine hegemoniale Tendenz zur Strukturbewahrung – Festhalten an Entwicklung und Wachstum -, welche die dauerhafte Integration von ökologischer, sozialer und wirtschaftlicher Nachhaltigkeit gar nicht leisten kann.

3   Wege zur Nachhaltigkeit

Dass der Westen die natürliche Umwelt in einem viel höheren Maße verschmutzt als der unterentwickelte Süden, ist hinlänglich bekannt. So beträgt der Anteil der westlichen Industriestaaten (incl. der GUS-Staaten) am globalen CO_2-Ausstoß jährlich ca. 60 %, hinzu kommt das industrialisierte Asien mit ca. 30 %, der Rest wird von den Entwicklungsländern verursacht. Dieses Verhältnis sieht bei den übrigen umweltgefährdenden Faktoren nicht viel anders aus. Wolfgang Sachs (1997) unterscheidet drei globale Perspektiven, die in der Folge dem Norden und dem Süden bestimmte Rollen zuordnen. Zur *Wettkampfperspektive* (Leitbild: Effizienz) zählt er die wohl bekannteste Perspektive der UNCED (United Nations Commission for Environment and Development), die die Agenda 21 verantwortet. Diese Perspektive legt den Schwerpunkt auf Entwicklung. „Während vorher der Ertrag von Naturressourcen ‚nachhaltig' war, konnte es jetzt Entwicklung sein. Mit dieser Verschiebung verändert sich freilich der Wahrnehmungsrahmen: anstelle der Natur wird Entwicklung zum Gegenstand der Sorge und anstelle von Entwicklung wird Natur der kritische Faktor, der im Auge zu behalten ist. Kurz gesagt, die Bedeutung von Nachhaltigkeit verlagerte sich vom

Naturschutz zum Entwicklungsschutz. Diese Perspektive setzt uneingeschränkt auf die Erhöhung der Ressourcenproduktivität und auf rationalen Umgang mit der Natur, gleichzeitig beinhaltet sie ein Moment der kulturellen Überhöhung des Nordens bzw. „entwickelter" Länder. Sachs macht in diesem Zusammenhang auf die Kritik am Entwicklungskonzept der Anthropologie aufmerksam, welches davon ausging, dass alle Gesellschaften sich entsprechend dem westlichen Modell entwickeln würden und Gesellschaften differenzierte nach *entwickelt, halb-entwickelt (Schwellenländer) und unterentwickelt.* Vom Norden kommt das Heil. „Umweltprobleme im Süden werden da als das Ergebnis von unzureichender Kapitalausstattung, von veralteter Technologie, von fehlender Expertise und von mangelndem Wirtschaftswachstum interpretiert." (Sachs 1997, S. 104) Die Eindämmung des Bevölkerungswachstums im Süden steht hier stellvertretend für Strategien dieser Perspektive.

Unter anderen Vandana Shiva (1994; 2006) kritisiert an dieser Perspektive die Arroganz des Nordens und den Versuch, auf den Schultern des Südens die eigene Entwicklung voranzutreiben und weiterhin den Süden zu belasten. Denn die Entwicklungsidee bedeutet ja, dass erst alle Länder die Entwicklungsprozesse des Nordens nachvollziehen müssen, bevor sie in Richtung Nachhaltigkeit gehen können, und Industrialisierung, Modernisierung usw. macht eben Dreck bzw. hat einen hohen natürlichen (Natur- und Humanressourcen) und sozialen Ressourcenbedarf. Des Weiteren betont Shiva die ungleichen Machtverhältnisse innerhalb internationaler Organisationen, wie der UN, der EU, des UWF, die es „peripheren" Ländern schwermachen, ihre Interessen durchzusetzen.

Als weitere Perspektive benennt Sachs die *Astronautenperspektive,* deren zentrales Medium das Wissen ist. Auch hier schneidet der Süden schlechter ab, da das relevante Wissen aus dem Norden kommt. Jedenfalls ermöglicht es diese Perspektive mit Hilfe naturwissenschaftlichen (und sozialwissenschaftlichen) Wissens, Aussagen zu machen über Konsequenzen von Handlungen sowie Prognosen aufzustellen. Beides ist unabdinglich notwendig. „Die Rede von der ‚globalen Verantwortung' markiert am besten den Unterschied zur Wettkampfperspektive; die langfristige Sicherheit des Nordens wird hier in einer möglichst rationalen Planung der Weltverhältnisse gesehen. ... Weil aber die Wachstumszivilisation eine international verflochtene Welt hervorgebracht hat, kann ihre Rettung auch nur im Weltmaßstab erfolgen. Doch eine erhöhte Rationalität im Umgang mit der Natur ist weltweit nicht zu haben, ohne gleichzeitig den Gerechtigkeitsansprüchen des Südens entgegenzukommen." (Sachs 1997, S. 106) Stellvertretend für die Sichtweise des Nordens steht Al Gore: „... wir müssen internationale Vereinbarungen aushandeln, die globale Randbedingungen für akzeptables Handeln festsetzen" (nach Sachs 1997, S. 107).

Deutlich normativer argumentiert die „Gruppe von Lissabon", die eine Abkehr von der Dominanz der Wettbewerbsfähigkeit fordert und „competition" als die Aufforderung, gemeinsam zu suchen (cum petere) versteht. Die Gruppe schlägt vier Verträge vor, die die Teile eines globalen Gesellschaftsvertrages darstellen könnten: Grundbedürfnisvertrag, Kulturvertrag, Demokratievertrag und Erdvertrag (vgl. Grüber 1998). „Das Kooperationsprinzip muss das Wettbewerbsprinzip ablösen, weil Kooperation eine bessere Nutzung von Ressourcen bewirken und Zuversicht sowie Effizienz sichern kann – eine wichtige Voraussetzung für eine nachhaltige Entwicklung." (Grüber 1998, S. 55)

Die *Heimatperspektive* schließlich, wie Sachs die dritte globale Perspektive benennt, orientiert sich an Konsistenz und Suffizienz sowie Kompatibilität von Umwelt, sozialer und wirtschaftlicher Verträglichkeit bzw. Nachhaltigkeit. Allein dies Perspektive sucht die Ursache der Naturkrise in der Überentwicklung. „Im Zentrum der Aufmerksamkeit stehen Ziel und Struktur einer ‚Entwicklung', welche im Süden lokale Gemeinschaften an den Rand drängt sowie im Norden die Wohlfahrt untergräbt, und überdies in beiden Fällen naturschädigend daherkommt." (Sachs 1997, S. 107) Hier stellt sich besonders die Frage, inwieweit die Akteure bereit sind, ihr Verhalten zu ändern und aus dem Gerechtigkeitsdiskurs Konsequenzen für ihr eigenes Handeln zu ziehen. „Mittlere Geschwindigkeiten, welche auf eine gemächlichere Gesellschaft abzielen, kürzere Entfernungen, welche Regionalwirtschaften stärken, intelligente Dienstleistungen, welche Wegwerfgüter ersetzen und selektiver Konsum, welcher mit geringeren Warenmengen auskommt, sind Wegmarken für die Wende zu einer zukunftsfähigen Gesellschaft." (Sachs 1997, S. 110)

Welche Strategien und Handlungslogiken stehen einer Gesellschaft bzw. den in ihr agierenden individuellen oder kollektiven Akteuren bzw. Stakeholdern (Bürger*innen, Wirtschaftsunternehmen, politische Akteure, Zivilgesellschaft) zur Verfügung, um eine Entwicklung zu implementieren, die nachhaltig ist? Joseph Huber (1995) nennt Effizienz, Konsistenz und Subsistenz. *Effizienz* impliziert die Überzeugung, dass die Technik eine Erhöhung der Ressourcenproduktivität ermöglicht und damit den Weg in Richtung nachhaltige Entwicklung einschlagen kann. Richtungsweisend für dieses Leitbild ist „weiter so", wenn auch mit technischen Verbesserungsinnovationen. „Die systematische Steigerung der Arbeits- und Kapitalproduktivität wird um die systematische Steigerung der Ressourcenproduktivität ergänzt." (Huber 1995, S. 133)

Etwas weiter geht das Leitbild der *Konsistenz,* in dem es um die Übereinstimmung der anthropogenen und geogenen Stoffströme geht. Es gilt so zu leben (incl. Wirtschaften), dass der natürliche Stoffkreislauf nicht aus dem Gleichgewicht gerät. „Die Strategie konsistenter Stoffströme deckt sich mit den Zielen des vorsorgenden integrierten Umweltschutzes (im Unterschied zum nachgeschalteten Umweltschutz end-of-pipe)." (Huber 1995, S. 140) Dieses Leitbild erfordert neben technischen auch soziale Innovationen (vgl. Rückert-John 2013). Karl Werner Brand (1997) spricht von einer sozial-ökologischen Modernisierung und meint damit auch die Notwendigkeit der Veränderung in den Konsumgewohnheiten. Allerdings wird in diesem Konzept die Freiheit der Konsumentscheidungen (Souveränität der Konsument*innen) strikt beibehalten (vgl. auch Renn 1996). „Politisch umschrieben erwächst die Präferenz für eine Strategie konsistenter Stoffströme aus einer Verbindung von freiheitlichen Traditionen mit demokratisierenden Impulsen – freiheitlich, insofern rechtsstaatlich abgesichertes personales Handeln zugrunde liegt, und sozial, insofern die Innovationen, die daraus erwachsen, möglichst vielen Menschen dazu dienen sollen, an einem möglichst guten Leben teilzuhaben. Personale Verantwortung soll erweitert, bürokratischer Zwang verringert werden. Ebenso soll, unter politisch gesetzten Randbedingungen, mehr der zivilgesellschaftlichen Selbststeuerung über Märkte, Öffentlichkeit und Privatheit anvertraut werden anstelle staatlicher Tutele." (Huber 1995, S. 143)

Eine tiefgreifende Veränderung der Lebens- und Konsumgewohnheiten fordert das Leitbild der *Suffizienz*. „Es genügt" lautet das Stichwort. Die Grenzen des Wachstums geben den Ausschlag zu diesem Leitbild. Pierre Fornallaz (1995) spricht von idealler, im Gegensatz zu materieller Bedürfnisbefriedigung, von „Transzendenz". Das Leben ist, so Fornallaz, „... die einzige Organisation von Materie und Energie, die in der Lage ist, dem entropischen Prozess entgegenzutreten. Diese Fähigkeit des Lebens, Entropie wieder zu verringern, wird Syntropie genannt und umfasst das Streben aller Formen des Lebens in Richtung größerer Kooperation, Kommunikation, Komplexität und Ordnung." (Fornallaz 1995, S. 18) In der Lesart von Fornallaz geht es hier auch nicht, wie dieser Strategie häufig vorgeworfen wird, um „Öko-Diktatur", sondern um eine Entwicklung vom Haben zum Sein, die sich von Mensch zu Mensch unterscheidet und die ein Beleg für die Erreichung eines gewissen Reifestadiums ist. „Die gesuchte Grenze des materiellen Wachstums muss also aus innerer Einsicht durch jeden einzelnen Menschen gezogen werden. Sie wird sich im Laufe des Lebens verändern. ... Der materielle Verzicht muss getragen sein von der Gewissheit, dadurch einen wesentlich wertvolleren, immateriellen Gewinn zu erlangen. ... Dieser freiwillige und befreiende Verzicht ist letztendlich ein Maß geistiger Reife." (Fornallaz 1995, S. 22)

Aufgegriffen wurde das Suffizienzkonzept (vgl. Linz 2015) von der Decroissance-Bewegung bzw. der nach der Jahrtausendwende erstarkenden Debatte um die „Grenzen des Wachstums" (vgl. u. a. Latouche 2012) in Zeiten einer *Vielfachkrise* des Kapitalismus (Wirtschafts- und Finanzkrise, Umweltkrisen, Krise der Demokratie, Flüchtlingskrise, Krise der Geschlechterverhältnisse; vgl. Demirovic und Maihofer 2013). Nico Paech (2009) fordert ein radikales Umdenken, die Überwindung auch einer „green economy" hin zu einer Postwachstumsökonomie. Die Notwendigkeit hierzu begründet er mit vier Argumenten: der Erkenntnis, dass eine Entkopplung ökonomischen Wachstums nicht funktioniert, sondern es immer wieder zu Reboundeffekten kommt; mit Befunden aus der Glücksforschung, denen zufolge die Steigerung des Glücksempfindens über Geld vermittelten materiellen Reichtum ab einem bestimmten Niveau an eine Grenze stößt; Wachstum seine Rolle als Friedensstifter und Reduzierer von Armut nicht einlösen konnte; und dass die ökonomischen Grundlagen des Wachstums insofern erodieren, als ihnen die ökologischen Bedingungen, fossile Energieträger, wegbrechen. Eine Postwachstumsgesellschaft zeichnet sich Paech zufolge durch *Suffizienz* aus, also der Vorgabe weniger zu verbrauchen, und durch *Subsistenz,* d. h. nur so viel zu produzieren, wie für die Reproduktion der Gesellschaft benötigt wird. Letztlich fordert Paech, einen Prozess der Deindustrialisierung einzuleiten, zu dessen Bestandteilen eine naturnahe, auf lokalen kollektiven Selbstversorgung(systemen) basierende Produktion, Eigenarbeit, Regionalwährungen, Zinsabschaffungen und Bodenreformen gehören. Als unverzichtbar dafür sieht er eine Reduktion von Arbeitszeit (vgl. auch Schor 2005).

Auch wenn es soziale Gruppen gibt, die eine solche „Transformation" aktiv unterstützen, man denke nur an die viel diskutierte *Share-Economy* – Urban Gardening, Solidarische Landwirtschaft, Take my Car, Regionalwährungen usw. (vgl. hierzu Kannengiesser und Weller 2018), so ist doch das Gros der westlichen Bevölkerung weit entfernt von Lebensstilen der Suffizienz oder gar der Unterstützung subsistenter Formen des Wirtschaftens.

Erneut lässt sich ein enormes Maß an globaler Ungleichverteilung beobachten. So ist der *ökologische* bzw. CO_2-Fußabdruck in Europa neunmal höher als der durchschnittliche Fußabdruck der Afrikaner*innen. Dabei umfasst der CO_2-Fussabdruck die Menge an produktiven Land- und Wasserflächen, die notwendig ist, um die Ressourcen, die Menschen verbrauchen, bereit zu stellen und ihren Abfall aufzunehmen – bei gegebener Technik (vgl. Global Footprint Network). Der Lebensstil der Europäer*innen geht deutlich zu Lasten der *Tragekapazität* des Erdsystems. Damit ist die größte Zahl der Individuen mit einem spezifischen Lebensstil gemeint, die ein wohl umgrenzter Raum tragen kann. Das westliche Konsumniveau entspricht bei weitem nicht dem, was die Vereinten Nationen für vertretbar halten, um den zukünftigen Generationen die Chance zu erhalten, ihre Bedürfnisse stillen zu können und ein *gutes Leben* zu führen *(intergenerationale*

Gerechtigkeit). Der westliche Lebensstil geht zudem auf Kosten der Bevölkerung in den Ländern des globalen Südens *(intragenerationale Gerechtigkeit).* Wer ist zuständig für die Durchsetzung nachhaltiger Entwicklung? Auch darüber gehen die Meinungen auseinander. In Frage kommen neben den Konsument*innen, die Wirtschaft, welche Produkte herstellt und auf den Märkten der Welt platziert, die Politik, welche im globalen, nationalen, regionalen und lokalen Kontext Ziele der Nachhaltigkeit setzt und die Bedingungen zur Durchsetzung dieser Ziele realisiert: Gesetze und Verordnungen, Infrastruktur, Anreize – z. B. durch spezifische Auftragsvergabe -, Informationen, Bildung, und die Zivilgesellschaft, welche auf Missstände im Kontext der Nachhaltigkeit aufmerksam macht, Druck auf Entscheidungsträger*innen ausübt, Initiativen der Nachhaltigkeit startet, und schließlich die Wissenschaft, die Erkenntnisse bzgl. des Zustands des Erdsystems zur Verfügung stellt, die Reproduktionsbedingungen sozialer Ungleichheit untersucht, die Folgen mangelnder Nachhaltigkeit für die Volkswirtschaft errechnet oder die (Nicht)Durchsetzung nachhaltigen Handelns analysiert.

4   Die Wissenschaft der Nachhaltigkeit

Wir wollen abschließend die Rolle der Wissenschaft im Prozess nachhaltiger Entwicklung etwas näher betrachten. „Die Wissenschaft ist ein Teil des Problems, weil sie mit ihren Annahmen, Werthaltungen, Modellen, technischen Entwicklungen etc. die Entwicklung maßgeblich beeinflusst." (Spillmann 1998)[8]. Obwohl Werner Spillmanns Heimdisziplin die Ökonomik bzw. die Umweltökonomik hier sicherlich in besonderer Weise angesprochen ist, gilt seine Aussage auch für die anderen Disziplinen, man denke nur an die aktuelle Debatte um den Klimawandel. Vorausgeschickt werden muss, dass nachhaltige Entwicklung – zumindest bis hin zur Ausrufung des Anthropozäns – keine aus der Wissenschaft zu begründende Norm darstellt, sondern eher ein in Raum und Zeit ausgeprägtes Gerechtigkeitspostulat, das drei Sphären miteinander verknüpft (Natur – Wirtschaft – Gesellschaft). Die notwendige Kollaboration der mit diesen Sphären befassten Disziplinen bzw. Fächergruppen (Naturwissenschaften, Sozialwissenschaften und Ökonomie), wird als interdisziplinäre bis hin zu transdisziplinärer

---

[8] Anlässlich der Vorbereitung zu einer Diskussionsveranstaltung zur Rolle der einzelnen Disziplinen im Kontext der Nachhaltigkeitsforschung auf dem Soziologiekongress in Freiburg 1998; unveröffentlichtes Manuskript.

Forschung dargestellt. In der Regel werden Projekte, an denen mehrere Disziplinen beteiligt sind von einer sogenannten „Leitdisziplin" angeführt, die über viele Jahre aus den Naturwissenschaften kam. D. h. ökologische Probleme werden identifiziert und beforscht, die Ökonomik berechnet den Schaden für die Volkswirtschaft, oder untersucht die wirtschaftliche Machbarkeit technischer Innovationen, die Sozialwissenschaften untersuchen die sozialen und kulturellen Gründe für ein bestimmtes Problem, z. B. zunehmender Medikamenteneintrag im Abwasser, und eruieren die Bereitschaft der betroffenen Akteure, ihr Handeln in einen nachhaltigere Richtung zu verändern (z. B. Entsorgung von Medikamenten über Restmüll statt über die Toilette). Renn (2005) hat hierfür die Differenz von Akzeptabilität (Wege in die richtige Richtung aus der Sicht der Expert*innen) und Akzeptanz (von notwendigem Wandel im Konsumverhalten) der betroffenen Bürger*innen konstituiert.

Ein Konzept, das über viele Jahre reklamiert wurde, in der Umsetzung aber zahlreiche Schwierigkeiten machte, ist das Konzept der transdisziplinären Forschung. Ursprünglich wurde Transdisziplinarität als Organisationsprinzip verstanden, das die Strukturen von Universität so verändern kann, dass gesellschaftliche Reformen durch wissenschaftliche Akteure möglich werden. In der weiteren Entwicklung wurde Transdisziplinarität als wissenschaftliches Arbeitsprinzip begriffen, dessen Fokus anfangs auf der Überschreitung disziplinärer Grenzen lag. Später rückten lebensweltliche Probleme in das Zentrum transdisziplinärer Forschung und somit auch in das wissenschaftliche Verständnis von Transdisziplinarität. Erich Jantsch führte 1970 den Begriff in Deutschland im Zuge der bildungspolitischen Debatte ein, die geprägt war durch Studierendenrevolten und Reformvorhaben. Bei ihm wird deutlich, dass auch wissenschaftliche Begriffe durch historische Wertungen geprägt werden. Der Gestus seiner Darstellung von Transdisziplinarität trägt revolutionäre Züge. Universität soll die führende Rolle bei der Reform der Gesellschaft und des Wissenschaftssystems übernehmen. Ermöglicht wird ihr dies durch Transdisziplinarität. Hierzu werden die unterschiedlichen Systemelemente des Bildungs- und Innovationssystems koordiniert, um ein gesellschaftlich relevantes Gesamtziel zu erreichen.

Jürgen Mittelstraß brachte seit Ende der 80er Jahre Transdisziplinarität regelmäßig in die Diskussion ein. Er definiert Transdisziplinarität als Forschung, „… die sich aus ihren disziplinären Grenzen löst, die ihre Probleme disziplinenunabhängig definiert und disziplinenunabhängig löst." (Mittelstraß 1998 S. 44; Mittelstraß 1992) „Dabei wird das Gesamtproblem so in Teilbereiche unterteilt (Problemzerlegung), dass dort Methoden aus unterschiedlichen Disziplinen angewendet und dafür auch kombiniert und abgewandelt werden können (Freiheit in der Methodenwahl). Gleichzeitig ist jeder Teilbereich auf die übrigen Teilbereiche – und damit auf das Gesamtproblem – ausgerichtet (wechselseitiger Bezug der Teilbereiche)." (Jaeger und Scheringer 1998, S. 15)

Thomas Jahn (2001) unterscheidet idealtypisch zwei Richtungen von Transdisziplinarität. Im ersten Modell, dem sogenannten Ingenieursmodell, steht die Kommunikation wissenschaftlichen Wissens, das von gesellschaftlichen Akteuren praktisch umgesetzt werden soll, im Zentrum. Es handelt sich hierbei um zielorientierte Transdisziplinarität, die sehr pragmatisch abläuft. Das zweite Modell, das integrative Modell, beschreibt Forschung, die praktische gesellschaftliche Lösungen, aber auch wissenschaftsinterne Lösungen für komplexe gesellschaftliche Probleme bearbeiten soll. Jahn bezeichnet dies als problembeziehungsweise prozessorientierte Transdisziplinarität. Transdisziplinäre Forschung sieht sich in erster Linie der Aufgabe gegenübergestellt, gesellschaftliche Probleme in wissenschaftliche Probleme zu übersetzen und ihre Lösungen wieder auf die gesellschaftliche Ebene zurück zu transformieren. Transdisziplinäre Nachhaltigkeitsforschung zeichnet sich für Jahn durch vier wesentliche Kernelemente aus: Problemorientierung, Akteursorientierung, Integrationsprobleme und Selbstreflexivität.

Das dahinterliegende Konzept einer so verstandenen Wissenschaft findet sich in den „Gesellschaftlichen Naturverhältnissen", wie sie vom Institut für sozialökologische Forschung (ISOE) in Frankfurt am Main entwickelt wurden. „Soziale Ökologie ist die Wissenschaft von den gesellschaftlichen Naturverhältnissen. Sie untersucht theoretisch und empirisch deren Formen, Veränderungen und Gestaltungsmöglichkeiten in der gesellschaftlichen Praxis in einer integrativen Perspektive." (Becker und Jahn 2006, S. 87) Eingebettet wurde dieses Konzept in einen Krisendiskurs: „Die Forschung wird mit dem Bewusstsein betrieben, dass die Krise der gesellschaftlichen Naturverhältnisse durch verschiedene Zugänge zu erschließen sei; gesellschaftstheoretische, feministische und ökologische Kritikperspektiven spielen dabei die entscheidende Rolle." (Becker und Jahn 2006, S. 172)

Die fachübergreifende Perspektive auf sozial-ökologische Systeme wird unter Verweis auf das WBGU-Hauptgutachten von 2011 auch als transformative Wissenschaft bezeichnet und von Uwe Schneidewind folgendermaßen gefasst: „Transformative Wissenschaft bezeichnet eine Wissenschaft, die gesellschaftliche Transformationsprozesse nicht nur beobachtet und von außen beschreibt, sondern diese Veränderungsprozesse selber mit anstößt und katalysiert und damit als Akteur (teilnehmender Beobachter) von Transformationsprozessen über diese Veränderungen lernt." (Schneidewind 2015, S. 88, siehe auch Schneidewind und Singer-Brodowski 2014). Der WBGU unterscheidet Transformationsforschung (Wie verlaufen Transformationsprozesse?) und transformative Wissenschaft. Transformative Wissenschaft basiert auf Transdisziplinarität (Co-Design, Co-Production und Co-Dissemination; vgl. Mauser et al. 2013), Aktions- und Interventionsforschung (Bsp. Real-Labore) sowie Modus-2-Forschung (vgl. Gibbons et al. 1994; transdisziplinär, heterogen, antihierarchisch) und stellt sich der gesellschaftlichen Verantwortung sowie einer breit gefächerten Qualitätskontrolle. Das bedeutet auch, dass die Relevanz und Qualität nicht mehr ausschließlich von wissenschaftlichen Institutionen bestimmt werden. Damit verknüpft ist also eine tendenzielle Kopplung von Wissenschaft und Gesellschaft.[9] „Anstatt lediglich festzustellen, dass menschliche Aktivitäten tiefgreifende planetare Veränderungen bewirken, werden diese Veränderungen als Gefährdung für das Überleben der Menschheit bewertet. In dieser krisendiagnostisch erweiterten Bedeutung des Anthropozäns zeichnet sich ein neues Grundverständnis der Beziehungen zwischen Natur und Gesellschaft ab: Gesellschaftliches Handeln und natürliche Prozesse sind so eng miteinander verwoben, dass sie nicht mehr unabhängig voneinander untersucht werden können. Vielmehr wird eine fachübergreifende Perspektive auf sozial-ökologische Systeme notwendig." (Jahn et al. 2015, S. 93)

Fazit

Die langjährigen und kostenintensiven Bemühungen der Völkergemeinschaft um die Eindämmung der globalen ökologischen Krisen haben bisher weder dazu geführt, dass die Gerechtigkeitslücken zwischen Nord und Süd geschlossen wurden, noch, dass die Lebensqualität zukünftiger Generationen gesichert ist. Es sollte in diesem Beitrag deutlich geworden sein, dass das Verständnis von Nachhaltigkeit selbst als Problem angesehen werden kann, dass die gewählten Leitbilder – vor allem Effizienz und Konsistenz – nicht hinreichend sind, um die komplexen Probleme im Verhältnis von Natur und Gesellschaft zu lösen. Der Hinweis von Jahn et al. 2015 (unter Verweis auf ein Diktum von Ulrich Beck von 1986), dass Nachhaltigkeitswissenschaft im Anthropozän sich einer Natur gegenüber sieht, die *nicht mehr ohne* Gesellschaft begriffen werden kann, bezeugt die Dramatik der Situation, verweist aber auch auf die enormen Herausforderungen, denen sich die Völkergemeinschaft gegenüber sieht. In diesem Sinne soll abschließend noch auf die Notwendigkeit verwiesen werden, bei den zukünftigen Bemühungen auch den globalen Süden adäquat zu Wort kommen zu lassen (vgl.

[9] Vgl. hierzu die Debatte um die „transformative Hochschule" (Schneidewind 2015; Strohschneider 2014; Grunwald 2015).

u. a. Agrawal 2005), und die Astronautenperspektive des globalen Nordens einer kritischen Analyse zu unterziehen.

„Wir streben nach einer gerechten Weltgesellschaft, die dem Prinzip der Nachhaltigkeit folgt, und in der jede Person die Möglichkeit hat, ihr Potential voll zu entfalten." (Erklärung der Studierenden aus dem Globalen Süden zu Bildung für Nachhaltige Entwicklung[10])

Literatur

Agrawal, A. 2005. *Environmentality: Technologies of government and the making of subjects.* Durham: Duke University Press.

Beck, U. 1986. *Die Risikogesellschaft. Auf dem Weg in eine andere Moderne.* Frankfurt a. M.: Suhrkamp.

Becker, E., und T. Jahn. 2006. *Soziale Ökologie. Grundzüge einer Wissenschaft von den gesellschaftlichen Naturverhältnissen.* Frankfurt a. M.: Campus.

Brand, K. 1997. Probleme und Potenziale einer Neubestimmung des Projekts der Moderne unter dem Leitbild „nachhaltige Entwicklung". Eine Einführung. In *Nachhaltige Entwicklung. Eine Herausforderung an die Soziologie,* Hrsg. K. Werner Brand, 9–32. Opladen: Leske & Budrich.

Crutzen, P. J., M. Davis, M. D. Mastrandrea, S. H. Schneider, und P. Sloterdijk. 2011. *Das Raumschiff Erde hat keinen Notausgang.* Berlin: Edition Unseld SV.

Daly, H. E., J. B. Cobb, and C. W. Cobb. 1998. *For the common good: Redirecting the economy toward community, the environment, and a sustainable future.* Boston: Beacon Press.

Demirovic, A., und A. Maihofer. 2013. Vielfachkrise und die Krise der Geschlechterverhältnisse. In *Krise, Kritik, Allianzen. Arbeits- und geschlechtersoziologische Perspektive,* Hrsg. H. Maria Nickel und A. Heilmann, 30–49. Weinheim: Beltz.

Fornallaz, S. 1995. Ökologisch verträgliches Wirtschaften – Rückschritt oder Fortschritt? In *Umweltverträgliches Wirtschaften,* Hrsg. H. P. Dürr und F. T. Gottwald, 14–29. Münster: agenda.

Geological Society of London. 2010. *Climate change: Evidence from the geological record. A statement from the Geological Society of London November 2010.* London. https://web.archive.org/web/20111008144708/http://www.geolsoc.org.uk/webdav/site/GSL/groups/ourviews_edit/public/Climate%20change%20-%20evidence%20from%20the%20geological%20record.pdf.

Gibbons, M., C. Limoges, H. Nowotny, S. Schwartzman, P. Scott, und M. Trow. 1994. *The new production of knowledge. The dynamics of science and research in Contemporary Societies.* London: Sage.

Grunwald, A. 2015. Transformative Wissenschaft – eine neue Ordnung im Wissenschaftsbetrieb? *GAIA* 24 (1): 17–20.

---

[10] https://www.google.com/search?q=Erkl%C3%A4rung+der+Studierenden+aus+dem+Globalen+S%C3%BCden+zu+Bildung+f%C3%BCr+Nachhaltige+Entwicklung&ie=utf-8&oe=utf-8&client=firefox-b-ab; Zugriff: 14. Juni 2020.

Grunwald, A., und J. Kopfmüller. 2012. *Nachhaltigkeit. Eine Einführung*, 2. akt. Aufl. Frankfurt a. M.: Campus.

Grüber, K. 1998. Kooperation statt Wettbewerb. *GAIA – Ökologische Perspektiven in Natur-, Geistes- und Wirtschaftswissenschaften* 7 (1): 54–55.

Huber, J. 1995. Kontroverse Strategien: Suffizienz, Effizienz und Konsistenz von Produktionsweise und Lebensstil. In *Nachhaltige Entwicklung. Strategien für eine ökologische und soziale Erdpolitik*, Hrsg. J. Huber, 123–160. Berlin: edition sigma.

Immler, H. 1995. Natur als Produktionsfaktor und als Produkt. Gedanken zu einer physisch begründeten Ökonomie. In *Umweltverträgliches Wirtschaften. Denkanstöße für eine ökologisch nachhaltige Zukunftsgestaltung*, Hrsg. H. P. Dürr und F. Gottwald, 104–118. Münster: agenda.

Jaeger, J., und M. Scheringer. 1998. Transdisziplinarität: Problemorientierung ohne Methodenzwang. *GAIA* 7 (1): 15–30.

Jahn, Thomas. 2001. Transdisziplinäre Nachhaltigkeitsforschung – Konturen eines neuen, disziplinübergreifenden Forschungstyps. In *Die Frage nach der Frage. Wissenschaftsstadt Frankfurt am Main 2001*, Hrsg. Amt für Wissenschaft und Kunst, 178–183. Frankfurt am Main: Kramer.

Jahn, T., D. Hummel, und E. Schramm. 2015. *Nachhaltige Wissenschaft im Anthropozän. GAIA* 24 (2): 92–95.

Jantsch, Er. 1972. Inter- and transdisciplinary university: A systems approach to education and innovation. *Higher Education* 1 (1): 7–37.

Kannengiesser, S., und I. Weller, Hrsg. 2018. *Konsumkritische Projekte und Praktiken – Interdisziplinäre Perspektiven auf gemeinschaftlichen Konsum*. München: Oekom.

Kopfmüller, J., V. Brandl, J. Jörrissen, M. Paetau, G. Banse, R. Coenen, und A. Grunwald. 2001. *Nachhaltige Entwicklung integrativ betrachten. Konstitutive Elemente, Regeln und Indikatoren*. Berlin: edition sigma.

Latouche, S. 2004. Degrowth economics: Why less should be much more. *Le Monde Diplomatique*, November 2004. https://mondediplo.com/2004/11/14latouche. Zugegriffen: 20. Juli 2016.

Latouche, S. 2012. Can the left escape economism? *Capitalism Nature Socialism* 23 (1): 74–78.

Linz, M. 2015. Suffizienz als politische Praxis. Ein Katalog. *Wuppertal Spezial 49*. Wuppertal: Wuppertal Institut für Klima, Umwelt, Energie GmbH.

Malthus, T. 1798. *An essay on the principle of population, as it affects the future improvement of society with remarks on the speculations of Mr. Godwin, M. Condorcet, and other writers*. London: Printed for J. Johnson, in St. Paul's Church-Yard.

Martínez-Alier, J., U. Pascual, F. Vivien, and E. Zaccai. 2010. Sustainable de-growth: Mapping the context, criticisms and future prospects of an emergent paradigm. *Ecological Economics* 69 (9): 1741–1747. https://doi.org/10.1016/j.ecolecon.2010.04.017.

Mauser, W., G. Klepper, M. Rice, B. S. Schmalzbauer, H. Hackmann, R. Leemans, and H. Moore. 2013. Transdisciplinary global change research: The co-creation of knowledge for sustainability. *Current Opinion in Environmental Sustainability* 5 (¾): 420–431.

Meadows, D., D. H. Meadows, E. Zahn, und P. Milling. 1972. *Die Grenzen des Wachstums. Bericht des Club of Rome zur Lage der Menschheit*. Stuttgart: Deutsche Verlagsanstalt.

Mittelstraß, J. 1992. Auf dem Weg zur Transdisziplinarität. *GAIA (Ecological Perspectives in Science, Humanities and Economics)* 1 (5): 250.

Mittelstraß, J. 1998. Interdisziplinarität oder Transdisziplinarität? In *Die Häuser des Wissens*. *Wissenschaftstheoretische Studien*, Hrsg. J. Mittelstraß, 29–48. Frankfurt a. M.: Suhrkamp.

Mohr, H. 1995. *Qualitatives Wachstum. Losung für die Zukunft*. Stuttgart: Weitbrecht.

Paech, N. 2009. Die Postwachstumsökonomie – ein Vademecum. *Zeitschrift für Sozialökonomie (ZfSÖ)* 46 (160–161): 28–31.

Pearce, D. W., A. Markandya, and E. B. Barbier. 1989. *Blueprint for a green economy: A report*. London: Earthscan.

Renn, O. 1994. Ein regionales Konzept qualitativen Wachstums. Pilotstudie für das Land Baden-Württemberg. *Arbeitsbericht Nr. 3*. Stuttgart: Akademie für Technikfolgenabschätzung in Baden-Württemberg.

Renn, O. 1996. Externe Kosten und nachhaltige Entwicklung. *VDI Berichte* 1250:23–38.

Renn, O. 2005. Technikakzeptanz: Lehren und Rückschlüsse der Akzeptanzforschung für die Bewältigung des technischen Wandels. *Technikfolgenabschätzung – Theorie und Praxis* 14(3): 29–37.

Rockström, J., W. Steffen, K. Noone, A. Persson, F. S. Chapin III., E. F. Lambin, T. M. Lenton, M. Scheffer, C. Folke, H. J. Schellnhuber, B. Nykvist, C. A. de Wit, T. Hughes, S. van der Leeuw, H. Rodhe, S. Sörlin, P. K. Snyder, R. Costanza, U. Svedin, M. Falkenmark, L. Karlberg, R. W. Corell, V. J. Fabry, J. Hansen, B. Walker, D. Liverman, K. Richardson, P. Crutzen, und J. A. Foley. 2009. A safe operating space for humanity. *Nature* 461: 472–475.

Rückert-John, J. Hrsg. 2013. *Soziale Innovation und Nachhaltigkeit – Perspektiven sozialen Wandels*. Wiesbaden: Springer VS.

Sachs, W. 1997. Sustainable Development. Zur politischen Anatomie eines internationalen Leitbilds. In *Nachhaltige Entwicklung. Eine Herausforderung an die Soziologie*, Hrsg. K. W. Brand, 93–110. Opladen: Leske & Budrich.

Sachverständigenrat für Umweltfragen (SRU). 1994. *Umweltgutachten 1994 des Rates von Sachverständigen für Umweltfragen. Für eine dauerhaft-umweltgerechte Entwicklung*. Drucksache 12/6995. Berlin: Deutscher Bundestag.

Schneidewind, U., und M. Singer-Brodowski. 2014. *Transformative Wissenschaft. Klimawandel im deutschen Wissenschafts- und Hochschulsystem*. Marburg: Metropolis.

Schneidewind, U. 2015. Transformative Wissenschaft – Motor für gute Wissenschaft und lebendige Demokratie. Reaktion auf A. Grunwald. 2015. Transformative Wissenschaft – eine neue Ordnung im Wissenschaftsbetrieb? *GAIA* 24 (2): 88–89.

Schor, J. B. 2005. Sustainable consumption and worktime reduction. *Journal of Industrial Ecology* 9 (1–2): 37–50.

Shiva, V. 1994. Einige sind immer globaler als andere. In *Der Planet als Patient. Über die Widersprüche globaler Umweltpolitik*, Hrsg. W. Sachs, 173–183. Berlin: Birkhäuser.

Shiva, V. 2006. *Erd-Demokratie – Alternativen zur neoliberalen Globalisierung*. Zürich: Rotpunktverlag.

Steffen, W., K. Richardson, J. Rockström, S. E. Cornell, I. Fetzer, E. M. Bennett, R. Biggs, S. R. Carpenter, W. de Vries, C. A. de Wit, C. Folke, D. Gerten, J. Heinke, G. M. Mace, L. M. Persson, V. Ramanathan, B. Reyers, und S. Sörlin. 2015. Planetary boundaries: Guiding human development on a changing planet. *Science* 347 (6223): 736–748. https://doi.org/10.1126/science.1259855.

Strohschneider, S. 2014. Zur Politik der Transformativen Wissenschaft. In *Verfassung des Politischen. Festschrift für Hans Vorländer*, Hrsg. A. Brodocz, D. Herrmann, R. Schmidt, D. Schulz, und J. Schulze Wessel, 175–192. Wiesbaden: Springer.

von Carlowitz, C. 1713. *Sylvicultura Oeconomica.* Leipzig: Braun.
WBGU. 2011. *Welt im Wandel – Gesellschaftsvertrag für eine Große Transformation,* 2. veränderte Aufl. Berlin: WBGU. ISBN 978–3–936191–38–7.
World Commission on Environment and Development. 1987. *Our common future ("Brundtland-Report").* Oxford: Oxford University Press.

Blättel-Mink, Birgit, Prof. Dr., Professur für Soziologie mit dem Schwerpunkt Industrie- und Organisationssoziologie am Fachbereich Gesellschaftswissenschaften der Goethe-Universität Frankfurt am Main.
https://www.fb03.uni-frankfurt.de/soziologie/bblaettel-mink

Transdisziplinäre Nachhaltigkeitsforschung – Methoden, Kriterien, gesellschaftliche Relevanz

Thomas Jahn

Zusammenfassung

Transdisziplinäre Forschung gewinnt immer stärker an Bedeutung, insbesondere in der Nachhaltigkeitsforschung. Hier geht es darum, komplexe gesellschaftliche Probleme wissenschaftlich fundiert zu gestalten und dabei die unterschiedlichen Interessen, Erwartungen und Wissensbestände der verschiedenen gesellschaftlichen Akteure systematisch in den Forschungsprozess zu integrieren. In diesem Beitrag wird dargelegt, was die Charakteristika der Nachhaltigkeitsforschung sind, welchen Anforderungen sie sich stellen muss, warum Transdisziplinarität der geeignete Forschungsmodus dafür ist und was ein gutes, d. h. kritisch geprüftes transdisziplinäres Forschungsdesign ausmacht. Letzteres ist von besonderer Bedeutung, da Qualitätsstandards für transdisziplinäre Forschung noch nicht abschließend innerwissenschaftlich ausgehandelt sind. Der Beitrag gibt eine Antwort auf die Frage, wie sich in einer solchen, kritisch angelegten transdisziplinären Nachhaltigkeitsforschung wissenschaftliche Exzellenz mit gesellschaftlicher Relevanz verbinden lässt und welche Kriterien für die Qualität des Forschungsproblems, des Forschungsprozesses und der Forschungsergebnisse gelten sollten.

Vorbemerkung

„Today's look is Nachhaltigkeit" – so warb unlängst der Bekleidungshersteller C&A für seine Frühjahrskollektion. Nachhaltigkeit scheint also, allen Unkenrufen zum Trotz, nach wie vor en vogue zu sein. Es ist sogar, in der Sprache der

T. Jahn (✉)
ISOE – Institut für sozial-ökologische Forschung in Frankfurt am Main, Frankfurt am Main, Deutschland
E-Mail: jahn@isoe.de

© Der/die Autor(en) 2021   141
B. Blättel-Mink et al. (Hrsg.), *Nachhaltige Entwicklung in einer Gesellschaft des Umbruchs*, https://doi.org/10.1007/978-3-658-31466-8_8

Werbekampagnen, ein „Prestigewort", mit dem sich zu schmücken Umsatzsteige-
rungen verspricht. Natürlich können wir aber auch gerade diese Entwicklung als
Zeichen dafür nehmen, dass Nachhaltigkeit derart dehnbar geworden ist, dass sich
ein Unternehmen wie C&A keine größeren Sorgen machen muss, bei genauerer
Prüfung dem aufgestellten Anspruch nicht gerecht werden zu können. Selbstverständlich wäre eine solche Kritik am Nachhaltigkeitsbegriff wohlfeil. Daher soll
mit dieser Anekdote lediglich auf die Bedeutung eines bewussten Umgangs mit
Begriffen hingewiesen werden. Um in diesem Sinne mit gutem Beispiel voran-
zugehen, möchte ich ganz knapp mein Verständnis von „Nachhaltigkeit" oder,
genauer, von „nachhaltiger Entwicklung" vorstellen.

1   Grundverständnis von nachhaltiger Entwicklung

An den Ursprung des Nachhaltigkeitsbegriffs ist schon oft erinnert worden. Er
findet sich das erste Mal prominent in der Forstwirtschaftslehre des Carl von
Carlowitz (1713). Dieser formulierte im Kern ein ressourcenökonomisches Para-
digma: Es darf nur so viel an natürlichen Rohstoffen verbraucht werden, wie
nachwachsen oder sich regenerieren kann. Der jüngere Nachhaltigkeitsdiskurs ist
dagegen stark vom entwicklungspolitischen Leitbild der sogenannten Brundlandt
Kommission geprägt. Hier steht das Leitbild einer gesellschaftlichen Entwicklung
im Zentrum, die die Bedürfnisse der heutigen Generationen in Einklang mit denen
künftiger Generationen bringt (Hauff 1987, S. 46).
     In den letzten Jahren ist nun eine produktive Bewegung in die Begriffsde-
batte gekommen. Eine klare Richtung, die sich dabei abzeichnet, ist, nachhaltige
Entwicklung nicht nur als vage normative Referenz zu benutzen, sondern den
Begriff gehaltvoll zu definieren – gerade wenn es darum geht, ihn im Kontext von Wissenschaft und Forschung zu verwenden. Auch das ISOE hat sich
damit beschäftigt und einen entsprechenden Vorschlag zur Diskussion gestellt.[1]
Er geht davon aus, dass Entwicklungsfähigkeit die Grundbedingung menschlicher
Existenz und gesellschaftlichen Zusammenhalts ist. In der Tradition des ressour-
cenökonomischen Paradigmas wird jedoch auch heute noch prominent die Idee
vertreten, durch technische und organisatorische Mittel eine in gewissem Sinne
geschlossene Zukunft als Zustand herzustellen, in dem ein stabiles Gleichgewicht
zwischen Nutzung und Erneuerung natürlicher Ressourcen herrscht. Wie jedoch

[1] Zum ISOE – Institut für sozial-ökologische Forschung vgl. www.isoe.de; zum Forschungs-
programm des ISOE vgl. Hummel et al. 2017.

schon die Grundgesetze der Physik zeigen, ist ein stationäres System nicht mehr entwicklungsfähig. Hier setzt das evolutionäre Grundverständnis des ISOE an. In ihm werden die beiden Kernelemente des über 200 Jahre alten Nachhaltigkeitsdiskurses – das Erhalten und das Erneuern – in einer Prozessvorstellung aufgehoben. Nachhaltige Entwicklung wird dann als ein langfristig fortsetzbarer, gesellschaftlicher Prozess verstanden, der seine natürlichen Ressourcen und kulturellen Voraussetzungen beständig erhält und erneuert (Becker 2012). Aus wissenschaftlicher Perspektive hat dieses Verständnis zunächst einen offensichtlichen Vorteil: Anstatt positiv bestimmen zu müssen, wann eine Entwicklung nachhaltig ist, ermöglicht es uns, solche Grenzbedingungen zu bestimmen, unter denen sie nicht-nachhaltig ist. Das Konzept der Planetary Boundaries ist ein prominentes – und durchaus auch kritisierbares – Beispiel für einen solchen Versuch (Rockström et al. 2009; zur Kritik vgl. Görg 2016; Raworth 2017).

Es gibt jedoch einen Preis für diesen Vorteil: den Verlust an Anschaulichkeit. Denn wenn wir das ressourcenökonomische durch ein evolutionäres Nachhaltigkeitsverständnis ablösen, handeln wir uns das Problem der grundsätzlich offenen Zukunft ein: Jetzt geht es nämlich darum, mit Brüchen und kritischen Schwellen (tipping points), mit Emergenz und mit dem Unbekannten umzugehen. Mit anderen Worten: Wir müssen Komplexität gestaltend managen. Für die Gesellschaft, aber auch für die Wissenschaft, steckt darin die zentrale Herausforderung. Diese wird sich als roter Faden durch meinen Beitrag ziehen, weswegen ich ihn, in Abwandlung des eingangs zitierten Werbeslogans, auch unter das Motto „Today's challenge is Nachhaltige Entwicklung" stellen könnte.

Dafür versuche ich zunächst knapp zu skizzieren, was unter Nachhaltigkeitsforschung verstanden werden kann und was deren wesentliche Charakteristika sind. Im Anschluss werde ich darlegen, warum eine kritisch angelegte Transdisziplinarität der geeignete Modus für Nachhaltigkeitsforschung ist und welche methodischen Herausforderungen damit einhergehen. Daran anschließend möchte ich etwas genauer auf die Frage nach den Qualitätskriterien einer solchen Forschung eingehen. Abschließen möchte ich mit einem Blick auf die institutionellen Constraints, mit denen wir es bei der praktischen Umsetzung von Ansätzen einer transdisziplinären Nachhaltigkeitsforschung zu tun haben.

2   Nachhaltigkeitsforschung

Was ist nun eigentlich Nachhaltigkeitsforschung und wie unterscheidet sie sich eventuell von anderer Forschung? Darüber gibt es weder in der Wissenschaft noch in der Wissenschaftspolitik einen ausgesprochenen Konsens. Diesem Beitrag möchte ich daher eine Definition zugrunde legen, die sich lose an die bekannte Frascati-Definition von Forschung der OECD anlehnt: Nachhaltigkeitsforschung arbeitet Disziplinen übergreifend an konkreten Problemen im Kontext nachhaltiger Entwicklung mit dem Ziel, methodisch geleitet Wissen zu erarbeiten und zu vermitteln, das die Handlungsfähigkeit der Gesellschaft im Umgang mit diesen Problemen erhöht (Jahn 2013, S. 8).

Sicher kann diese Definition nicht den Anspruch erheben, einen ausdrücklichen Konsens abzubilden. Sie deckt sich jedoch weitestgehend mit dem, was im internationalen akademischen Kontext formuliert wird (vgl. Jahn und Keil 2015). Zwei zentrale Charakteristika von Nachhaltigkeitsforschung sind hier unmittelbar angelegt: Der Problembezug und der Gestaltungsanspruch einer jeden Forschung, die sich auf nachhaltige Entwicklung als ein (umstrittenes) normatives Leitbild bezieht. Dieser doppelte Bezug auf ein gesellschaftliches Problem und ein normatives Leitbild bedeutet für die Wissenschaft, sich auf den heterogenen und kontroversen gesellschaftlichen Nachhaltigkeitsdiskurs zu beziehen und ihn für die jeweilige konkrete Problemstellung kritisch zu rekonstruieren. Dafür ist es hilfreich, drei Diskursebenen zu unterscheiden (s. Abb. 1), die zwar empirisch nicht immer leicht auseinanderzuhalten sind, konzeptionell aber klare Unterscheidungen ermöglichen (vgl. Becker 2002).

Auf der normativen Ebene wird mit der Frage „Was sollen wir tun?" eine normative Setzung vorgenommen, die das gesellschaftlich Wünschenswerte und die darauf gerichteten Handlungsziele bestimmt. Leitlinien des Diskurses sind

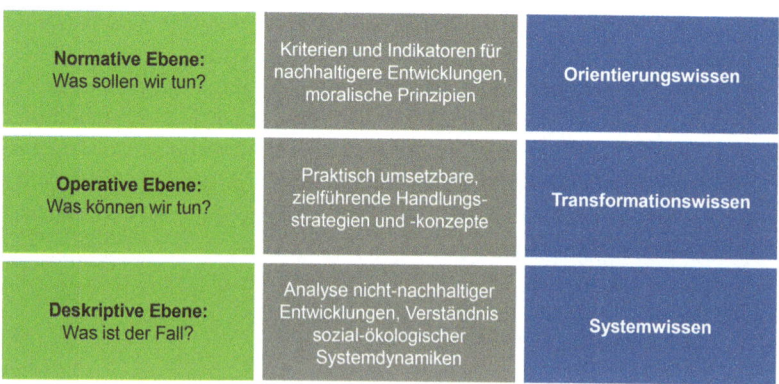

Abb. 1 Drei Ebenen des Nachhaltigkeitsdiskurses. (Quelle: eigene Abbildung, in Anlehnung an Becker 2002)

hier z. B. Konzepte wie inter- und intragenerationelle Gerechtigkeit und der Erhalt der natürlichen Lebensgrundlagen. Auf dieser Diskursebene wird Orientierungswissen benötigt, um Ziele und nicht-wünschenswerte oder wünschenswerte Entwicklungen zu vereinbaren und zu bewerten. Dieses Orientierungswissen dient der Bestimmung von Gestaltungs- und Entscheidungsspielräumen. Auf dieser Ebene wird wissenschaftliches Wissen mit gesellschaftlichen Erwartungen zusammengebracht.

Auf der zweiten, operativen Ebene wird die Frage gestellt: „Was können wir tun?" Um diese Frage zu beantworten, braucht es Transformationswissen, mit dessen Hilfe steuerbare und finanzierbare Lösungen gesellschaftlicher Probleme gestaltet werden können. Im Vordergrund steht hier die Entwicklung von umsetzbaren Konzepten. Die besonderen Herausforderungen dabei sind die Integration von wissenschaftlichem und praktischem (politischem, institutionellem, unternehmerischem, etc.) Wissen sowie ein zielgruppenspezifischer Wissenstransfer.

Die dritte, deskriptive Ebene geht von der Frage aus „Was ist der Fall?". Um zu bestimmen, welche Entwicklungen überhaupt möglich sind, braucht es Systemwissen (also insbesondere Wissen über Dynamik sozial-ökologischer Systeme). Auf dieser Diskursebene geht es vor allem darum, ein besseres wissenschaftliches Verständnis komplexer Wirkungszusammenhänge zu erlangen, um konkrete Sachverhalte analysieren zu können (vgl. Jahn 2012).

Wie diese kurze Schilderung des Nachhaltigkeitsdiskurses deutlich macht, kann die Wissenschaft die anstehenden großen gesellschaftlichen Herausforderungen nicht im Alleingang lösen. Vielmehr ist sie ein Akteur unter vielen, die ihre Stimme in die Verhandlung darüber einbringen, wie wir unsere Gegenwart und Zukunft gestalten wollen. Aber natürlich ist die Wissenschaft ein besonderer Akteur mit einer besonderen Rolle und Verantwortung in dieser „Verhandlung". Darüber, was diese besondere Rolle und Verantwortung ausmacht, ließe sich viel sagen. Was ich hier lediglich hervorhoben möchte ist, dass aus diesem Befund eine besondere Aufgabe für die transdisziplinäre Nachhaltigkeitsforschung erwächst, eine, die spezifische methodische Herausforderungen mit sich bringt: die Aufgabe der Integration. Bevor ich näher darauf eingehe, was das genau bedeutet, möchte ich noch einen kurzen Zwischenschritt einfügen. Er soll eine Orientierung dafür geben, wann ein wesentliches Element transdisziplinärer Forschung besonders zum Tragen kommt: die Partizipation nicht-wissenschaftlicher Akteure am Forschungsprozess (sogenannte Praxisakteure).

Ein Schema, das Ende der 1990er Jahre vom US-amerikanischen Committee of Scientists entwickelt wurde (1999, S. 131), unterscheidet vier Problemtypen in Abhängigkeit von der Stärke des Konsenses über Wissen und Werte (s. Abb. 2). In diese Matrix lassen sich die drei zuvor genannten Wissensformen eintragen, sodass sich folgende Typologie ergibt, die den Charakter von Nachhaltigkeitsproblemen verdeutlicht (Jahn et al. 2012, S. 65):

1. Sind der Wissens- und Wertekonsens stark, so wird vornehmlich Transformationswissen benötigt. Die Beteiligung von Praxisakteuren ist hier vor allem für die Vorbereitung von Umsetzungen wichtig. Das vorliegende Systemwissen wird für die Problembearbeitung als ausreichend erachtet und das Orientierungswissen bedarf aufgrund des starken Wertekonsenses keiner besonderen Aushandlung, sodass die Integrationsanforderungen vergleichsweise gering sind. Ein konkretes Beispiel dafür ist die in Deutschland eingeleitete Energiewende.
2. Ist der Wissenskonsens stark, der Wertekonsens aber schwach, wird neben Transformationswissen auch Orientierungswissen benötigt. Die Integrationsanforderungen steigen damit, da nun Konflikte bei der Aushandlung der

		Wertekonsens	
		stark	**schwach**
Wissenskonsens	**stark**	fehlendes Transformationswissen	fehlendes Orientierungs- und Transformationswissen
	schwach	fehlendes System- und Transformationswissen	fehlendes System-, Orientierungs- und Transformationswissen

Abb. 2 Problemtypologie nach der Stärke des Wissens- und Wertekonsenses (Jahn 2012, S. 57)

Forschungsziele und bei der Bewertung der gesellschaftlichen Relevanz der Ergebnisse zu erwarten sind. Die direkte Beteiligung von Praxisakteuren ist daher vor allem bei der Problemformulierung zu Beginn des Forschungsprozesses sowie bei der Ergebnisintegration und -bewertung wichtig. Das Wasserrecycling – also die direkte Aufbereitung von Abwasser zu Trinkwasser und damit verbundene Abwehrreaktionen z. B. aus kulturellen Gründen – ist ein Beispiel für diesen Typ von Nachhaltigkeitsproblemen.

3. Ist hingegen der Wissenskonsens schwach und der Wertekonsens stark, so wird neben Transformationswissen vor allem Systemwissen benötigt. Die Integrationsanforderungen sind hier besonders bei der interdisziplinären Erzeugung neuen wissenschaftlichen Wissens hoch. Ein Beispiel hierfür ist der Artenschutz auf globaler Ebene. Praxisakteure können bei diesem Problemtyp eine wichtige Rolle dabei spielen, die gesellschaftliche Relevanz der wissenschaftlichen Ergebnisse zu bewerten.

4. Wenn sowohl der Wissens- als auch der Wertekonsens schwach sind, wird spezifisches Wissen in allen drei Kategorien erforderlich. Dies ist für die komplexen Probleme – die sogenannten wicked oder ill-defined problems – der Fall und trifft auf die meisten Probleme nachhaltiger Entwicklung zu. Entsprechend sind in diesem Fall die Integrationsanforderungen am höchsten und die Praxisakteure werden in allen Phasen des Forschungsprozesses beteiligt.

3 Transdisziplinarität als Forschungsmodus der Nachhaltigkeitsforschung

Der Begriff „Transdisziplinarität" wurde bereits als implizite Behauptung eingeführt: Transdisziplinarität sei der genuine Forschungsmodus einer Wissenschaft, die sich analytisch, operativ und normativ auf Probleme einer nachhaltigen Entwicklung bezieht. Nicht nur die einschlägige internationale Literatur (vgl. Literaturüberblick in Jahn et al. 2012) bestätigt diese „Behauptung" der transdisziplinären „Natur" der Nachhaltigkeitsforschung, sondern auch ihre Praxis (Jahn 2013). Anstatt dies ausführlich zu untermauern, möchte ich mich an dieser Stelle darauf beschränken zu erläutern, was diesen Forschungsmodus auszeichnet.

Transdisziplinarität wird heute als Prinzip oder Modus der Organisation einer Forschung an konkreten gesellschaftlichen Problemen konzipiert. In diesem Konzept verbindet sich gutes wissenschaftliches Arbeiten (Stichwort „wissenschaftliche Exzellenz") mit dem Erzeugen von gebrauchsfähigem, anwendungsnahen Wissen (Stichwort: „gesellschaftliche Relevanz"). Das am ISOE entwickelte Modell eines idealtypischen, transdisziplinären Forschungsprozesses (s. Abb. 3)

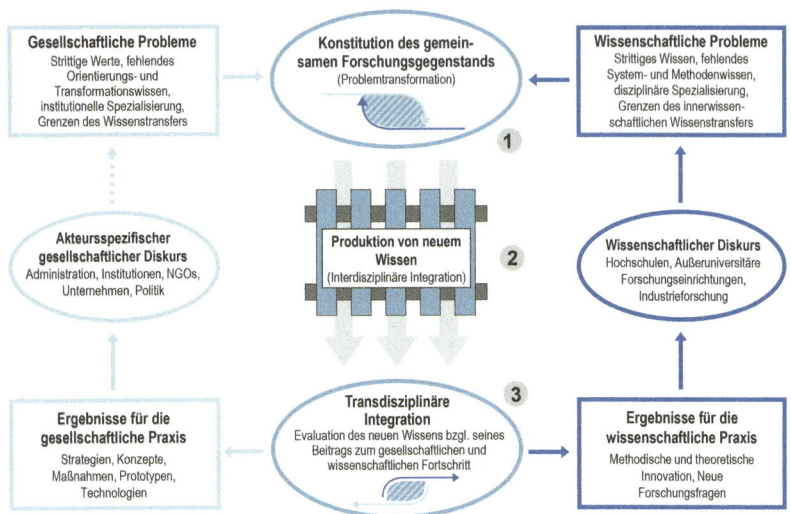

Abb. 3 Transdisziplinärer Forschungsprozess (Jahn et al. 2012, S. 5, e. Ü.)

wurde in zahlreichen Forschungsprojekten auch außerhalb des ISOE praktisch erprobt. Es geht von der Grundannahme aus, dass gesellschaftliche Probleme in der Regel auf Lücken im verfügbaren wissenschaftlichen Wissen verweisen. Durch die damit implizierte Verknüpfung gesellschaftlicher Probleme mit originären wissenschaftlichen Problemen wird es möglich, Beiträge zum gesellschaftlichen und wissenschaftlichen Fortschritt als epistemisches Ziel einer einzigen Forschungsdynamik zu betrachten. In diesem Ansatz ist damit die spannungsreiche Frage nach der Relevanz von Forschung allgemein und von Nachhaltigkeitsforschung im Besonderen aufgehoben.

Das Modell unterscheidet drei Phasen innerhalb eines transdisziplinären Forschungsprozesses. In der ersten Phase wird ein gegebenes gesellschaftliches Problem so mit entsprechenden wissenschaftlichen Problemen verbunden, dass ein gemeinsamer Forschungsgegenstand entsteht. Dieser Prozess ist anspruchsvoll, weil sich das gesellschaftliche Problem unweigerlich verändert, wenn es auf den Bereich wissenschaftlicher Genauigkeit und Objektivität übertragen wird. Dies bedeutet aber auch, dass die Antworten auf die identifizierten wissenschaftlichen Probleme nicht automatisch eine Lösung für das ursprüngliche gesellschaftliche Problem liefern. Deshalb ist ein reflexiver und oft auch ein iterativer Prozess notwendig, der gesellschaftliche Problemwahrnehmungen und

wissenschaftliche Problembeschreibungen über den gesamten Verlauf des transdisziplinären Forschungsprozesses eng miteinander verknüpft. Ein solcher Prozess
muss bewusst durchgeführt und methodisch geleitet sein.

In der zweiten Phase des Modells wird neues Wissen erzeugt. Hier findet
statt, was allgemein unter dem Stichwort „Interdisziplinarität" diskutiert und
praktiziert wird. Die Wissensintegration über unterschiedliche Disziplinen und
Fächer ist hier von besonderer Relevanz. Darüber hinaus muss aber auch das
außerwissenschaftliche, kontextspezifische Fallwissen eingebunden werden. Im
Forschungsprozess muss reflektiert werden, wie dieses Wissen erzeugt wurde, wie
es jeweils bewertet und wie es von denen, die es einbringen, in der Begründung
ihrer Anliegen verwendet wird. Dies bildet die Voraussetzung, um die Vielfalt
des wissenschaftlichen und außerwissenschaftlichen Wissens für die Entwicklung
anschlussfähiger Problemlösungen zu nutzen. Nur durch die Zusammenarbeit mit
gesellschaftlichen Akteuren kann der Bezug zu den wesentlichen Merkmalen des
Ausgangsproblems trotz notwendiger disziplinärer Reduktionen erhalten bleiben.

In der dritten und letzten Phase des transdisziplinären Forschungsprozesses
werden die integrierten Ergebnisse der zweiten Phase durch die am Forschungsprozess Beteiligten bewertet. Die leitenden Fragen lauten dabei: Wie valide und
relevant sind die Ergebnisse für den Umgang mit dem ursprünglichen gesellschaftlichen Problem? Welche neuen Erkenntnisse konnten innerhalb der Disziplinen
und darüber hinaus gewonnen werden? Wo sind neue Grenzen des Wissens und
damit auch neue wissenschaftliche Probleme sichtbar geworden? Die Bewertung
des neuen Wissens ist dabei als Prozess wechselseitiger Kritik zu organisieren, sowohl innerhalb der Wissenschaft als auch zwischen Wissenschaft und
Gesellschaft.

Wie wir alle immer wieder schmerzhaft erfahren, ist Kritik[2] ihrem Wesen
nach zunächst einmal desintegrierend. Statt den Forschungsprozess zu schwä-
chen, kann Kritik jedoch etwas realisieren, was als der besondere Mehrwert
einer transdisziplinären Nachhaltigkeitsforschung gesehen werden muss: Nachdem die Forschungsergebnisse einer Prüfung aus unterschiedlichen epistemischen
Perspektiven unterzogen wurden, findet gewissermaßen eine „Integration zweiter
Ordnung" statt. In dieser Phase, die auf praktische Umsetzbarkeit und Anwendung
zielt, können die Forschungsergebnisse derart optimiert werden, dass sie für die
jeweiligen Adressaten in Politik, Wirtschaft oder Zivilgesellschaft anschlussfähig
sind und der Wissenschaft selbst neue Forschungsimpulse geben. Am ISOE wurde

---

[2] Kritik wird hier verstanden als eine intellektuelle Ressource und soziale Praxis von
Transdisziplinarität.

im Zuge der Weiterarbeit und zur Unterscheidung von anderen Verständnissen von Transdisziplinarität der Begriff der kritischen Transdisziplinarität[3] geprägt. Abschließen möchte ich diesen Punkt mit einer allgemeinen Definition von transdisziplinärer Forschung: „Transdisciplinarity is a critical and self-reflexive research approach that relates societal with scientific problems; it produces new knowledge by integrating different scientific and extra-scientific insights; its aim is to contribute to both societal and scientific progress [...]" (Jahn et al. 2012, S. 8 f.). Diese Definition nimmt nicht nur die wesentlichen Charakteristika der Nachhaltigkeitsforschung auf, sondern sie bringt auch die zentralen Merkmale von kritischer Transdisziplinarität zusammen:

- die Problemlösungsorientierung und damit den Gestaltungsanspruch von trans-disziplinärer Forschung (begründete Problembezüge),
- Kontextabhängigkeit und Fallbezogenheit der Forschung durch den gesell-schaftlichen Problembezug,
- Integration als zentrale Aufgabe im Forschungsprozess (kognitiv, sozial-organisatorisch, kommunikativ),
- Selbstreflexivität im Forschungsprozess (iterative Schleifen, kritische Reflexion der eigenen Wissensbasis, Rollenklärung[4]).

4   Qualitätskriterien

Ich komme nun zu meinem vierten Punkt, der Qualität von transdisziplinärer Nachhaltigkeitsforschung. Die transdisziplinäre Nachhaltigkeitsforschung steht nicht nur unter dem (selbstgewählten) Anspruch, eine Forschung zu machen, die die Handlungsfähigkeit der Gesellschaft im Umgang mit Problemen nachhalti-ger Entwicklung erhöht. Sie wird auch an dem gemessen, was heute – nicht immer ganz bedeutungsscharf und bereits mit viel und zum Teil sehr berechtig-ter Kritik belegt – als wissenschaftlich exzellent gilt: „Outputorientierung" oder,

---

[3] Für einen ausführlicheren Überblick was kritische Transdisziplinarität ausmacht und wie sie sich von anderen Verständnissen unterscheidet vgl. Jahn 2020.

[4] Es liegt inzwischen eine Reihe von Veröffentlichungen, Handbüchern und Handreichungen zu transdisziplinären Methoden und Verfahren der Organisation transdisziplinärer For-schungsprojekte vor (s. z. B. Bergmann et al. 2012; Pohl und Hirsch Hadorn 2007; Hirsch Hadorn et al. 2008). Außerdem gibt es inzwischen eine Reihe neuer Formate in der Forschung und Forschungsförderung wie transdisziplinäre Nachwuchsgruppen, Reallabore, Citizen Science auf die hier im Einzelnen nicht eingegangen werden kann (vgl. dazu Jahn und Keil 2016, Pettibone et al. 2018 und Singer-Brodowski und Schneidewind 2019).

etwas schärfer, „Outputfixierung", also die quantitative Messung der wissenschaftlichen Leistung zum Bespiel an der Anzahl der Publikationen in renommierten, internationalen Fachzeitschriften oder an der Höhe von eingeworbenen Drittmitteln bestimmter Fördergeber (vgl. Jahn und Keil 2015). Auch wenn es immer noch schwer ist, die Top-Journals für die Ergebnisse transdisziplinärer Forschung zu erwärmen, so ist doch in den letzten Jahren hier eine Öffnung zu beobachten. Zudem gibt es mittlerweile eine Vielzahl sehr guter, ausdrücklich inter- und transdisziplinärer Zeitschriften. Dennoch: Die Outputorientierung des Evaluationsbetriebs bleibt für die transdisziplinäre Forschung eine Hürde, weil sich ihre Ergebnisse einer einfachen Quantifizierung wenigstens zum Teil entziehen. Doch was macht die besondere Qualität einer transdisziplinären Forschung eigentlich aus?

Bevor ich hierauf eine Antwort gebe, möchte ich zunächst feststellen, dass die Entwicklung von Qualitätskriterien für die Forschung eine innerwissenschaftliche Aufgabe ist und dies auch im Kontext von Nachhaltigkeitsforschung bleiben sollte. Wenn es jedoch darum gehen soll, die Forschung auch danach auszurichten, was für die Bewältigung gesellschaftlicher Herausforderungen und die Aushandlung informierter politischer Entscheidungen relevant ist, muss zu der genannten Outputorientierung etwas Neues hinzukommen. Auf den Punkt gebracht ist dieses Neue, die Frage nach der Qualität transdisziplinärer Forschung auf den Forschungsprozess zu konzentrieren und dabei vor allem den Akteursbezug zu betonen. Eine „gute" Nachhaltigkeitsforschung ist demnach nur dann möglich, wenn Forschungsprozesse so gestaltet werden, dass die Interessen, Erwartungen, das Wissen und die Wissensbedarfe unterschiedlicher gesellschaftlicher (politischer, wirtschaftlicher, zivilgesellschaftlicher) Akteure nicht nur berücksichtigt, sondern systematisch in das Forschungshandeln integriert werden. Qualitätskriterien für die Nachhaltigkeitsforschung sollen also deren gesellschaftliche Relevanz vor allem daran messen, ob das gesellschaftliche Ausgangsproblem gut in einen bearbeitbaren Forschungsgegenstand übersetzt wurde und inwieweit das relevante (heterogene) Wissen gut integriert wurde. Zudem sollten sie sich zentral darauf beziehen, inwiefern während des Forschungsprozesses und womöglich darüber hinaus ein gemeinsamer Lernprozess zwischen Wissenschaft, Öffentlichkeit und Politik ermöglicht wurde.

Am ISOE wurden in den letzten Jahren grundlegende Arbeiten zur Entwicklung von Qualitätskriterien für eine transdisziplinäre Nachhaltigkeitsforschung durchgeführt. Im Projekt „NaFo – Politikrelevante Nachhaltigkeitsforschung" im Auftrag des Bundesumweltministeriums wurden Kataloge von Qualitätsanforderungen – so genannte Anforderungsprofile – für die Nachhaltigkeitsforschung erstellt. Das Besondere daran: Diese Anforderungsprofile richten sich nicht nur

systemisch	skalenübergreifend	prospektiv
Qualität der Forschungsprobleme		
Verständnis sozial-ökologischer Systeme sowie von Feedback- und zeitlichen Verzögerungseffekten	Berücksichtigung unterschiedlicher räumlicher und sozialer Skalen und entsprechender Übergangseffekte	Berücksichtigung von alternativen Entwicklungspfaden, kritischen Schwellen und Überraschungen
kontextspezifisch	integrativ	methodenbasiert
Qualität des Forschungsprozesses		
Bezug zu konkreten Problemen und ihres jeweiligen Handlungs- und Verhaltenskontexts	Integration auf epistemischer, sozial-organisatorischer, kommunikativer und technischer Ebene	nachvollziehbare und transparente Erzeugung, Integration und Bewertung von Wissen
kritisch-reflexiv	normativ	Impact-orientiert
Qualität der Forschungsergebnisse		
Unsicherheit, Nichtwissen, Erkenntnisgrenzen, Folgenabschätzung, Rollenverständnis	Erhalt der gesellschaftlichen Entwicklungsfähigkeit, Berücksichtigung von (zukünftigen) Gerechtigkeitsfragen	Anwendbarkeit und Umsetzbarkeit, Erhöhung der Handlungsfähigkeit, Sicherung des Wissens

Abb. 4 Allgemeine Anforderungsdimensionen der Nachhaltigkeitsforschung (Jahn und Keil 2015, e. Ü.)

an die Wissenschaft. Denn zur Qualität eines exzellenten transdisziplinären Forschungsprozesses können und müssen alle Beteiligten beitragen – also neben den Forschenden auch die jeweils direkt beteiligten gesellschaftlichen Praxispartner und die Forschungsförderung (Jahn und Keil 2015).

Auf ein Ergebnis dieses Projekts möchte ich hier besonders hinweisen: Auf Basis einer Sichtung der einschlägigen internationalen Literatur der letzten Jahre wurden neun allgemeine Anforderungsdimensionen abgeleitet, auf die sich jede Nachhaltigkeitsforschung grundsätzlich beziehen sollte (s. Abb. 4). Die dort enthaltenen Begriffe haben die internationale Diskussion um Nachhaltigkeitsforschung in den letzten Jahren geprägt.

Zuerst bilden die drei Dimensionen „systemisch", „skalenübergreifend" und „prospektiv" die spezifische Problemstruktur ab, mit der Nachhaltigkeitsforschung konfrontiert ist. Hier geht es also um die Qualität der Forschungsprobleme. Die drei nächsten Dimensionen „kontext-spezifisch", „integrativ" und „methodenbasiert" fokussieren dagegen auf die Qualität des Forschungsprozesses. Die Frage hier ist, wie im Forschungsprozess der Bezug zu konkreten gesellschaftlichen und politischen Problemen im Kontext nachhaltiger Entwicklung jeweils hergestellt und wie neues Wissen für den Umgang mit diesen Problemen erzeugt, verknüpft und bewertet wird. Die letzten drei Dimensionen „kritisch-reflexiv",

„normativ" und „Impact- orientiert" adressieren schließlich den Aspekt der Qualität von Forschungsergebnissen, indem sie zum Beispiel die Fragen aufwerfen, wo die Grenzen des erzeugten Wissens liegen, in welchem Maße sich die Ergebnisse auf die wertebezogenen Aspekte nachhaltiger Entwicklung beziehen und wie versucht wird, ihre Anwendbarkeit und Umsetzbarkeit zu erhöhen.

Die Entwicklung von erweiterten Qualitätskriterien steht noch am Anfang und kann nur in einem iterativen Prozess gelingen – ein Prozess der gewissermaßen bottom-up aus der Wissenschaft heraus angestoßen und dann gemeinsam mit einer Vielzahl von Akteuren – wie Forschungsförderung, Politik und Zivilgesellschaft – vorangetrieben werden muss. So geschehen im vom BMBF geförderten und vom ISOE geleiteten Forschungsprojekt TransImpact – Wirkungsvolle transdisziplinäre Forschung (vgl. www.td-academy.org).[5] Ob es schließlich irgendwann gelingt, allgemein anerkannte Qualitätskriterien zu etablieren hängt bei solch einem Verfahren naturgemäß von vielen Faktoren ab. Ein nicht unwesentlicher Faktor ist dabei die institutionelle Festigung einer Transdisciplinary Research Community.[6]

5   Ausblick und Praktische Herausforderungen

Abschließend soll hier auf zwei ganz praktische Herausforderungen der transdisziplinären Forschung eingegangen werden: Die Förderung von transdisziplinären Projekten und Karrieremöglichkeiten von transdisziplinären Wissenschaftler*innen. Zwar gibt es immer mehr Fördermöglichkeiten für transdisziplinär ausgerichtete Projekte, insbesondere durch das BMBF und die EU, bei denen die Einbeziehung von Praxispartnern für viele Fördermaßnahmen sogar eine Bedingung ist. Allerdings stehen hier die Anforderungen und die Ausstattung häufig in einem Missverhältnis. Für die Forschungsförderung ist es nämlich trotz des immer lauter werdenden Rufs nach Disziplinen übergreifender Zusammenarbeit bisher alles andere als selbstverständlich, angemessene Ressourcen bereitzustellen für das worum es im Kern bei transdisziplinärer Forschung immer geht: nämlich um das Bearbeiten der zusätzlichen Integrationsaufgaben in ihrer kognitiven, organisatorischen und kommunikativen Dimension. Die Finanzierungsfrage betrifft

---

[5] Die zentralen Ergebnisse von TransImpact sind in Lux et al. 2019 festgehalten.

[6] Die Projekte haben eine epistemologische Debatte ausgelöst, die seit 2017 (vgl. Krohn et al. 2017) insbesondere in der Zeitschrift GAIA kontrovers geführt wird. Zum aktuellen Stand der Debatte vgl. Mittelstraß 2018, Jahn et al. 2019, Krohn et al. 2019.

auch die oft fehlenden Mittel für Forschung zu den methodischen und theoreti-
schen Grundlagen der transdisziplinären Nachhaltigkeitsforschung. Grundsätzlich
lässt sich feststellen, dass in der an Exzellenz orientierten Forschungsförderung
die transdisziplinäre Forschung nur eine untergeordnete Rolle spielt. Das liegt
vor allem auch an fehlenden Bewertungskriterien, nach denen transdisziplinäre
Leistungen wie etwa die zielgruppenorientierte Aufbereitung und Vermittlung von
Forschungsergebnissen positiv zu Buche schlagen würden.

Die an disziplinärer Exzellenz ausgerichtete Bewertung von Forschungsleis-
tungen ist auch ein Problem für transdisziplinär forschende Nachwuchswissenschaftler*innen, deren akademische Karrieremöglichkeiten durchaus unsicher
sind. Erfahrungen zeigen, dass sich selbst mit einer interdisziplinären Ausrichtung nach wie vor an Hochschulen nur schwer Kariere machen lässt – von
einer transdisziplinären Ausrichtung ganz zu schweigen. Dass diese systemische
Blockade ein wesentlicher Grund dafür ist, dass die Potenziale disziplinübergrei-
fender Zusammenarbeit unerschlossen bleiben und eine wirkliches Mainstreaming
transdisziplinärer Forschung ausbleibt, ist hinlänglich bekannt. Zudem bedeutet
die Entscheidung für die transdisziplinäre Forschung unter den gegenwärtigen
Bedingungen oft auch immer noch auch eine riskante Entscheidung für eine
wissenschaftliche Karriere außerhalb der Universitäten.

Was es meines Erachtens bräuchte, um diese strukturellen Hindernisse für die
Etablierung transdisziplinärer Forschung zu überwinden, ist zum einen ein funk-
tionales Äquivalent zu den disziplinären Fachgemeinschaften, um besonders die
Bewertungsproblematik systematisch angehen zu können. Zum anderen ist eine
Veränderungsbereitschaft im Wissenschaftssystem erforderlich, das immer noch
von einer starken horizontalen Versäulung geprägt ist und wenig Durchlässigkeit
zwischen den verschiedenen Sektoren in der Wissenschaftslandschaft oder auch
den Disziplinen zulässt. Schließlich benötigen wir langfristig womöglich auch
neue Orte, an denen sich Wissenschaft, Gesellschaft und Politik treffen, um informierte Entscheidungen im Umgang mit Problemen im Kontext einer nachhaltigen
Entwicklung vorzubereiten.

Literatur

Becker, E. 2002. Transformations of social and ecological issues into transdisciplinary rese-
    arch. In *knowledge for sustainable development. An insight into the encyclopedia of life
    support systems*, 949–963. Paris: UNESCO/EOLSS.
Becker, E. 2012. Nachhaltige Wissensprozesse. Von der klassischen Idee der Universität
    zur vorsorgenden Wissenschaft. In *Jenseits traditioneller Wissenschaft. Zur Rolle von*

Wissenschaft in einer vorsorgenden Gesellschaft, Hrsg. H. Egner und M. Schmid, 29–48. München: oekom.

Bergmann, M., T. Jahn, T. Knobloch, W. Krohn, C. Pohl, und E. Schramm. 2012. *Methods for transdisciplinary research. A primer for practice.* Frankfurt: Campus.

Committee of Scientists. 1999. *Sustaining the people's lands. Recommendations for stewardship of the national forests and grasslands into the next century.* Washington, D.C.: U.S. Dept. of Agriculture.

Görg, C. 2016. Planetarische Grenzen. In *Wörterbuch Klimadebatte*, Hrsg. S. Bauriedl, 239–244. Bielefeld: transcript.

Hauff, V., Hrsg. 1987. *Unsere gemeinsame Zukunft. Der Brundtland-Bericht der Weltkommission für Umwelt und Entwicklung.* Greven: Eggenkamp.

Hirsch Hadorn, G., H. Hoffmann-Riem, S. Biber-Klemm, W. Grossenbacher-Mansuy, D. Joye, C. Pohl, U. Wiesmann, und E. Zemp, Hrsg. 2008. *Handbook of transdisciplinary research.* Heidelberg: Springer.

Hummel, D., T. Jahn, F. Keil, S. Liehr, und I. Stieß. 2017. Social ecology as critical, transdisciplinary science – Conceptualizing, analyzing and shaping societal relations to nature. *Sustainability* 9 (7): 1050.

Jahn, T. 2020. Kritische Transdisziplinarität und die Frage der Transformation. Keynote zur Veranstaltung „Wandel gestalten, Wandel begleiten: Wissenschaft und Kommunikation" im Rahmen der Darmstädter Tage der Transformation, 16. Januar 2019. ISOE-Diskussionspapiere, 46. Frankfurt: ISOE – Institut für sozial-ökologische Forschung.

Jahn, T., F. Keil, und O. Marg. 2019. Transdisziplinarität: Zwischen Praxis und Theorie. *GAIA* 28 (1): 16–20.

Jahn, T. 2012. Theorie(n) der Nachhaltigkeit? Überlegungen zum Grundverständnis einer „Nachhaltigkeitswissenschaft". In *Perspektiven nachhaltiger Entwicklung – Theorien am Scheideweg. Beiträge zur sozialwissenschaftlichen Nachhaltigkeitsforschung, Bd. 3*, Hrsg. J. C. Enders und M. Remig, 47–64. Marburg: Metropolis.

Jahn, T. 2013. Transdisziplinarität – Forschungsmodus für nachhaltiges Forschen. In *Nachhaltigkeit in der Wissenschaft, Nova Acta Leopoldina, Neue Folge, Bd. 117/Nr. 398*, Hrsg. J. Hacker, 65–75. Stuttgart: Wissenschaftliche Verlagsgesellschaft.

Jahn, T., und F. Keil. 2013. *Politikrelevante Nachhaltigkeitsforschung. Anforderungsprofile für Forschungsförderer, Forschende und Praxispartner aus der Politik zur Verbesserung und Sicherung von Forschungsqualität – Ein Wegweiser.* Dessau: Umweltbundesamt.

Jahn, T., und F. Keil. 2015. An actor-specific guideline for quality assurance in transdisciplinary research. *Futures* 65:195–208.

Jahn, T., und F. Keil. 2016. Reallabore im Kontext transdisziplinärer Forschung. *GAIA* 25 (4): 247–252.

Jahn, T., M. Bergmann, und F. Keil. 2012. Transdisciplinarity: Between mainstreaming and marginalization. *Ecological Economics* 79:1–10.

Krohn, W., A. Grunwald, und M. Ukowitz. 2017. Transdisziplinäre Forschung revisited: Erkenntnisinteresse, Forschungsgegenstände, Wissensform und Methodologie. *GAIA* 26 (4): 341–347.

Krohn, W., A. Grunwald, und M. Ukowitz. 2019. Transdisziplinäre Forschung kontrovers – Antworten und Ausblicke. *GAIA* 28 (1): 21–25.

Lux, A., M. Schäfer, M. Bergmann, T. Jahn, O. Marg, E. Nagy, A.-C. Ransiek, und Lena Theiler. 2019. Societal effects of transdisciplinary sustainability research – How can they be strengthened during the research process? *Environmental Science and Policy* 101:183–191.

Mittelstraß, J. 2018. Forschung und Gesellschaft. Von theoretischer und praktischer Transdisziplinarität. *GAIA* 27 (2): 201–204.

Pettibone, L., B. Blättel-Mink, B. Balázs, A. Di Giulio, C. Göbel, K. Heubach, D. Hummel, J. Lundershausen, A. Lux, T. Potthast, K. Vohland, und C. Wyborn. 2018. Transdisciplinary sustainability research and citizen science: Options for mutual learning. *GAIA* 27 (2): 222–225.

Pohl, C., und G. Hirsch Hadorn. 2007. *Principles for designing transdisciplinary research.* München: oekom.

Raworth, K. 2017. A doughnut for the anthropocene: humanity's compass in the 21st century. Vol 1. https://www.thelancet.com/pdfs/journals/lanplh/PIIS2542-5196(17)30028-1. pdf. Zugegriffen: 9. Juni 2020.

Rockström, J., W. Steffen, K. Noone, Å. Persson, F. S. Chapin, III, E. Lambin, T. M. Lenton, M. Scheffer, C. Folke, H. Schellnhuber, B. Nykvist, C. A. De Wit, T. Hughes, S. van der Leeuw, H. Rodhe, S. Sörlin, P. K. Snyder, R. Costanza, U. Svedin, M. Falkenmark, L. Karlberg, R. W. Corell, V. J. Fabry, J. Hansen, B. Walker, D. Liverman, K. Richardson, P. Crutzen, und J. Foley. 2009. Planetary boundaries: Exploring the safe operating space for humanity. *Ecology and Society* 14 (2): Art. 32. https://www.ecologyandsociety.org/vol14/iss2/art32/. Zugegriffen: 9. Juni 2020.

Singer-Brodowski, M., und U. Schneidewind. 2019. Transformative Wissenschaft – Zurück ins Labor. *GAIA* 28 (1): 26–28.

von Carlowitz, C. 1713. *Sylvicultura oeconomica, oder haußwirthliche Nachricht und Naturmäßige Anweisung zur wilden Baum-Zucht.* Leipzig: Braun.

Thomas Jahn, Dr., war bis März 2021 wissenschaftlicher Geschäftsführer und Sprecher der Institutsleitung des ISOE – Institut für sozial-ökologische Forschung in Frankfurt am Main. Als Wissenschaftler forscht er am ISOE zu transdisziplinären Methoden und Konzepten und zu gesellschaftlichen Naturverhältnissen. Im Senckenberg Biodiversität und Klima Forschungszentrum (SBiK-F) ist Thomas Jahn Sprecher des Tätigkeitsschwerpunkts „Ökosystemleistungen und Klima".

https://www.isoe.de/das-institut/team/mitarbeiterin/person/thomas-jahn/

Transformation and Contestation. Learning from Actors and Socio-political Engagements in Transformative Science

Rosa Sierra

Abstract

The chapter presents the design and content of a sustainability research project in the humanities and the social sciences, as well as some methodological and theoretical guidelines from two different transformational frameworks that were assessed in the project. It then outlines the tension that emerges when we consider transformation from the point of view of processes and try to integrate the role of agency, especially of actors that contest structures or processes rather than initiating or supporting them. It finally explores how this tension challenges the assessed frameworks and which aspects of them can be stressed in order to face the challenge.

1   Introduction

The challenges that sustainability research poses to scholars, practitioners, stakeholders and policymakers have been widely stressed. These challenges concern aspects as varied as different types of knowledge, different perspectives and interests, as well as different methodologies and disciplines which should be integrated in order to address sustainability problems and develop strategies.[1] The

---

[1] Th. Jahn formulates them as "integrative challenges" and stresses integration as the "major cognitive challenge of the research process" in sustainability research (2013, p. 51 and 54). Lang, Rode and Wehrde systematically present different types of knowledge integration (Lang et al. 2014, p. 119–121).

R. Sierra (✉)
Institut für Philosophie und Ethik der Umwelt der Christian-Albrechts-Universität zu Kiel, Kiel, Deutschland
E-Mail: sierra@philsem.uni-kiel.de

© Der/die Autor(en) 2021   159
B. Blättel-Mink et al. (Hrsg.), *Nachhaltige Entwicklung in einer Gesellschaft des Umbruchs*, https://doi.org/10.1007/978-3-658-31466-8_9

particular challenge that I focus on in this chapter concerns the tension between a system-based and an actor-based perspective on transition, transformation and change. This tension is particularly striking when we aim to design sustainability research projects with a focus on socio-political engagements and their role, i.e. the role of their individual and collective actors, as a *transformative force* in the quest for sustainable paths. The sustainability research group of the network *Saisir l'Europe – Europa als Herausforderung* took this focus in three of its five research projects. In what follows, I elaborate on some theoretical and methodological questions arising from our experience and relate them to two transformational methodologies for sustainability research, the one formulated by Th. Jahn (2013) and the TRANSFORM framework formulated by A. Wiek and D. J. Lang (2016).

In order to show the tension between the system-based and actor-based perspectives and the challenges it poses to transformational methodologies, I begin by sketching, in the first section, the three research projects on which the analysis presented in this paper is based, as well as the network in which the projects were involved. The structure and purposes of the network had a decisive effect on the design of the sustainability research team and the projects of its members, so it is relevant to include them in the following description. In the second section, I formulate the central elements of transformational methodology that were discussed in the design of our research. In the same section, I then clarify the conceptual and theoretical assumptions we made about contestation practices, engagement processes and the critical component that emerges as a relevant aspect of the research design. In the last section, I finally formulate two major challenges and its possible impact on the TRANSFORM framework.

2   Sustainability Research in the Context of *Saisir l'Europe – Europa als Herausforderung*

2.1   The Network, its Core Aims and its Research Areas

The research network was founded in 2012 with the aim of researching three problem-fields that are especially urgent and, at the same time, key in acting as a lens for grasping Europe after the financial crisis of 2008: the phenomenon of urban violence and its spatial dimensions, the model of the welfare-state and its potential to be maintained after the crisis and the goal of sustainability as an overarching principle in European policy-making. In addition, the network sought to strengthen joint research between France and Germany, given the role of the relations between both countries as a motor of the European integration process (Weidenfeld 2015, p. 25–28). Finally, the network was conceived as a space for training young researchers, giving them the opportunity of exchange with experts in an international setting. The institutions that made up the network were mainly universities and research institutes.

The network's research area on sustainability was constituted by two groups working in coordination, one of them attached to the Philosophy Department at Goethe University and the other to an interdisciplinary research laboratory at the ENS Lyon. There was a total of 5 researchers, carrying out individual projects in the following areas:

Field	Specific topics
Environmental Justice	The determinants of citizen engagement against industrial pollution from the perspective of the environmental justice approach and the capabilities approach.
Transregional Sustainable Development	Citizen acceptance of transport projects across regions; the different scales of intervention and participation; regional sustainable development.
Transnational Environmental History	Local protest actions against industrial pollution across regions; the role of industry in shaping environmental change and its connection to other factors, especially industry policy.
Transnational Environmental Policy	The normative grounds of sustainability as a principle of individual and collective action, especially of transnational environmental policy.
Environmental Movements	Social movements, especially those under the "political ecology"; Europeanization processes; regional development through transport policies

Fig. 1 Subject areas of the projects in the research group on sustainability of the network *Saisir l'Europe – Europa als Herausforderung*

The three projects highlighted in Fig. 1 are the ones I will focus on in my analysis. They investigate local and regional protest groups and, in one case, the potential of these groups to form the historical precedent for more encompassing

social and environmental movements. Before I go on in the next section with sketching the research topics of each of these three projects, I want to explain in the
remainder of this section the relevance of describing the configuration and aims of
the network. This configuration accounts for the methodological framework that
was chosen for the group in order to properly integrate the activities and results in
the field of sustainability research. The relevance is particularly evident regarding
two key aspects of sustainability research:

Inter and transdisciplinarity. The need for researching sustainability through
collaboration between disciplines and discipline-based methods, as well as among
scientific and non-scientific knowledge, has been widely stressed (Kates et al.
2001, 641; Kates 2012, 6; Vilsmaier and Lang 2014; Jahn 2013, 51 ff.). The challenges of this integration are less often explored, and explored even lesser than
those is the question of how institutional designs and traditions, i.e. established
research conceptions, affect the practice of inter and transdisciplinary research
(Lang et al. 2014, p. 139–140).[2] In our case, the institutional background was
determined by a strong disciplinary orientation and by one of the central aims of
the network: the creation of a space for professional qualification (i.e. completing
a PhD or a professorial qualification). The joint effect of these two circumstances was the development of individual research projects within the boundaries of
particular disciplines, and the team thus performed the interdisciplinary work in
a second step.[3] This second-level interdisciplinary integration was theoretical rather than methodological, i.e. based on a shared understanding of the sustainability
dimensions of each project and not on a common methodology. The theoretical
character of an interdisciplinary second-level work that is 'disciplinary' ancho-
red is explained by two circumstances: first, sustainability does not belong to
the canon of any of the disciplines represented in the group; second, sustainability problems as "ill-defined problems" (Vilsmaier and Lang 2014, p. 90) and

---

[2] K. Peattie focuses on the rigidity of disciplines as it is reflected in the system of publication,
especially scientific journals (2011, p. 28–30). Th. Jahn mentions a series of aspects spanning
from conceptual to institutional challenges such as career perspectives for young researchers,
for example (2013, p. 10).

[3] One might of course wonder if the identification of a sustainability problem could have
preceded the definition of the individual projects. The explanation of why this was not the
case goes beyond the disciplinary-bounded perspective in the research group and has to do
with other circumstances, in particular, a very narrow focus on the professional qualification
through subjects and problems strictly belonging to the particular disciplines as they are established in the host institutions. Since the host institution did not have, at the time, disciplinary
or research areas in sustainability, environmental sciences, environmental ethics and politics,
and so on, the choices were –again– very narrow.

sustainable development as a research subject (Peattie 2011, p. 25) both transcend disciplinary boundaries.

Problem-orientation. The above-mentioned imposition of a theory-driven integration of research activities appears to be at odds with another key aspect of sustainability research, i.e. identifying socially relevant questions and problems that lead the research process rather than picking up questions and problems formulated as part of the scientific tradition (Vilsmaier and Lang 2014, p. 89). The focus on social or "life-world" problems (ibid.; Jahn 2013, p. 55) is characteristic of transdisciplinary research and has also been stressed as key to sustainability research; this has been explained with reference to the nature of sustainability problems as complex and often difficult to grasp, and thus requiring the participation of non-scientific, maybe directly affected, actors at all stages of the research process (cf. Lang et al. 2014, p. 136). Although our research of sustainability was not led by an identified and collectively elaborated socially relevant problem, the question that drove our research was carefully worked out using a transdisciplinary perspective. The general research question and its transdisciplinary treatment will be described in the following section.

2.2 The Research Group on Sustainability and the Three Projects Focusing on Actors and Contestations

The key question common to all individual projects and constituting the sustainability aspect researched by the group is the focus on (1) social transformation towards (2) environmental responsible practices and policies. Aspect 1 refers to the transformation of society's structures, practices and values, as well as the mechanisms for achieving and fostering transformation, both at individual and collective or political levels. Aspect 2 is understood in a multi-faceted sense, spanning from health and quality of life, safe and clean local environments, as well as environmental protection at a larger scale. In what follows, the three projects are described in more detail.[4]

Project 1: Industrial pollution in low-income neighborhoods and their coping strategies.[5] The project explores the determinants of people's agency when facing

---

[4] For a systematic presentation of all projects, including specific research questions and methodology, see: http://nachhaltig.hypotheses.org/files/2017/12/AG_Nachhaltigkeit. pdf. Last accessed: 6/8/2020.

[5] Partial results of the research project are published in Börner 2018; for the whole research see Börner 2017.

and coping with environmental risks and, at the same time, being part of low-income and minority populations. It draws on two case studies: one in Germany and another one in Mexico. The German case study deals with the polychlorinated biphenyl (PCB) pollution of the harbor district in the northern part of the city of Dortmund as a result of the inappropriate disposal of large transformers containing PCBs. The Mexican case study explores coping experiences in a neighborhood in Huichapan, Mexico, where the incineration of waste in a cement factory has affected the neighborhood. In both cases, local communities not only face waste-related environmental, social, and health impacts; they also struggle for a voice in environmental decision-making processes. As a result, local protest groups have formed in both communities in order to leverage community empowerment and to achieve environmental justice. However, it was observed that large parts of the population have remained inactive in the face of the environmental health risks that threaten the quality of life and well-being in the neighborhood. In conse-quence, the research project explores how perceptions of individual resources and social opportunities determine the capability of the affected people to participate in environmental decision-making.

The research project sheds light on how self-perceptions of individual resources and of social opportunities have determined the coping-actions of not only active, but also of non-active residents in the affected neighborhoods. It uses narrative biographical interviews to produce narratives of coping with environ-mental injustice. The narrative biographical interviewing method makes it possible to actively engage community members in participatory story-telling and to give a voice to individuals from marginalized and overburdened communities. The rese-arch project also uses the MOVE model as a heuristic to analyze how vulnerable populations cope with environmental burdens, adapting it in order to illustrate coping as a life-long process rather than a static present condition.

Project 2: Industrial pollution in a cross-border region and the debates surroun-ding it.[6] The project investigates the emergence of an environmental debate in a region extending between national borders in response to ongoing pollution at the end of the 1950s. The "Saar-Lor-Lux" region is situated along the border bet-ween France and Germany and the project focuses on two German cases of local protest against water pollution produced by a nuclear power station pertaining to a French company and situated in the town of Großbliederstroff in France. The pollution of the Saar River affected populations in German territory and two local protest groups were formed in 1957 and 1958. The research project investigates the formation and development of both groups and relates these particular cases to

---

[6] Partial results of the research project are published in Kaesler 2018.

the larger context of emergence of environmental movements in the 1970s, working on the hypothesis that a continuity can be traced between these local cases and the later movements, and thus contradicting the historical thesis of a "latency phase", prior to the 1970s, in the development of an environmental consciousness as we know it today. The research relies instead on the thesis that a long transformation process in the environmental history has taken place, and aims thus to uncover the role of the transnational protest processes in the 1950s and 1960s in preparing the way for later movements.

In order to trace the roots of this long-term value transformation, the research investigates archives containing a great collection of original, and partially undisclosed, documents of both groups, focusing on five types of actors –from civil society to industry managers and policymakers– that participated in the emergent debate. The research uses discourse analysis through the lens of what has been called "political behavior style" (Engels 2006), as well as guidelines from the methodology of "entangled history" (*Verflechtungsgeschichte*).

Project 3: Large-scale transportation projects and their local acceptance.[7] The research investigates the degree of acceptance of a renovation project in Germany that is part of a European transportation project under the goal of fostering sustainability. The renovation of the central station in the city of Stuttgart is part of the development of a railway speed axis between Paris and Budapest, which is one of 30 projects funded by the European Commission under its sustainability policy. A great tension arose from the beginning of the renovation project and the research aims to assess the local acceptance through a detailed analysis of the protest processes involved. The research thus focuses on the question of what is exactly being contested in this case, since different dimensions –environment, economy, politics– and multiple interests play a role in both the promotion of the renovation project, as well as in its contestations. In particular, it aims to assess the role that sustainability and sustainable development play in the large-scale project of restructuring transportation axes in Europe, to which the renovation plan for Stuttgart belongs. This questioning arises from the suspicion that sustainability is being used as a slogan rather than a truly shared goal between stakeholders, public administration and policymakers.

The assessment of the local acceptance of a project that is part of a transnational strategy is carried out through a combination between the spatial analysis of the project's effective implementation and an actor-focused research. For the first dimension, the research relies on investigations already done concerning transportation infrastructure and its environmental impact at the different levels –local,

---

[7] Partial results of the research project are published in Volin 2018.

national and European–, creating a cartography of the quantitative and qualitative data from these studies. For the actor-focus, the research uses semi-structured interviews applied to different types of actors, both civil ones from the different associations and protest groups around the renovation project, as well as institutional ones from the European Commission and the state administration of Baden-Württemberg.

3 Methodological Framework and Theoretical Background

Given our research's focus on social transformation toward environmental responsible practices and policies on the one hand, and the configuration of the research team on the other hand, a transformational methodology, as exposed by Lang et al. (2014, p. 134–135), was discussed in the search for guidelines, especially concerning our procedure for integrating individual results in a second step of the research. Another approach, which combines different transformational frameworks, is the TRANSFORM framework. In assessing this methodology for its potential use in our sustainability research, some challenging aspects of the research projects became clear. In what follows, I first sketch some transformational methodologies, including the TRANSFORM framework, and then present some theoretical observations concerning both our research focus and key aspects of the approach to sustainability transitions.

3.1 Transformational Methodology and the TRANSFORM Framework

Several methodological frameworks in sustainability research stress the transformative dimension as central to the very conception of sustainability. Jahn (2013, p. 53) identifies an "operative level" as one of three essential aspects of the complex social understanding of sustainability that sustainability research has to incorporate and reconstruct in a critical manner. At the operative level, concrete and realistic solutions are sought and the corresponding task for sustainability research is the production of "transformative knowledge", i.e. knowledge that can be translated into practical solutions and action.[8] This type of knowledge is always sought in relation to all kind of sustainability problems, even those with lesser complexity and greater convergence regarding the knowledge in the other two levels (normative and descriptive; cf. ibid., p. 55). With a particular focus on processes of transformation oriented towards sustainability, Lang et al. (2014, p. 134–135) describe transformative research methodology in four steps. After having identified the transformation processes that are to be investigated or managed, the first step is to summarize the knowledge at hand concerning the processes in question. In a second step, the synthetized knowledge is used to design strategies to initiate the envisaged transformation processes, e.g. in the form of real laboratories. The follow-up of the processes by the research team is the third step, and the final step is the integration of the new knowledge obtained, and the consequent expansion of the stock of knowledge about the processes in question.

Wiek and Lang (2016) highlight two research streams in sustainability science: one that is descriptive-analytical and one that is transformational. Transformational research aims at "developing evidence-supported solution options" to solve sustainability problems (ibid., p. 31). Projects carrying out transformational research design and test solution options using a variety of methods. A transformational methodology thus has to provide clear guidelines for the selection, combination and application of the different methods involved in a particular project (ibid., p. 33). Relying on a detailed analysis of four different transformational frameworks[9], Wiek and Lang propose a fifth framework that synthetizes key features of the ones that were analyzed. The general structure of the TRANSFORM framework is the combination of foresight and backcasting. Within this general structure, researchers first "analyze and assess past and current states" of the sustainability problem under investigation and "project the problem into the future" in order to depict several plausible future states (ibid., p. 38). In a second step, researchers "construct and assess sustainable future visions" and trace them back to the current state of the problem. The last step is the design and testing of "transition and intervention strategies" that contribute to solve the problem, attain the visions depicted and avoid undesirable scenarios (ibid.).

---

[8] Jahn also defines transformation knowledge through the question "what can be done", as contrasted to the question of the two other levels: the normative "what should be done" and the descriptive "what is the case" (Jahn 2013, p. 53–54).

[9] Complex problem-handling, transition management and governance, backcasting and integrated planning research. See Wiek and Lang (2016, 35–37); an overview of all four methodological frameworks is offered on p. 35.

3.2   Contestation and Engagement as Transformative Forces

As the study of protest, contestation practices and political engagement shows, transformation can be the goal of intentional actions that result from being affected by persistent problems or perceiving a situation as potentially harmful.[10] When we speak of transformation, we are dealing with a greater level of complexity: we observe that actors are seeking to change a problematic situation, rather than just solve a particular problem. The agency-aspect of transformation appears more clearly from the perspective of actors, both individual and collective. From a systemic point of view, agency appears as one of several factors that play a role in transformation processes. The report of the expert from the German Advisory Council on Global Change (WBGU 2011) analyzes several historical transformation processes and highlights the role of non-institutional actors in two respects: as precursors and supporters of the processes. The second role is even more stressed as a decisive factor in a change-dynamic's development, because historical cases show how the lack of acceptance and support can block transformation processes initiated by some precursors (ibid., p. 108–109). Besides agency, transformation processes require the emergence of a dynamic in the desired direction and the establishment of firm structures that hold up the dynamic in the long term. The activities of some precursors can themselves be consolidated as transformational dynamics (ibid. p. 115). One important implication of the role of actors as supporters is their engagement at the level of problem identification. The WBGU report stresses this engagement as a factor that can positively influence the acceptance and legitimacy of transformation processes (ibid. p. 68). Democratic legitimation also plays a central role at one of the first steps of transformation, i.e. the determination of criteria and thresholds that, in their turn, establish the frame of possible and desirable transformation paths (ibid., p. 34 and 114).

A pressing question arises when we contrast this analysis of the role of the actors in transformation and the way actors perceive their agency, especially from the perspective of protest. Their active role is perhaps akin to the role as precursors that the WBGU report points out. However, how can we integrate agency in the study of transformation processes towards sustainability when this agency is directed against structures that are needed to foster transformation in the first place? In these cases, actors are not just playing a role in identifying problems, and so delivering an input for transformation processes. In some cases, they are

---

[10] Protest can also be analyzed from a system perspective (see Luhmann 1996), but this does not deny the fact that transformation can be the goal of intentional actions, both individual and collective.

even trying to transform the structures before they can serve as a basis for stabilizing dynamics of change.[11] Hence, the interesting question is how to do justice to this dimension of agency in the methodological framework chosen for sustainability research, i.e. what can we learn from this kind of critical engagement for a better research design and transformation management.

4 Two Challenges and How to Face them in Transformational Frameworks

So far, I have presented the design of a sustainability research project, the specific content of its study cases, and some methodological and theoretical guidelines concerning a transformational framework. In the foregoing section, I outlined the tension that emerges when we consider transformation from the point of view of processes and try to integrate the role of agency at other points different than preparing the way (actors as "precursors") and accepting the directions taken or envisaged by others (actors as "supporters"). In the remainder of this section, I relate the above observations to the methodological aspects of the research, departing from our concrete study cases.

First challenge: when sustainability is contested. As our third research project shows, sustainability is sometimes put into question as an overarching goal. The first alternative for facing this challenge is to interpret the contestation mainly as an instance of a problem of scale, i.e. sustainability policy being formulated at national and supranational levels in a way detached from the situations (necessities, values, experiences, preferences) of the local level. A straightforward response consists in stressing the necessity of a greater inclusion or participation in policy-making and a research approach that focuses the problems and takes them as necessary input for the formulation and assessment of strategies and policies. However, this would mean just stressing again the suitability of a transdisciplinary rather than a traditional disciplinary perspective for sustainability, which would just remain in the sustainability research modus, which is already known. Instead, a more fundamental way of

---

[11] Peattie notes the risk involved in this kind of engagement, i.e. not being recognized as an input to transformation processes managed at a different scale than that of the civil engagements. Cf. Peattie 2011, p. 30: "Policy-makers also tend to view politics as the 'art of the possible' and will tend to label any initiatives that move too far from the status quo as unworkable or unrealistic". On the other hand, this view of politics is a generalization, and there may be cases different from this. For those cases that do fall under this view, one can still respond by stressing the necessity of integrating knowledge from such diverse sources as possible, and not only from policymakers.

coping with the challenge would be to incorporate the contestation as a *critical component* in a transformational framework, specifically on those steps that rely mainly on descriptive-analytical methods in general and, in particular, problem analyses.[12] This incorporation can be done in a similar way to that in ISOE's model (Jahn 2013, p. 51–52): as a systematic questioning of how all different social actors produce and use knowledge when they are pursuing their agendas, including research itself. This "self-reflexive and methodical test" (ibid. p. 52) weighs the different interests and goals set in a particular pursuit.

Second challenge: when stabilizing structures are contested. All three research projects focus on some aspect of transformation processes. While the first one focuses on individual processes of transformation, explaining the determinants of perception and consequent engagements when facing problematic situations, the second one focuses on historical processes of value transformation that can be identified in the development of debates, protests and civil actions. The third project, finally, focuses on the questioning, at a given level, of concrete plans conceived with the aim of contributing to, or realizing, transformation at another level. Thus, they all focus ongoing transformation processes, yet the transformational methodologies not only grasp ongoing transformation; they also take transformation as the guiding principle of research design, because the goal is the generation of solution options and of "evidence for the effectiveness of the solutions options generated" (Wiek and Lang 2016, p. 34). They thus take for granted the necessity of transformations in order to attain sustainable practices and structures.

Transformational frameworks assume the necessity of transformations as a departing point for developing methodological guidelines on very good grounds[13], and my aim is not to put into question this necessity. However, the research of agency towards transformation shows what appears to be a paradoxical dynamic in transformations towards sustainability: the goal of sustaining the states, structures or practices envisaged as the aim of transformations seems to preclude further transformations. An alternative to this seeming paradox can be formulated on the basis of certain elements offered by the approach on social-ecological transformation research. When describing some key features of the ISOE approach,

---

[12] Cf. Wiek and Lang 2016, p. 35; there, table 3.1 shows 4 different transformational frameworks and their respective steps in a systematic manner.

[13] Cf. WBGU 2011, p. 34: when describing the concept of "Leitplanken", the report explicitly affirms the necessity of preventing the earth system from entering certain states. In order to avoid certain pathways that can straightforwardly crash against these "barrier points", the report insists on the necessity of striving, in due time, for changes in the dangerous or risky paths. Transformation processes are thus stressed as necessary. They seek to avoid short-term drastic measures that would not only be too expensive, but also trigger social crises and upheaval.

Jahn (2013, p. 52) firstly warns about understanding sustainability in the sense of "stable end-states" and points out that sustainability instead refers to maintaining the capacity of processes to be continued. Considered in this sense, an important dimension of sustainability research becomes clear, i.e. the identification of those dynamics that can and should be maintained, and of those that should not. From this point of view, the continuity of a system's capacity for further development rather than the continuation of given states is the key feature of the sustainability model (ibid. p. 60).

The third research project, on historical processes of value change, offers some insights for developing further the ISOE guidelines. Values provide a very good example for grasping the idea of dynamic continuity, i.e. continuity open to further transformation, yet capable of being pursued in a normative manner. Values can be transmitted through practices when they are considered worthy of being transmitted (cf. Norton 2005, p. 356 ff.). At the same time, since practices can and do change –e.g., when they are reflected, criticized, etc.– values realized through practices can also and are also transformed accordingly. The preservation of values over time is both a systemic effect and an agency-driven process. Hence, contestation events do not necessarily represent a challenge or create a paradox for the aim of fostering and managing transformation guided by the principle of sustainability. However, since they are a part of the dynamics of social processes, they should be incorporated in transformational methodologies.

With regard to the TRANSFORM framework, the incorporation of critical and dynamic elements can be accomplished precisely through the synthesis of backcasting and foresight as proposed by TRANSFORM. According to this framework, the evidence-based projection of a problem's plausible development is combined with envisioning desirable paths and states that are, in turn, contrasted with the present state of the problem. The key point is the iteration of this dynamic research strategy, for it can guarantee that both continuation (of the plausible and desired pathways), as well as change (in problems' configurations or in path's or development route's plausibility), are part of the research and solution design, i.e. of the transformation strategy thus produced.

References

Börner, S. 2017. Determinants of community participation in deprived neighbourhoods affected by waste-related toxic pollution: an analysis within the framework of environmental justice. Unpublished doctoral thesis, Goethe-Universität Frankfurt.

Börner, S. 2018. Wege zu mehr Chancengleichheit und Lebensqualität im Dortmunder Hafengebiet aus der Perspektive des Umweltgerechtigkeitsdiskurses. In *Nachhaltigkeit und Transition: Politik und Akteure. Transition écologique et durabilité: Politiques et acteurs*, eds. A. Grisoni and R. Sierra, 313–330. Frankfurt a. M.: Campus.

Engels, J. I. 2006. *Naturpolitik in der Bundesrepublik. Ideenwelt und politische Verhaltensstile in Naturschutz und Umweltbewegung 1950–1980*. Padeborn: Schöningh.

Jahn, T. 2013. Theorie(n) der Nachhaltigkeit? Überlegungen zum Grundverständnis einer »Nachhaltigkeitswissenschaft«. In *Perspektiven nachhaltiger Entwicklung – Theorien am Scheideweg*, eds. J. Enders and M. Remig, 47–64 Marburg: Metropolis. [An English translation of this anthology is available under the following reference: Enders, J. and M. Remig, eds. 2015. *Theories of Sustainable Development*. London: Routledge].

Kates, R. W. 2012. From the unity of nature to sustainability science: Ideas and practice. In *Sustainability science: The emerging paradigm and the urban environment*, eds. M. P. Weinstein and R. E. Turner, 3–19. New York: Springer.

Kates, R. W., W. C. Clark, R. Corell, J. M. Hall, C. C. Jaeger, I. Lowe, J. J. McCarthy, H. J. Schellnhuber, B. Bolin, N. M. Dickson, S. Faucheux, G. C. Gallopin, A. Grübler, B. Huntley, J. Jäger, N. S. Jodha, R. E. Kasperson, A. Mabogunje, P. Matson, H. Mooney, B. MooreIII, T. O'Riordan, U. Svedin. 2001. Sustainability Science. *Science*, New Series, 292 (5517):641–642.

Kaesler, J. 2018. «Ein vordringlich europäisches Problem»? Industrielle Verschmutzung und die Entstehung saarländischer Umweltproteste im deutsch-französischen Grenzgebiet, 1957–1959. In *Mission écologie/Auftrag Ökologie. Tensions entre conservatisme et progressisme dans une perspective franco-allemande/Konservativ-progressive Ambivalenzen in deutsch-französischer Perspektive*, eds. O. Hanse, A. Lensing, and B. Metzger, 131–166. Bruxelles: Lang.

Lang, D. J., H. Rode, and H. von Wehrden. 2014. Methoden und Methodologie in den Nachhaltigkeitswissenschaften. In *Nachhaltigkeitswissenschaften*, eds. H. Heinrichs and G. Michelsen, 115–144. Berlin: Springer.

Luhmann, N. 1996. *Protest. Systemtheorie und soziale Bewegungen. Herausgegeben und eingeleitet von Kai-Uwe Hellmann*. Frankfurt a. M.: Suhrkamp.

Norton, B. 2005. *Sustainability. A philosophy of adaptive ecosystem management*. Chicago: University of Chicago Press.

Peattie, K. 2011. Developing and delivering social science research for sustainability. In *Researching sustainability. A guide to social science methods, practice and engagement*, eds. A. Franklin and P. Blyton, 17–33. London: Earthscan.

Vilmaier, U., and D. J. Lang. 2014. Transdisziplinäre Forschung. In *Nachhaltigkeitswissenschaften*, eds. H. Heirichs and G. Michelsen, 87–113. Berlin: Springer.

Volin, A. 2018. L'aménagement des territoires par les transports durables: le défi européen de la grande vitesse ferroviaire. In *Nachhaltigkeit und Transition: Politik und Akteure. Transition écologique et durabilité: Politiques et acteurs*, eds. A. Grisoni and R. Sierra, 269–291. Frankfurt a. M.: Campus.

WBGU. 2011. *Welt im Wandel. Gesellschaftsvertrag für eine Größe Transformation*. Berlin: WBGU.

Weidenfeld, W. 2015. *Die Europäische Union*. Paderborn: Fink.

Wiek, A., and D. J. Lang. 2016. Transformational sustainability research methodology. In *Sustainability science. An introduction*, eds. H. Heinrichs, P. Martens, G. Michelsen, and A. Wiek, 31–42. Dordrecht: Springer.

Rosa Sierra, Dr., war Nachwuchsgruppenleiterin im Forschungsprojekt Nachhaltigkeit (2014–2016) am Institut für Philosophie der Goethe-Universität Frankfurt. Aktuell forscht sie im Verbundprojekt TRANSENS -Transdisziplinäre Forschung zur Entsorgung hochradioaktiver Abfälle in Deutschland am Philosophischen Seminar der Christian-Albrechts-Universität Kiel.
https://www.philsem.uni-kiel.de/de/lehrstuehle/philosophie-und-ethik-der-umwelt/dr-rosa-sierra

Wie ist ein nachhaltiger Umgang mit Plastik möglich?

Eine Vorstellung der inter- und transdisziplinär arbeitenden Nachwuchsgruppe „PlastX"

Johanna Kramm und Carolin Völker

Zusammenfassung

Stellt Plastik ein Risiko für unsere Umwelt dar? Wie finden wir einen besseren Umgang mit einem Material, das so viele Bereiche unseres Alltags durchdrungen hat? Mit diesen und weiteren Fragen beschäftigt sich die inter- und transdisziplinär arbeitenden Nachwuchsgruppe „PlastX – Plastik in der Umwelt als systemisches Risiko". Der Beitrag stellt die unterschiedlichen Forschungsfelder (Mikroplastik, Meeresmüll, Verpackungen und Bioplastik) vor. Der Ansatz der systemischen Risiken wird als integrative Perspektive diskutiert.

1 Einleitung

Stellt Plastik ein Risiko für unsere Umwelt dar? Wie finden wir einen besseren Umgang mit einem Material, das so viele Bereiche unseres Alltags durchdrungen hat? Mit diesen und weiteren Fragen beschäftigen wir uns in unserer inter- und transdisziplinär arbeitenden Nachwuchsgruppe „PlastX – Plastik in der Umwelt als systemisches Risiko", die am ISOE – Institut für sozial-ökologische Forschung

J. Kramm (✉) · C. Völker
ISOE – Institut für sozial-ökologische Forschung in Frankfurt am Main, Frankfurt am Main, Deutschland
E-Mail: kramm@isoe.de

C. Völker
E-Mail: voelker@isoe.de

beheimatet ist. Die Soziale Ökologie als disziplinübergreifende Nachhaltigkeitsforschung versucht durch naturwissenschaftliche Methoden und Konzepte zu
verstehen, in welchem Ausmaß Boden, Wasser und Luft verschmutzt sind und
inwieweit diese Verschmutzungen Ökosysteme gefährden. Gleichzeitig werden
mithilfe sozialwissenschaftlicher Methoden und Konzepte die gesellschaftlichen
Ursachen und Verursacher von Umweltproblemen betrachtet; damit rücken die
komplexen Wechselbeziehungen zwischen Gesellschaft und Natur in den Fokus
der Forschung. Zudem ist diese Art der Forschung transdisziplinär, das heißt, sie
orientiert sich an gesellschaftlichen Problemen und ist praxisbezogen (Becker und
Jahn 2006).

Wir, eine Natur- und eine Sozialwissenschaftlerin, leiten gemeinsam das
Team aus insgesamt sechs Nachwuchswissenschaftler*innen, die die Disziplinen
Humangeografie, Ökotoxikologie, Chemie und Soziologie vereinen. Forschungs-
partner sind die Goethe-Universität Frankfurt und das Max-Planck-Institut für
Polymerforschung in Mainz. Gefördert wird unsere Nachwuchsgruppe vom Bun-
desministerium für Bildung und Forschung (BMBF). Im Förderprogramm „Forschung für nachhaltige Entwicklungen" (FONA) wurde gezielt der Förderbereich
„Nachwuchsgruppen in der Sozialökologischen Forschung" aufgelegt, um jungen
Wissenschaftler*innen die Möglichkeit zu geben, sich im Bereich Nachhaltigkeitsforschung zu qualifizieren und die inter- und transdisziplinäre Forschung
in der deutschen Hochschullandschaft zu stärken. Eine zentrale Herausforderung
hierbei ist, dass wissenschaftliche Qualifizierung an den Universitäten disziplinär
ausgerichtet ist, d. h. dass trotz inter- und transdisziplinärer Arbeit eine disziplinäre Profilierung erreicht werden muss. Des Weiteren stehen bei transdisziplinär
arbeitenden Nachwuchsgruppen nicht nur wissenschaftliche Publikationen als
Ergebnis im Mittelpunkt, sondern auch Produkte für die gesellschaftliche Praxis,
z. B. in Form von Handlungsleitfäden oder Politikempfehlungen. Mit dem inter-
und transdisziplinären Zugang stellt sich unsere Forschungsgruppe also gleich
zwei zentralen Integrationsherausforderungen: Zum einen eine gute Zusammenarbeit von Wissenschaftler*innen unterschiedlicher Disziplinen zu gewährleisten
sowie Spannungen zwischen natur- und sozialwissenschaftlichen Perspektiven zu
überwinden und zum anderen eine gute Einbindung von praktischem Wissen in
unserer Forschung zu erreichen (für eine Diskussion der zentralen Herausforderungen siehe Jaeger-Erben et al. 2018). Unterstützt wird dies durch unseren
Projektbeirat, in dem sowohl erfahrene Wissenschaftler*innen als Mentor*innen
für die Gruppenmitglieder dienen als auch Partner aus der Praxis ihre Erfahrungen
und Erkenntnisse in die Forschung eintragen.

Unser Forschungsthema Plastik in der Umwelt stellt kein neuartiges Problem dar, sondern wird bereits seit den 1970er Jahren gesellschaftlich diskutiert

(Kramm und Völker 2018). Dennoch ist das Problem bis heute nicht gelöst und die Debatte aktueller als je zuvor: Immer mehr wissenschaftliche Studien verweisen auf die wachsende Menge an Plastikmüll in Meeren und Ozeanen, der, zersetzt zu kleinsten Partikeln („Mikroplastik"), nahezu alle Ökosysteme kontaminiert. Gleichzeitig ist Plastik heute noch weniger aus dem alltäglichen Leben wegzudenken als damals; die weltweite Produktion ist allein zwischen 2005 und 2015 von 230 auf 320 Mio. Tonnen angestiegen (PlasticsEurope 2016). Plastik ist günstig herstellbar, gut formbar, leicht und beständig und bietet deshalb viele Vorteile gegenüber anderen Materialien. Letztendlich sind es jedoch genau diese Vorteile, die zu den unerwünschten Effekten in der Umwelt führen – die massenhafte Verwendung führt zu einem hohen Abfallaufkommen und zum Eintrag in die Umwelt und die Beständigkeit des Materials setzt sich auch in der Umwelt fort, was bedeutet, dass die meisten Kunststoffe dort akkumulieren und kaum oder nur sehr langsam abgebaut werden. Diese Ambivalenz verdeutlicht, dass es sich bei dem Thema nicht um ein rein wissenschaftliches, sondern um ein komplexes lebensweltliches Problem handelt. Neben den Umweltfolgen, die die massenhafte Plastikverwendung mit sich bringt, muss auch die alltagspraktische Bedeutung des Materials betrachtet werden, da nur so die Ursachen des Problems langfristig behoben werden können. Bislang sind die Auswirkungen von Plastik auf die Umwelt und die menschliche Gesundheit wissenschaftlich nicht ausreichend beschrieben und es herrschen widerstreitende Ansichten darüber, ob und wie der Plastikeintrag in die Umwelt verringert werden kann. In unserer Forschungsgruppe nehmen wir eine breite, möglichst ganzheitliche Sicht ein und rahmen die Problematik als „systemisches Risiko". Damit möchten wir das Phänomen „Plastik in der Umwelt" über die möglichen Umweltwirkungen hinaus in seiner Komplexität verstehen, verschiedene Lösungsansätze tiefer gehend untersuchen und ihre Wechselwirkungen verstehen. Die konzeptionelle Rahmung der Problematik wird im nächsten Abschnitt näher vorgestellt.

2 Plastik in der Umwelt als systemisches Risiko

Der Begriff „systemisches Risiko" stammt ursprünglich aus der Finanzwissenschaft und bezeichnet dort das Risiko, dass durch die Zahlungsunfähigkeit eines Marktteilnehmers andere Marktteilnehmer ebenfalls in Mitleidenschaft gezogen werden, was schließlich den funktionellen Zusammenbruch des Finanzsystems bewirken kann (Bechmann et al. 2007). In den letzten Jahren wurde der Begriff auch außerhalb der Finanzwissenschaft verwendet und vor allem in der sozial-ökologischen Forschung weiterentwickelt. Ausgang war das OECD-Projekt „Emerging Risks in the 21st Century: An Agenda for Action" (OECD 2003), in dem systemische Risiken als katastrophale Ereignisse wie Naturkatastrophen oder Infektionskrankheiten beschrieben werden, die das Potenzial besitzen, ganze Systeme und Infrastrukturen, von denen Gesellschaften abhängig sind, zu gefährden. Zwar stellt der Eintrag von Plastik in die Umwelt kein singuläres, katastrophales Ereignis dar, doch nimmt die zunehmende Verschmutzung Einfluss auf zahlreiche Ökosysteme und verschiedene gesellschaftliche Bereiche. Der Plastikeintrag geschieht dabei dezentral und fortwährend durch die täglich anfallenden Plastikabfälle, die teilweise (un)beabsichtigt in die Umwelt gelangen. Dieser Plastikabfall – ca. 63 % davon sind Verpackungen (Europäische Kommission 2013) – stammt aus unterschiedlichen Bereichen des alltäglichen Lebens, der Konsum der Plastikprodukte erfolgt zum Großteil allerdings eher unbewusst: Lebensmittelverpackungen bedienen keine Nachfrage nach Plastik, sondern nach frischen Lebensmitteln, in der Medizin garantieren Plastikverpackungen sterile Produkte und mit Plastiktüten werden Einkäufe transportiert (Andrady et al. 2015; Andrady und Neal 2009). In der sozial-ökologischen Forschung ändert sich also die Analyseperspektive: Im Fokus stehen die normalen, installierten und routinierten Abläufe in einer Gesellschaft, z. B. der Lebensmittelversorgung, die zu einer kontinuierlichen, kumulativen Schadensproduktion führen und somit die verbundenen Ökosysteme sowie die Gesellschaft selbst gefährden können. Anders ausgedrückt wird also untersucht, wie gerade der „Normalbetrieb" moderner Gesellschaften zu unerwünschten Nebenfolgen und damit zu kontinuierlicher Risikoproduktion führt (Bechmann et al. 2007).

Doch wie hoch ist nun das Risiko, welches von Plastik für die Umwelt ausgeht? Viele wissenschaftliche Studien zeigen, dass sich wildlebende Meerestierarten in größerem Plastikabfall verheddern oder Plastikfragmente verschlucken können (Wright et al. 2013). Doch ob die verschluckten Plastikteile toxisch auf die Organismen wirken und welche Folgen der eingebrachte Plastikabfall letztendlich für das gesamte Ökosystem hat, kann wissenschaftlich bisher nicht ausreichend bewertet werden. Da Plastik keine einheitliche chemische Substanz ist, sondern ein Werkstoff, der aus verschiedenen Polymeren mit unterschiedlichen Zusatzstoffen wie Weichmachern, Flammschutzmitteln oder Farbstoffen besteht, ist die Untersuchung der biologischen Effekte äußerst komplex und Gegenstand hoher Unsicherheit. Es existiert zudem kein vollständiger Überblick über Qualität und Quantität der in der Umwelt vorkommenden Plastikarten, die zusätzlich durch Umwelteinflüsse in ihrer chemischen Zusammensetzung verändert werden. Der klassische Ansatz, der zur Umweltrisikobewertung von

Chemikalien entwickelt wurde, eignet sich aufgrund dieser komplexen Zusammensetzung nicht, um „sichere" oder „gefährliche" Konzentrationen von Plastik in der Umwelt zu bestimmen (Kramm und Völker 2018). Zudem sind die ökologischen Folgen nicht die einzigen Risiken, die im Zusammenhang mit Plastik in der Umwelt betrachtet werden müssen. In vielen Fällen aus ästhetischen Gründen, führen die Plastikabfälle auch zu politischen, sozialen und wirtschaftlichen Folgen, z. B. wenn die Gefahr besteht, dass durch verschmutzte Strände Tourismuseinnahmen verloren gehen (Ballance et al. 2000; Jang et al. 2014) oder Fischer Einkommensverluste durch Plastikmüll erleiden (Nash 1992). Ausgelöst durch mediale Berichterstattungen über umstrittene Studien (Der Spiegel 2013; NDR 2014), wird Mikroplastik in der öffentlichen Debatte auch als Risiko für die Lebensmittelversorgung wahrgenommen (Bundesinstitut für Risikobewertung (BfR) 2016). Plastik in der Umwelt entfaltet also Wirkungen jenseits der Ökosysteme, in die es gelangt. Die dezentrale Risikoproduktion und die vielfältigen Auswirkungen unterstreichen, dass sich die Problematik nicht als klassisches Risiko mit Hilfe von Eintrittswahrscheinlichkeiten und Schadensausmaß kalkulieren lässt (Kramm et al. 2018). Folglich existieren auch keine einfachen, optimalen Lösungsstrategien, sondern der gesellschaftliche Umgang mit Plastik muss in vielen Bereichen grundsätzlich anders gestaltet werden. In der Debatte treffen allerdings völlig verschiedene Akteure aufeinander, die Risikoproduzenten oder Betroffene – oder beides gleichzeitig – sein können (für die Akteure Wissenschaft und Medien siehe Völker et al. 2019). Einerseits aufgrund unterschiedlicher Wissensbestände, Wertvorstellungen und Interessen, andererseits aber auch aufgrund der nicht eindeutigen wissenschaftlichen Datenlage, nehmen die Akteure das Problem unterschiedlich wahr, was zu widerstreitenden Ansichten hinsichtlich möglicher Lösungsstrategien führt. So unterstreichen einige die Risiken des Materials und unterstützen dessen Vermeidung sowie die Verwendung alternativer Materialien. Andere halten nicht Plastik als Material für problematisch, sondern lediglich dessen falsche Entsorgung. Als mögliche Lösungsstrategien liegen dabei ganz verschiedene Ansätze auf dem Tisch, die über besseres Recycling, effizienteres Abfallmanagement, Bewusstseinsbildung, nachhaltigeren Konsum, abbaubare Plastikarten, bis zum Verbot bestimmter Plastikprodukte und zu Müllsammelaktionen reichen. Wer letztendlich welche Rolle bei der Umsetzung der jeweiligen Lösungsansätze übernehmen muss – sei es die Politik, Akteure aus der Wirtschaft, gemeinnützige Organisationen oder der „verantwortliche Konsument" – ist eine weitere Frage, über die gegensätzliche Meinungen herrschen.

Zusammengefasst lässt sich Plastik in der Umwelt also durch folgende Charakteristika als systemisches Risiko beschreiben: Die Auswirkungen sind nicht lokal begrenzt, sondern können von einem System (z. B. dem Ökosystem) in ein anderes System (z. B. den Tourismus) ausstrahlen. Weitere Kennzeichen sind eine hohe Komplexität der Ursache-Wirkungs-Ketten sowie ein hohes Maß an Unsicherheit und Ambiguität (Mehrdeutigkeit) hinsichtlich der zu erwartenden Konsequenzen (Kramm und Völker 2018). Deutlich wird, dass nicht nur ein Lösungsweg verfolgt werden kann, sondern im Sinne einer ganzheitlichen Betrachtung in verschiedenen Handlungsfeldern angesetzt werden muss. Für unsere Forschung haben wir deshalb unterschiedliche Handlungsfelder identifiziert und Fragestellungen abgeleitet, die zu einem besseren Verständnis der Problematik führen sowie verschiedene Lösungsansätze näher betrachten sollen. Erstens untersuchen wir die Effekte, die in die Umwelt eingebrachtes Plastik auf die dort lebenden Organismen hat und tragen dazu bei, das Risiko für Ökosysteme einschätzen zu können. Wir konzentrieren uns dabei auf die Auswirkungen von Mikroplastik und führen ökotoxikologische Untersuchungen mit Wasserorganismen durch. Zudem möchten wir den klassischen Ansatz zur Umweltrisikobewertung von Chemikalien weiterentwickeln, um daraus adäquate Managementoptionen für Mikroplastik in der Umwelt abzuleiten. Die zweite Frage beschäftigt sich mit dem Thema Meeresmüll als globalisiertes Umweltproblem und seiner politischen Bearbeitung. Hier untersuchen wir, wie der weitere Eintrag von Plastikmüll in die Weltmeere verringert werden kann, und analysieren unterschiedliche Managementstrategien, die dieses Problem aufgreifen. Im dritten Forschungsfeld geht es um die Strategie, die in der Abfallhierarchie an oberster Stelle steht, der Vermeidung oder Reduktion der Kunststoffverwendung. Ein Großteil der produzierten Kunststoffe wird für Verpackungen verwendet, diese gelangen zudem am häufigsten in die Umwelt. Wir untersuchen Konsum- und Produktionsmuster von Plastikverpackungen im Lebensmittelbereich und gehen der Frage nach, wie deren Verwendung nachhaltiger zu gestalten ist. Die vierte Frage, die direkt an das dritte Forschungsfeld anschließt, widmet sich möglichen Verpackungsalternativen und der Substitution konventioneller Kunststoffarten. Hierfür werden neue Polymere im Labor synthetisiert, die als Ersatzstoff für herkömmliche Kunststoffe in Verpackungen dienen können und gleichzeitig in der Umwelt besser abbaubar sein sollen.

Das Wissen aus den verschiedenen Forschungsfeldern ist essenziell, da nur so eine Gesamtbetrachtung der Problematik möglich ist und Lösungsstrategien mitsamt ihrer (unerwünschten) Nebenfolgen abgewogen werden können. Aus der systemischen Perspektive werden die in den unterschiedlichen Forschungsfeldern entwickelten Handlungsoptionen integriert betrachtet. Hier wird erarbeitet, wie komplexe Umweltprobleme mit naturwissenschaftlichen Methoden untersucht werden können und wie diese Probleme gesellschaftlich und politisch bewertet werden. Im Folgenden werden die unterschiedlichen Forschungsbereiche detaillierter vorgestellt.

2.1 Ökotoxikologische Bewertung von Mikroplastik:

Wie ist das Umweltrisiko von Mikroplastik einzuschätzen?
Stellt Mikroplastik ein Risiko für das Ökosystem dar? Diese Frage wird inzwischen vielfach diskutiert und es gibt bisher noch keine abschließende Antwort. Eine wachsende Zahl von Studien belegt das Vorkommen der kleinen Plastikfragmente mit einer Größe von unter 5 Millimetern in nahezu allen aquatischen Ökosystemen. Mikroplastik entsteht, wenn größerer Plastikabfall durch Umwelteinflüsse wie Sonnenlicht oder mechanische Prozesse in kleinere Fragmente zersetzt wird (Andrady 2011). In diesem Fall spricht man von sekundärem Mikroplastik. Primäres Mikroplastik bezeichnet Plastikpartikel, die direkt als Partikel angewendet werden, z. B. Pellets zur Plastikproduktion oder Partikel in Körperpflegeprodukten, und durch ihren Gebrauch ebenfalls in die Umwelt gelangen können (Zitko und Hanlon 1991; Gregory 1996). Zunächst vor allem in der marinen Umwelt detektiert, wird es nun auch vermehrt in limnischen Gewässern, also Seen und Flüssen, nachgewiesen (Wagner et al. 2014).

Doch wie wirken sich die Plastikpartikel auf die Lebewesen in den Gewässern aus? Bisher zeigt sich, dass Mikroplastik in der Umwelt von verschiedenen Wasserorganismen aufgenommen wird, darunter einige Fischarten, Krebstiere, Schnecken und Würmer (Eerkes-Medrano et al. 2015). In vielen Fällen werden die Partikel nach der Aufnahme wieder ausgeschieden, ohne dass sie toxisch auf die Organismen wirken. Aus einigen Laborexperimenten geht jedoch auch hervor, dass sich nach der Aufnahme von Mikroplastikpartikeln toxische Wirkungen auf verschiedene Organe und eine erhöhte Sterblichkeit der Organismen zeigen (Oliveira et al. 2013; Rehse et al. 2016; Lu et al. 2016). Unklar ist, über welche Wirkmechanismen diese Effekte in den Organismen zustande kommen. Es wird vermutet, dass Mikroplastik mit Nahrung verwechselt wird, bei einer Aufnahme den Magen-Darm-Trakt verstopft und so zu einer verringerten Nahrungsaufnahme der Organismen führt, die dann letztendlich die beobachteten schädlichen Effekte verursacht (z. B. Besseling et al. 2014). Weiterhin könnten Chemikalien, die den Kunststoffen bei der Herstellung zugesetzt werden (z. B. Weichmacher), aus den Partikeln auslaugen und für einen toxischen Effekt im Organismus verantwortlich sein. Auch wird vermutet, dass andere Umweltchemikalien an Mikroplastik anheften und über die Partikel in die Organismen transportiert werden (Teuten et al.

2007). Letztendlich ist allerdings unklar, ob diese Effekte tatsächlich umwelt-relevant sind, da die Versuche zumeist mit sehr hohen Partikelkonzentrationen durchgeführt wurden, die so in der Umwelt nicht vorkommen (Koelmans et al. 2017).

Um die Umweltwirkung von Mikroplastik einschätzen zu können, fehlt es einerseits noch an wissenschaftlichen Studien, die sowohl einen Überblick dar-über geben, welche Partikel in welchen Mengen in der Umwelt vorhanden sind (Browne et al. 2011), als auch an Studien zu den biologischen Effekten, ins-besondere Langzeiteffekten bei chronischer Exposition (Wagner et al. 2014). Bereits durchgeführte Studien sind zudem oft nicht vergleichbar, da keine ein-heitlichen Methoden verwendet wurden, um die Partikel in der Umwelt und die Effekte zu charakterisieren. Andererseits existiert, wie bereits erwähnt, bisher kein tragfähiges Konzept, das Umweltrisiko dieser Stoffgruppe zu bewerten. Der her-kömmliche Ansatz wird der Vielzahl der Mikroplastikpartikel, die sich in Form, Größe, chemischer Zusammensetzung und ihrer Herkunft unterscheiden, nicht gerecht, was die Prognose der Umweltauswirkungen erschwert.

In PlastX gehen wir der Frage nach, wie die Auswirkungen von Mikroplas-tik auf Gewässerökosysteme bewertet werden können. Wichtige Fragen sind: Was passiert mit den Plastikpartikeln nach der Aufnahme in den Organismus? Wer-den sie auf bestimmte Gewebe übertragen oder sofort ausgeschieden? Verändert Mikroplastik das Fressverhalten der Organismen oder löst es Entzündungsreak-tionen aus? Wie beeinflussen Faktoren wie Polymertyp, Größe und Form die Toxizität? Haben die zahlreichen Zusatzstoffe (wie z. B. Weichmacher) Auswir-kungen auf aquatische Organismen? Um diese Fragen zu beantworten, werden im Labor verschiedene Experimente mit Wasserorganismen durchgeführt, die gegenüber Mikroplastikpartikeln exponiert werden (Zimmermann et al. 2020).

Weiterhin wird erarbeitet, wie bestehende Konzepte zur Umweltrisikobewer-tung von chemischen Substanzen angepasst werden müssen, um das Gefahren-potenzial von Mikroplastik adäquat einzuschätzen. Bei der Umweltverträglich-keitsprüfung werden mögliche Exposition und Effekte einer Substanz bewertet, um das Risiko zu charakterisieren und entsprechende regulatorische und poli-tische Maßnahmen zur Risikominimierung zu ergreifen (European Chemicals Bureau 2003). Kann das Umweltrisiko bewertet werden, erleichtert dies Hand-lungsempfehlungen und, falls nötig, nationale bzw. europaweite Regulationen des Mikroplastik-Eintrages (Wagner et al. 2014).

2.2   Der Ozean als globale gemeinsame Ressource:

Mit welchen Maßnahmen lässt sich Meeresmüll wirksam begegnen?
Unabhängig davon, ob kleinste Plastikpartikel ein ökotoxikologisches Risiko für die Umwelt darstellen, herrscht Konsens, dass der Eintrag von Plastikabfällen in die Umwelt reduziert werden muss. Durch medienwirksame Bilder, die auf verschmutzte Strände, treibenden Plastikmüll und beliebte Meerestierarten, die sich in Plastikmüll verheddern, hinweisen, ist insbesondere das Thema Meeresmüll in den letzten Jahren zunehmend in den Fokus der öffentlichen und politischen Aufmerksamkeit gerückt (Derraik 2002; UNEP 2016; Stöfen-O'Brien 2015). Es wird geschätzt, dass heute etwa dreiviertel des Meeresmülls aus Plastikabfällen besteht und dass es sich dabei um ca. 140 Mio. Tonnen handelt, die entweder im Meer treiben oder auf den Boden abgesunken sind (Jambeck et al. 2015; MacArthur et al. 2016; PlasticsEurope 2016). Diese Plastikabfälle gelangen durch unsachgemäße Entsorgung, unzureichend gemanagte Deponien, fehlendes Abfall- oder Abwassermanagement, aber auch touristische Aktivitäten über Flüsse, Niederschlagswasser und Wind in die Ozeane (UNEP 2016; Jambeck et al. 2015). Insbesondere asiatische Länder werden wegen ihrer hohen Bevölkerungsdichte, dem vielfach ungeordneten Abfallmanagement sowie den langen Küstenlinien für den Eintrag verantwortlich gemacht (Jambeck et al. 2015). In Schwellenländern wie Indien und China, aber auch in weiteren asiatischen Staaten mit einem hohen Wirtschaftswachstum wie Vietnam oder Thailand, bilden sich konsumstarke Bevölkerungsschichten heraus, was zu einer höheren Nachfrage von Plastikprodukten führt, seien es in Plastik verpackte Lebensmittel oder auch Haushaltswaren und hochwertige Konsumgüter. Wachsende Produktion und zunehmender Konsum stehen oft einem unzureichenden Abfall- und Abwasserregime gegenüber. Zugleich tragen Exporte von Plastikmüll, z. B. aus der EU nach Asien, zu einer Verschärfung des Müllproblems bei (Velis 2014). Plastikabfälle in Ozeanen werden mit einer Reihe negativer Auswirkungen assoziiert; neben den ökologischen Folgen werden, z. B. Navigationsschwierigkeiten für Schiffe durch treibenden Müll sowie Einkommenseinbußen in der Tourismusbranche aufgrund verschmutzter Strände angeführt (Derraik 2002; Gregory 2009; UNEP 2016). Der Meeresmüll ist ein grenzüberschreitendes Problem, so können Strände durch Müll verschmutzt werden, der durch die Meeresströmungen von weit her angespült wurde. Das heißt auch, und hier gibt es Ähnlichkeiten zum Klimawandel, dass Verursacher und Leidtragende oft nicht zusammenfallen. Das Meer ist eine globale gemeinsame Ressource (WBGU 2013) und sollte als „Erbe der Menschheit", wie es im Seerechtsübereinkommen der Vereinten Nationen (UN-CLOS) angelegt ist, geschützt werden.

In den vergangenen Jahren wurden internationale Strategien verabschiedet, die den Umgang mit Plastikabfall in Ozeanen regulieren sollen. So hat die globale Gemeinschaft mehrere Übereinkommen zum Schutz der Meere und Ozeane verabredet, in der auch Plastikabfälle eine Rolle spielen, darunter z. B. das Internationale Übereinkommen von 1973 zur Verhütung der Meeresverschmutzung durch Schiffe (MARPOL) und das Seerechtsübereinkommen der Vereinten Nationen (UNCLOS) sowie regionale Übereinkommen wie die Meeresstrategie-Rahmenrichtlinie (MSRL) der Europäischen Union. Aber auch Akteure aus Wissenschaft, Umweltverbänden und Entwicklungszusammenarbeit nehmen eine aktive Rolle ein, wenn es um den Meeresschutz geht (Kerber und Kramm 2020). So widmen sich globale Umweltorganisationen sowie Organisationen der Entwicklungszusammenarbeit zunehmend dem Thema Meeresmüll mit einem internationalen Blick. Die weiterhin zunehmende Verschmutzung der Ozeane zeigt jedoch, dass diese multilateralen Vereinbarungen Grenzen haben, da diese auch in nationale und lokale Maßnahmen umgesetzt werden müssen.

Uns beschäftigt daher, wie Plastikabfälle in Ozeanen als grenzüberschreitendes Umweltproblem politisch bearbeitet werden und wie bestimmte multilaterale Übereinkommen und nationale Politikstrategien in konkreten Maßnahmen umgesetzt werden. In Zusammenarbeit mit zwei Organisationen der internationalen Zusammenarbeit aus Umwelt und Entwicklung untersuchen wir in Fallstudien in Vietnam, welche lokalen Herausforderungen im Abfallmanagement bestehen, wie der Meeresmüll wahrgenommen wird und welche Ansatzpunkte für Maßnahmen bestehen (Kerber und Kramm 2021). Forschungsfragen umfassen: Wie gestaltet sich die Problemwahrnehmung von unterschiedlichen Akteuren vor Ort? Welche Rolle spielen Kunststoffe und Plastikmüll in Alltagspraktiken? Wie werden nationale Politikstrategien in konkreten Maßnahmen umgesetzt? Die Forschungsergebnisse werden den Partnerorganisationen zurückgespielt, um Projekte zur Vermeidung von Meeresmüll zu verbessern.

2.3   Kunststoffe in der Lebensmittelversorgung:

Wie kann das Verpackungsaufkommen reduziert werden?

Um den Eintrag von Plastikabfällen in die Umwelt grundsätzlich zu reduzieren, muss in vielen Bereichen der Umgang mit Kunststoffen anders gestaltet werden. Ein verbessertes Abfallmanagement bietet eine Option, ist allerdings eine sogenannte „end-of-pipe"-Lösung, also eine Lösung, die nur die Effekte aber nicht die Ursache bekämpft. Maßnahmen sollten ebenfalls bei der Ursache ansetzen und darauf abzielen, die Menge der Plastikverwendung und damit auch den Abfall zu reduzieren. Ein Feld der Intervention sind Verpackungen von Konsumgütern wie z. B. Lebensmitteln. Denn betrachtet man die Verwendung von Kunststoffen, machen Verpackungen mit fast 40 % den größten Anteil der Kunststoffverwendung in Europa aus – ein Kunststoff mit einer nur sehr geringen Lebensdauer, der direkt nach seiner Verwendung entsorgt wird (PlasticsEurope 2016). Die Vorteile einer Kunststoffverpackung sind vielseitig: Das geringe Gewicht bedingt einen geringen Transportenergiebedarf, durch Verpackungen wird die Haltbarkeit von Lebensmittel erhöht, zudem sind Transparenz und vielfältige Formen der Verarbeitung möglich. Kein Wunder, dass sich die Kunststoffverpackung auf einem Siegeszug befindet: In den letzten 20 Jahren hat sich in Deutschland der private Verbrauch von Kunststoffverpackungen pro Kopf mehr als verdoppelt, von 12 kg pro Kopf im Jahr 1991 auf 24 kg pro Kopf im Jahr 2011 (Schüler 2015). Gründe für die Zunahme sind der steigende Verbrauch von Kunststoffflaschen und Kleinverpackungen, der Trend zu aufwändigeren Kunststoffverschlüssen und vorverpackter Thekenware wie Wurst und Käse in Dickfolien anstatt von Bedienungsware in Dünnfolie (Schüler 2015). Auch weisen inzwischen viele Supermärkte Regale mit gekühlten, verpackten Convenienceprodukten auf, wie geschnittenes Obst, Salate, Sandwiche oder Sushi. Ein weiterer Trend ist der Außer-Haus-Verzehr bedingt durch ein Angebot an Food-to-go-Produkten und ganze Supermärkte, die ihr Konzept danach ausrichten. Gleichzeitig verstärken aktuelle gesellschaftliche Entwicklungen den Trend zur Kunststoffverpackung (BVE 2016; Monkhouse et al. 2004). So führen der soziodemografische Wandel und die steigende Anzahl von Single- oder Zweipersonenhaushalten in der Tendenz zu kleineren Verpackungsgrößen und damit höherem Verpackungsverbrauch.

Eine Verbraucherstudie von PricewaterhouseCoopers zu Verpackungen legt jedoch auch ein wachsendes Umweltbewusstsein bei den Verbraucher*innen bezüglich Verpackungen nahe: 82 % der Befragten, so die Studie, würden verpackungsfrei einkaufen, wenn es möglich wäre (pwc 2015). Bei der Frage, welche Steuerungsinstrumente eingesetzt werden können, um nachhaltige Konsum- und Produktionsmuster zu befördern, werden „harte" Instrumente wie ökonomische und rechtliche gegenüber „weichen" wie Informations- und Kommunikationsstrategien als wirksamer angesehen (Weller 2013). Dies spiegelt auch die Einsicht wider, dass beim Thema Vermeidung von Plastikverpackungen die Verantwortung für ökologisch-nachhaltiges Handeln nicht allein auf die Verbraucher*innen abgewälzt werden darf, sondern dass bereits beim Hersteller und Handel angesetzt und hier nachhaltige Marktangebote geschaffen werden sollten (Ahaus et al. 2011). In diesem Innovationsbereich können Vermeidungsstrategien ansetzen, wobei, um das Problem möglichst effizient zu bearbeiten, die Bereiche Produktion und Konsum nicht getrennt voneinander betrachtet werden sollten (Marvin und Medd 2004).

Wir untersuchen daher genau diese Schnittstelle von Produktion und Konsum. Die Ausgangsthese hinter der Untersuchung ist, dass sich Produktion und Konsum von Lebensmitteln zunehmend trennen und ausdifferenzieren, wodurch ein höherer Bedarf an Verpackungen entsteht. Das bedeutet, dass zum einen die Produktion der Lebensmittel zunehmend aufwendiger wird und immer mehr Arbeitsschritte erfordert und zum anderen immer weitere Wege vom Produzenten bis zum Konsumenten zurückgelegt werden. Plastikverpackungen sind ein wichtiger Bestandteil vieler dieser räumlichen und zeitlichen Bearbeitungsschritte, erleichtern sie beispielsweise den Transport oder verbessern die Haltbarkeit der Lebensmittel (Sattlegger et al. 2020a). Um den Verbrauch von Verpackungen in diesen Bereichen genauer zu untersuchen, betrachten wir die Lebensmittelversorgungskette von den Produzenten bis zum Einzelhandel (Sattlegger 2020). Durch teilnehmende Beobachtung in der Lebensmittelproduktion, Großhandel und Einzelhandel wollen wir folgende Fragen beantworten: Welche Funktionen erfüllen Verpackungen im jeweiligen Unternehmen? Welche zentralen Handlungen innerhalb des Unternehmens sind an Verpackungen geknüpft? Wie verknüpfen Verpackungen die unterschiedlichen Unternehmen (Produktion bis Einzelhandel) entlang der Wertschöpfungskette miteinander? Welche verpackungsabhängigen Handlungsweisen vermitteln zwischen den Unternehmen – z. B. Transport oder Kommunikation? Damit möchten wir herausfinden, wie Plastikverpackungen verschiedene Aktivitäten und Praktiken in einer zunehmend globalisierten und (räumlich, zeitlich und sozial) ausdifferenzierten Lebensmittelversorgung verknüpfen. Letztendlich sollen Strategien erarbeitet werden, wie eine nachhaltigere und weniger materialintensive Reorganisation der Aktivitäten in der Lebensmittelversorgungskette aussehen kann, um den Plastikverpackungsmüll zu reduzieren.

2.4   Biokunststoffe als Alternative:

Kann man herkömmliche Kunststoffsorten ersetzen?

Der Verbrauch von Kunststoffverpackungen kann in einigen Bereichen zwar reduziert werden, doch werden Verpackungen auch in Zukunft eine wichtige Rolle spielen. Daher wird intensiv über nachhaltigere und ökologischere Alternativen nachgedacht. Dabei werden immer wieder sogenannte Biokunststoffe als möglicher Ersatz für konventionelle Kunststoffarten diskutiert. Der Begriff „Biokunststoff" wird allerdings nicht einheitlich verwendet, sondern beschreibt eine recht große Gruppe von Kunststoffarten mit verschiedenen Eigenschaften: Entweder basieren diese auf nachwachsenden Rohstoffen und nicht auf Erdöl, sind dabei aber genauso schwer abbaubar wie herkömmliche Kunststoffe oder sie sind biologisch abbaubar und können dabei sowohl auf fossilen als auch auf regenerativen Rohstoffen basieren (Beier 2009). Ein Polymer ist laut Definition bioabbaubar, wenn mindestens ein Schritt während des Abbauprozesses von natürlich vorkommenden Organismen vollzogen wird. Der Abbau erfolgt in Gegenwart von Sauerstoff und Feuchtigkeit bei Umgebungstemperatur.

Der Großteil der verwendeten Verpackungen wird derzeit aus den konventionellen Polymeren Polyethylen (PE) und Polypropylen (PP) (zusammen ca. 85 %) hergestellt (Detzel et al. 2012). Will man die konventionell verwendeten Polymere durch abbaubare Biopolymere ersetzen, müssen die möglichen Alternativen dieselben Anforderungen wie das ursprünglich verwendete Material erfüllen, z. B. bestimmte Barriere-Eigenschaften. Auch muss sichergestellt sein, dass die Materialien nicht schon beginnen abzubauen, wenn sie noch im Einsatz, d. h. im Kontakt mit Lebensmitteln sind. Gängige bioabbaubare Kunststoffe auf dem Markt sind Polymilchsäure (PLA), Polycaprolacton (PCL) oder Polyhydroxybuttersäure (PHA).

Die Abbaubarkeit dieser Polymere ist allerdings umstritten bzw. es handelt sich bei den gängigen auf dem Markt erhältlichen Kunststoffarten zumeist um sogenannte „kompostierbare" Materialien, was nicht mit der Definition für „bioabbaubar" gleichzusetzen ist. Denn diese Polymere können nur unter bestimmten Umweltbedingungen biologisch abgebaut werden, die im Grunde nur in industriellen Kompostieranlagen erreicht werden (Detzel et al. 2012). Somit ist ein Abbau weder auf heimischen Komposthaufen noch in der Umwelt zu erwarten, sondern es ist mit einer deutlich längeren Zerfallszeit zu rechnen (Haider et al. 2019a). Die Entsorgung solcher Verpackungen ist daher problematisch – diese gehören nicht in die Biotonne, können aber auch nicht gemeinsam mit konventionellen Kunststoffverpackungen entsorgt werden, da sie den Recyclingprozess der konventionellen Kunststoffarten stören. Diese Biokunststoffe müssen bisher über den Restmüll entsorgt werden und werden daher schlussendlich verbrannt (Völker und Kramm 2021).

Insgesamt ist im Verpackungsbereich eher ein Trend zu biobasierten, also auf erneuerbaren Ressourcen basierenden Kunststoffen und weniger zu bioabbaubaren Alternativen zu verzeichnen (Detzel et al. 2012). Ein Beispiel für solch einen biobasierten Kunststoff ist Bio-PE, welches z. B. aus Zuckerrohr gewonnen wird und dabei exakt dieselbe Molekülstruktur wie aus Erdöl hergestelltes PE besitzt und somit auch die gleiche Beständigkeit in der Umwelt aufweist.

Die meisten aktuell produzierten Biokunststoffe schneiden in der Gesamtöko-
bilanz nicht besser als herkömmliche Kunststoffe ab (Detzel et al. 2012) und
können daher nicht generell als Lösungsstrategie verstanden werden. Es wird
zudem die Sorge geäußert, dass Biokunststoffe beim Verbraucher ein falsches
Entsorgungsverhalten befördern, da die Deklaration als abbaubare Kunststoffe
implizieren kann, dass diese in die Umwelt entsorgt werden können. Aufgrund
ihres derzeit noch geringen Marktanteils – weniger als 0,5 % im Jahr 2009 (Detzel et al. 2012) – eignen sie sich zudem (noch) nicht für das Recyclingsystem.
Dennoch wird Biokunststoffen in Zukunft ein großes Potenzial prognostiziert
(European Bioplastics 2015) und sie können als Teillösung für bestimmte Bereiche mitgedacht werden. So könnten sie durchaus als Ersatzstoff in einigen
Produkten dienen, die besonders leicht in die Umwelt gelangen. Hierfür müssen die Kunststoffe vor allem hinsichtlich ihrer Abbaubarkeit in der Umwelt
weiter optimiert werden. Zudem erfordert die Verknappung fossiler Rohstoffe
konventionelle Materialien aus nachwachsenden Rohstoffen herzustellen, weshalb
biobasierte Kunststoffe langfristig ohnehin die konventionellen Kunststoffarten
ersetzen müssen.

Wir untersuchen Biokunststoffe deshalb aus beiden Richtungen: Zum einen
gehen wir der Frage nach, wie man die Abbaubarkeit von Kunststoffen weiter verbessern kann. Hierfür versuchen wir ein Polymer zu synthetisieren, dass
die Eigenschaften von PE imitiert, also sich prinzipiell für die Verwendung
als Verpackungsmaterial eignen würde, und gleichzeitig bioabbaubar ist (Haider
et al. 2019b). Zum anderen wird untersucht, wie PE basierend aus dem nachwachsenden Rohstoff Lignin hergestellt werden kann, welches als Abfallprodukt
der Papier- und Holzindustrie erhältlich ist und damit nicht in Konkurrenz zur
Nahrungsmittelproduktion steht.

3   Zusammenarbeit mit Partnern aus der Praxis

Im Forschungsprozess arbeiten wir mit sehr unterschiedlichen Partnern aus der
gesellschaftlichen Praxis zusammen, die, wie im Forschungsdesign angelegt,
eine möglichst breite Sicht auf das Problemfeld abdecken. In unseren Arbeiten unterstützen uns Vertretern aus der Plastikindustrie, dem Einzelhandel, dem
Umweltschutz, der Wasser- und Abfallwirtschaft, der Entwicklungszusammenarbeit und aus Umweltbehörden. Gemeinsam diskutieren wir mit den Praxispartnern
die unterschiedlichen Lösungsstrategien und erörtern die jeweiligen Perspektiven
und Problemwahrnehmungen. In einer ersten Diskussionsrunde zeigte sich, dass
alle Partner, ob aus Industrie oder Umweltschutz, den Eintrag von Plastikmüll

in die Umwelt als problematisch ansehen und ein Entgegensteuern befürworten. Deutliche Diskrepanzen ergaben sich allerdings bei der Frage, wie mit dem Material Plastik in Zukunft umzugehen ist. Von der einen Seite wurde die Persistenz des Materials als problematisch hervorgehoben und über eine Vermeidung bis hin zum Verbot diskutiert. Auf Handels- und Industrieseite standen die Vorteile des Materials bzw. seine Unersetzbarkeit in vielen Bereichen im Vordergrund und mögliche Lösungen zielten auf verbessertes Abfallmanagement und Recycling. Im nächsten Schritt sollen mit den Partnern unterschiedliche Lösungsstrategien, die an verschiedenen Stellen im Produktzyklus ansetzen, hinsichtlich ihrer Umsetzbarkeit und möglicher Nebenfolgen abgewogen werden.

Neben den breiteren Diskussionsrunden wird in den verschiedenen Forschungsfeldern enger mit unterschiedlichen Praxispartnern kooperiert, um das Wissen aus der gesellschaftlichen Praxis in die Forschung einzubinden und die Ergebnisse für die Praxis nutzbar zu machen (siehe z. B. Sattlegger et al. 2020b). So arbeiten wir bei der Risikobewertung von Mikroplastik mit Experten aus Umwelt- und Wasserbehörden zusammen. Die Untersuchung der Meeresmüll-Problematik anhand von Fallstudien in Asien erfolgt gemeinsam mit zwei Organisationen der internationalen Zusammenarbeit aus Umwelt und Entwicklung und Ergebnisse zur Vermeidung und Substitution herkömmlicher Kunststoffverpackungen werden mit Partnern aus Handel und Industrie diskutiert.

4 Integrative Betrachtung der unterschiedlichen Forschungsfelder

Aus der systemischen Perspektive werden die Ergebnisse der Gruppenmitglieder diskutiert und aufeinander bezogen, wodurch die Zusammenhänge zwischen den einzelnen Bereichen deutlich werden. Hieraus ergeben sich Problematiken und neue Fragestellungen, die durch eine rein disziplinäre Bearbeitung der Thematik nicht betrachtet werden. Am Beispiel der Mikroplastik-Thematik zeigt sich, dass in Medien und Politik zumeist primäres Mikroplastik adressiert und die Kosmetikindustrie als Hauptverursacher ausgemacht wird (Kramm und Völker 2018). Doch ist inzwischen bekannt, dass es sich bei dem Großteil des Plastiks in den Weltmeeren um sekundäres Mikroplastik handelt, also Fragmente, die durch den Zerfall von größerem Plastikabfall entstanden sind. Das bedeutet, dass primäres Mikroplastik aus Kosmetik nur einen verschwindend geringen Teil der Gesamtmenge ausmacht. Diese Tatsache spricht zwar nicht gegen ein Verbot von Mikroplastik in Kosmetik, da es sich um einen leicht zu vermeidenden Eintrag handelt, denn Mikroplastik kann einfach durch natürliche, weniger umstrittene

Materialien ersetzt werden. Es zeigt aber, dass die Mikroplastik-Debatte nicht von der Debatte um größeren Plastikmüll in den Meeren entkoppelt werden darf und weitere Verursacher und Lösungsansätze parallel betrachtet werden müssen. Auch bei den Ansätzen zur Vermeidung weiterer Einträge von Plastikmüll in die Meere darf nicht allein Asien als Hauptverursacher in die Verantwortung genommen werden (Kramm und Völker 2017). Am Beispiel Tourismus wird deutlich, dass auch die Bevölkerung, die aus einer Region mit gutem Abfallmanagement kommt, als Verursacher in die Problematik eingebunden ist. Daher sind die Forschungsergebnisse auch für die deutsche Öffentlichkeit relevant. Zudem stammt ein Großteil der weltweit vertriebenen Plastikprodukte und damit auch der Abfälle in der Umwelt aus westlichen Konzernen. Hier stellt sich die Frage, wie viel Verantwortung die Hersteller eines Produktes letztendlich auch für seine korrekte Entsorgung übernehmen müssen.

Wenn es um alternative Materialien wie Bioplastik geht, dürfen sich die ökologischen Vorteile nicht auf eine bessere Abbaubarkeit in der Umwelt beschränken, sondern müssen andere Bereiche, wie z. B. den Energiebedarf bei der Produktion, einschließen. Hier bleibt fraglich, ob es generell der richtige Weg ist, Materialien herzustellen, die nur eine kurze Lebensdauer besitzen – egal ob diese bioabbaubar sind oder nicht. Demgegenüber stehen die deutlich verlängerte Haltbarkeit von verpackten Lebensmitteln und damit eine Vermeidung von Lebensmittelabfällen. Doch auch hier stellt sich die Frage, ob die derzeitige Art der Lebensmittelversorgung, die zum Teil von Überproduktion und langen Transportwegen gekennzeichnet ist, nicht nachhaltiger zu gestalten ist und damit einerseits Verpackungen überflüssig werden und andererseits auch weitere positive Aspekte für die Umwelt erreicht werden können.

Das Plastikbeispiel zeigt, dass es in vielen Bereichen um die generelle Frage geht, wie sich die Gesellschaft in Zukunft nachhaltig entwickeln kann. Auf einer übergeordneten Ebene stellen wir uns daher die Fragen, wie von Gesellschaften produzierte, systemische Risiken adäquat eingeschätzt und bewertet und trotz bestehender Unsicherheiten Maßnahmen beschlossen und umgesetzt werden können. Damit möchten wir Impulse für eine integrative sozial-ökologische Risikoforschung setzen (Völker et al. 2017).

Danksagung Unser Dank gilt den Doktorand*innen der Nachwuchsgruppe PlastX Tobias Haider, Heide Kerber, Lukas Sattlegger und Lisa Zimmermann für die erfolgreiche Zusammenarbeit. Weiterhin möchten wir dem BMBF für die Finanzierung unserer Forschung danken.

Literatur

Ahaus, B., L. Heidbrink, und I. Schmidt. 2011. Der verantwortliche Konsument: Wie Verbraucher mehr Verantwortung für ihren Alltagskonsum übernehmen können. *Working papers des CRR* 10. Essen: Kulturwissenschaftliches Institut.

Andrady, A. L. 2011. Microplastics in the marine environment. *Marine Pollution Bulletin* 62 (8):1596–1605.

Andrady, A. L., und M. A. Neal. 2009. Applications and societal benefits of plastics. *Philosophical Transactions of the Royal Society B: Biological Sciences* 364 (1526):1977–1984.

Andrady, A. L., M. Bomgardner, D. Southerton, C. Fossi, und A. Holmström. 2015. Plastics in a sustainable society. Background paper. *The swedish foundation for strategic environmental research.* Stockholm: MISTRA.

Ballance, A., P. G. Ryan, und J. K. Turpie. 2000. How much is a clean beach worth? The impact of litter on beach users in the Cape Peninsula, South Africa. *South African Journal of Science* 96 (5):210–230.

Bechmann, G., F. Keil, K. Kümmerer, und E. Schramm. 2007. Systemische Risiken aus sozial-ökologischer Perspektive. *Start-Impulspapier* 05:1–7.

Becker, E., und T. Jahn. 2006. *Soziale Ökologie – Grundzüge einer Wissenschaft von den gesellschaftlichen Naturverhältnissen.* Frankfurt a. M.: Campus.

Beier, W. 2009. Biologisch abbaubare Kunststoffe. *UBA Hintergrundpapier.* Dessau: Umweltbundesamt.

Besseling, E., B. Wang, M. Lürling, und A. A. Koelmans. 2014. Nanoplastic affects growth of S. obliquus and reproduction of D. *Magna. Environmental Science and Technology* 48 (20):12336–12343.

Browne, M. A., P. Crump, J. S. Niven, E. Teuten, A. Tonkin, T. Galloway, und R. Thompson. 2011. Accumulation of microplastic on shorelines worldwide: Sources and sinks. *Environmental Science & Technology* 45 (21):9175–9179.

Bundesinstitut für Risikobewertung. 2016. *BfR-Verbrauchermonitor 02|2016.* Berlin: BfR.

Bundesvereinigung der Deutschen Ernährungsindustrie (BVE), Hrsg. 2016. FAKT: ist. Teil 3 Lebensmittelverpackung – Von der Entsorgung zum Recycling. Berlin: BVE.

Der Spiegel. 2013. *Plastikteilchen verunreinigen Lebensmittel: Unterschätzte Gefahr.* https://www.spiegel.de/wissenschaft/technik/winzige-plastikteile-verunreinigen-lebensmittel-a-934057.html. Zugegriffen: 15. Juni 2020.

Derraik, J. G. B. 2002. The pollution of the marine environment by plastic debris: A review. *Marine Pollution Bulletin* 44 (9):842–852.

Detzel, A., B. Kauertz, C. Derreza-Greeven, und A. Kirsch. 2012. *Untersuchung der Umweltwirkungen von Verpackungen aus biologisch abbaubaren Kunststoffen.* Dessau-Roßlau: Umweltbundesamt.

Eerkes-Medrano, D., R. C. Thompson, und D. C. Aldridge. 2015. Microplastics in freshwater systems: A review of the emerging threats, identification of knowledge gaps and prioritisation of research needs. *Water Research* 75:63–82.

Europäische Kommission. 2013. *Grünbuch zu einer europäischen Strategie für Kunststoffabfälle in der Umwelt.* Brüssel: Europäische Kommission.

European Bioplastics. 2015. *Was sind Biokunststoffe? Begriffe, Werkstofftypen und Technologien – eine Einführung.* https://www.petroplast.ch/fileadmin/pdf/HOI_Biokunststoffe_120911.pdf. Zugegriffen: 15. Juni 2020.

European Chemicals Bureau. 2003. *Technical guidance document on risk assessment. Part II*. Luxemburg: Office for Official Publications of the European Communities.

Gregory, M. R. 1996. Plastic 'scrubbers' in hand cleansers: A further (and minor) source for marine pollution identified. *Marine Pollution Bulletin* 32 (12):867–871.

Gregory, M. R. 2009. Environmental implications of plastic debris in marine settings—entanglement, ingestion, smothering, hangers-on, hitch-hiking and alien invasions. *Philosophical Transactions of the Royal Society B: Biological Sciences* 364 (1526):2013–2025.

Haider, T., C. Völker, J. Kramm, K. Landfester, und F. R. Wurm. 2019a. Plastics of the future? The impact of biodegradable polymers on the environment and on society. *Angewandte Chemie International Edition* 58 (1):50–62.

Haider, T., O. Shyshov, O. Suraeva, I. Lieberwirth, M. von Delius, und F. R. Wurm. 2019b. Long-Chain polyorthoesters as degradable polyethylene mimics. *Macromolecules* 52 (6):2411–20. 2411–2420.

Jaeger-Erben, M., J. Kramm, M. Sonnberger, C. Völker, C. Albert, A. Graf, K. Hermans, S. Lange, T. Santarius, B. Schröter, S. Sievers-Glotzbach, und J. Winzer. 2018. Building capacities for transdisciplinary research. Challenges and recommendations for early-career researchers. *GAIA – Ecological Perspectives for Science and Society* 27 (4):379–386.

Jambeck, J. R., R. Geyer, C. Wilcox, T. R. Siegler, M. Perryman, A. Andrady, R. Narayan, und K. L. Law. 2015. Plastic waste inputs from land into the ocean. *Science* 347 (6223):768–771.

Jang, Y. C., S. Hong, J. Lee, M. J. Lee, und W. J. Shim. 2014. Estimation of lost tourism revenue in Geoje Island from the 2011 marine debris pollution event in South Korea. *Marine Pollution Bulletin* 81 (1):49–54.

Kerber, H., und J. Kramm. 2020. Der Müll in unseren Meeren: Ursachen, Folgen, Lösungen. *Geographische Rundschau* 7 (8):16–20.

Kerber, H., und J. Kramm. 2021. On- and offstage: Encountering entangled waste-tourism relations on the vietnamese Island of Phu Quoc. *The Geographical Journal*. https://doi.org/10.1111/geoj.12376.

Koelmans, A. A., E. Besseling, E. Foekema, M. Kooi, S. Mintenig, B. C. Ossendorp, P. E. Redondo-Hasselerharm, A. Verschoor, A. P. van Wezel, und M. Scheffer. 2017. Risks of plastic debris: Unravelling fact, opinion, perception, and belief. *Environmental Science & Technology* 51 (20):11513–19.

Kramm, J., und C. Völker. 2017. Plastikmüll im Meer: Zur Entdeckung eines Umweltproblems. *APuZ – Aus Politik und Zeitgeschichte* 67 (51–52):17–22.

Kramm, J., und C. Völker. 2018. Understanding the risks of microplastics: A social-ecological risk perspective. In *Freshwater microplastics. Emerging environmental contaminants*, Hrsg. M. Wagner und S. Lambert. The handbook of environmental chemistry 58:223–237. Cham: Springer International Publishing.

Kramm, J., C. Völker, und M. Wagner. 2018. Superficial or substantial: Why care about microplastics in the anthropocene? *Environmental Science & Technology* 52 (6):3336–3337.

Lu, Y., Y. Zhang, Y. Deng, W. Jiang, Y. Zhao, J. Geng, L. Ding, und H. Ren. 2016. Uptake and accumulation of polystyrene microplastics in zebrafish (*danio rerio*) and toxic effects in liver. *Environmental Science & Technology* 50 (7):4054–4060.

Macarthur, D. E., D. Waughray, und R. Stutchtey. 2016. *The new plastics economy: Rethinking the future of plastics*. Cology: World Economic Forum.

Marvin, S., und W. Medd. 2004. Sustainable infrastructures by proxy? Intermediation beyond the production-consumption nexus. In *Sustainable consumption: The implications of changing infrastructures of provision*, Hrsg. D. Southerton, H. Chappells, und B. Van Vliet, 81–96. Cheltenham: Elgar.

Monkhouse, C., C. Bowyer, und A. Farmer. 2004. Packaging for sustainability. Packaging in the context of the product, supply chain and consumer needs. *IEEP Report for INCPEN*. Institute for European Environmental Policy.

Nash, A. D. 1992. Impacts of marine debris on subsistence fishermen an exploratory study. *Marine Pollution Bulletin* 24 (3):150–156.

NDR. 2014. Mikroplastik in Mineralwasser und Bier. https://www.presseportal.de/pm/6561/ 2750798. Zugegriffen: 19. Juni 2020

OECD. 2003. *Emerging risks in the 21st century: an agenda for action.* Paris: OECD.

Oliveira, M., A. Ribeiro, K. Hylland, und L. Guilhermino. 2013. Single and combined effects of microplastics and pyrene on juveniles (0+ Group) of the common goby pomatoschistus microps (Teleostei, Gobiidae). *Ecological Indicators* 34:641–647.

PlasticsEurope. 2016. Plastics – the facts 2016. An analysis of European plastics production, demand and waste data. https://www.plasticseurope.org/application/files/4315/1310/ 4805/plastic-the-fact-2016.pdf. Zugegriffen: 19. Juni 2020.

pwc. 2015. Verpackungsfreie Lebensmittel – Nische oder Trend? Verbraucherbefragung. https://www.pwc.de/de/handel-und-konsumguter/assets/pwc-verpackungsfreie-leb ensmittel.pdf. Zugegriffen: 15. Juni 2020.

Rehse, S., W. Kloas, und C. Zarfl. 2016. Short-term exposure with high concentrations of pristine microplastic particles leads to immobilisation of daphnia magna. *Chemosphere* 153:91–99.

Sattlegger, L., I. Stieß, L. Raschewski, und K. Reindl. 2020a. Plastic packaging, food supply and everyday life: Adopting a social practice perspective in social-ecological research. *Nature and Culture.* 15 (2):146–172.

Sattlegger, L., L. Zimmermann, und M. Birnbach. 2020b. Von der unsichtbaren zur durchschaubaren Verpackung Prinzipien nachhaltiger Verpackungsgestaltung. *Ökologisches Wirtschaften* 35 (1):38–42.

Sattlegger, L. 2020. Making food manageable – Packaging as a code of practice for work practices at the supermarket. *Journal of Contemporary Ethnography.* 50 (3): 341-367.

Schüler, K. 2015. *Aufkommen und Verwertung von Verpackungsabfällen in Deutschland im Jahr 2013.* Dessau-Roßlau: Umweltbundesamt.

Stöfen-O'Brien, A. 2015. *The international and european legal regime regulating marine litter in the EU.* Baden-Baden: Nomos.

Teuten, E. L., S. J. Rowland, T. S. Galloway, und R. C. Thompson. 2007. Potential for plastics to transport hydrophobic contaminants. *Environmental Science & Technology* 41 (22):7759–7764.

UNEP. 2016. *Marine plastic debris and microplastics –Global lessons and research to inspire action and guide policy change.* Nairobi: United Nations Environment Programme.

Velis, C. A. 2014. Global recycling markets: Plastic waste. A story for one player – China. Report prepared by FUELogy and formatted by D-waste on behalf of international solid waste association – Globalisation and waste management task force. Vienna: ISWA.

Völker, C., J. Kramm, H. Kerber, E. Schramm, M. Winker, und M. Zimmermann. 2017. More than a potential hazard—Approaching risks from a social-ecological perspective. *Sustainability* 9 (7):1039.

Völker, C., und J. Kramm. 2020. Bioplastik – Kunststoffe der Zukunft? In *Einfach weglassen? Ein wissenschaftliches Lesebuch zur Reduktion von Plastikverpackungen im Lebensmittelhandel*, Hrsg. M. Kröger, J. Pape, und A. Wittwer, 393–407. München: oekom verlag.

Völker, C., J. Kramm, und M. Wagner. 2019. On the creation of risk: Framing of microplastics risks in science and media. *Global Challenges.* https://doi.org/10.1002/gch2.201900010.

Wagner, M., C. Scherer, D. Alvarez-Muñoz, N. Brennholt, X. Bourrain, S. Buchinger, E. Fries, u. a. 2014. Microplastics in freshwater ecosystems: What we know and what we need to know. *Environmental Sciences Europe* 26 (1):12.

Wissenschaftlicher Beirat der Bundesregierung Globale Umweltveränderung (WBGU). 2013. *Welt im Wandel: Menschheitserbe Meer. Hauptgutachten.* Berlin: WBGU.

Weller, I. 2013. Nachhaltiger Konsum, Lebensstile und Geschlechterverhältnisse. In *Geschlechterverhältnisse und Nachhaltigkeit*, Hrsg. S. Hofmeister, C. Katz, und T. Mölders, 286–295. Opladen: Budrich.

Wright, S. L., R. C. Thompson, und T. S. Galloway. 2013. The physical impacts of microplastics on marine organisms: A review. *Environmental Pollution* 178:483–492.

Zimmermann, L., S. Göttlich, J. Oehlmann, M. Wagner, und C. Völker. 2020. What are the drivers of microplastic toxicity? Comparing the toxicity of plastic chemicals and particles to Daphnia magna. *Environmental Pollution* 267 (115392).

Zitko, V., und M. Hanlon. 1991. Another source of pollution by plastics: Skin cleaners with plastic scrubbers. *Marine Pollution Bulletin* 22 (1):41–42.

Johanna Kramm, Dr., Leiterin der Nachwuchsgruppe PlastX, ISOE – Institut für sozial-ökologische Forschung, Frankfurt am Main.
https://www.isoe.de/forschung/nachwuchsgruppe/

Carolin Völker, Dr., Leiterin der Nachwuchsgruppe PlastX, ISOE – Institut für sozial-ökologische Forschung, Frankfurt am Main.
https://www.isoe.de/forschung/nachwuchsgruppe/

Die Forschungsgruppe Ethisch-Ökologisches Rating (FG EÖR) am Fachbereich Katholische Theologie der Goethe-Universität Frankfurt

Johannes J. Hoffmann

Zusammenfassung

Der Beitrag informiert über die Arbeit der Forschungsgruppe Ethisch-Ökologisches Rating der Goethe-Universität in Frankfurt. Die Gruppe war interdisziplinär, interkulturell, ökumenisch und transdisziplinär zusammengesetzt. Sie hat als erste bereits in den 90-er Jahren anhand einer Wertbaumanalyse eine wissenschaftlich gestützte Kriteriologie zur Bewertung von Kapitalanlagen, den sogenannten Frankfurt-Hohenheim Leitfaden (FHL) entwickelt. Der FHL wurde gemeinsam mit einer Ratingagentur, nämlich der oekom research GmbH in München, in ein Ratingkonzept übertragen, nämlich das Corporate Responsibility Rating (CRR). Der Beitrag informiert über die Entwicklung, Anwendung, Grenzen und die mögliche Weiterentwicklung des Konzeptes. Inzwischen wird das CRR weltweit umgesetzt.

1   Die Forschungsgruppe Ethisch-Ökologisches Rating

Die FG EÖR wird seit nunmehr 25 Jahren durch das gemeinsame Interesse an nachhaltiger Entwicklung im Rahmen der Marktwirtschaft motiviert. Unser Beitrag ist getragen von dem Bemühen, verborgene Sachverhalte bloßzulegen, Ungesehenes sichtbar zu machen, aus überholten Traditionen herauszulocken, Mut für neue Wege zu machen, effektive Altruisten zu begleiten und zu fördern,

J. J. Hoffmann (⊠)
Arbeitsgruppe Ethisch-Ökologisches Rating, Institut für Katholische Theologie der Goethe-Universität in Frankfurt am Main, Frankfurt am Main, Deutschland
E-Mail: j.hoffmann@em.uni-frankfurt.de

© Der/die Autor(en) 2021   197
B. Blättel-Mink et al. (Hrsg.), *Nachhaltige Entwicklung in einer Gesellschaft des Umbruchs*, https://doi.org/10.1007/978-3-658-31466-8_11

damit Menschwerdung in Gemeinschaft im Mit-Sein mit der Schöpfung gelingen kann.

Nach über 25 Jahren wissenschaftlicher Arbeit der FG EÖR zur Entwicklung von ökologischer, sozialer, ökonomischer und interkultureller Nachhaltigkeit in der Marktwirtschaft ist es durchaus sinnvoll, einmal an die Anfänge zu erinnern und einen Blick auf die gegenwärtig laufende Arbeit zu werfen, um daraus Überlegungen für die zukünftige Forschungs- und Bewusstseinsbildungsarbeit zu gewinnen.

Zwei Grundfragen haben uns von Anfang an bewegt:

a) Welche Bedeutung hat die Allgemeine Menschenrechtserklärung für die Realisierung menschenwürdiger Lebensbedingungen in unserer und in uns fremden Kulturen?

b) Welche Konsequenzen ergeben sich daraus für die Gestaltung einer Marktwirtschaft, dass durch sie die Erhaltung der Substanz ökonomischer, ökologischer, sozialer und kulturelle Ressourcen für uns und künftige Generationen gesichert werden kann?

Erkenntnisleitend waren für uns dabei immer zwei Grundsätze. Einerseits waren wir davon überzeugt, dass wir nur *kleinschrittige Veränderungen des Normalbereichs* anstreben können, weil nach unserer Überzeugung nur so tragfähige Veränderungen in Wirtschaft und Gesellschaft erreichbar sind. In dieser Auffassung sahen wir uns von der Evolutionsbiologie bestärkt, die davon ausgeht, dass nur kleinschrittige Veränderungen des Normalbereichs Evolution bedeutet. Große Sprünge im Sinne von Mutationen sind nicht lebensfähig.

Der zweite erkenntnisleitende Grundsatz unserer Forschungsarbeit war immer und ist es auch jetzt, dass wir unsere Vorschläge im Dialog mit allen Stakeholdern in der Gesellschaft und in den betroffenen Kulturen erarbeiten müssen entsprechend der soziologischen Erfahrung, dass alle Systeme, Mechanismen, gesellschaftlichen Formen und kulturelles internalisiertes Ordnungswissen *Ergebnisse sozialer Prozesse in Kulturen* sind, die daher auch nur über soziale Prozesse in Kulturen verändert werden können.

In der FG EÖR arbeiten Frauen und Männer aus Wissenschaft und Praxis in einer flachen Hierarchie unter der Leitung des Sozialethikers Prof. Dr. Johannes Hoffmann und dem Wirtschaftswissenschaftler Prof. Dr. Gerhard Scherhorn zusammen. Seit einigen Jahren gibt es ein erweitertes Leitungsteam, das für die Bereiche „Wissenschaft", „Wirtschaft", „Politik" und „Zivilgesellschaft" zuständig ist. Die FG EÖR ist von Anfang an interdisziplinär, ökumenisch, interkulturell und transdisziplinär zusammengesetzt (Vgl. Borgwardt 2017). Anlässlich der

Präsentation der Umsetzung des Frankfurt- Hohenheimer Leitfadens (FHL) im Jahr 2000 hob Prof. Dr. Rudolf Steinberg, der damalige Präsident der Goethe-Universität, als besonderes Merkmal die praxisorientierte Arbeit der FG EÖR hervor:

> „...weil in diesem Projekt in vielerlei Hinsicht sozusagen auch das Selbstverständnis der Goethe-Universität sichtbar wird. Dieses wird bei Ihrem Projekt in dreifacher Weise deutlich:
>
> Zum ersten beleuchtet es das Problem des sogenannten Praxisbezugs universitärer Wissenschaft ... Aber Universitäten sind eben nicht nur der unberührte Hort der Wissenschaft, sondern immer auch Teil der Gesellschaft, mit der sie deren Probleme und Hoffnungen teilen. Und daher sind sie immer auch Orte, an denen Fragestellungen aus der Gesellschaft für die Gesellschaft bearbeitet werden ... das Projekt Ethisch-Ökologisches Rating ist in diesem Sinne ein beeindruckendes Beispiel universitärer Wissenschaft. Es ist aber – zweitens – auch ein schönes Modell, was den sogenannten Wissenstransfer angeht ... Hier wurde nicht ansatzweise bloß Wissen von der Universität nach draußen transferiert, der Transfer erfolgte in beide Richtungen. Der entscheidende Punkt in dem Ganzen war aber wohl, dass sich die universitäre Seite nicht damit begnügte, ihren wissenschaftlichen Beitrag zu liefern und damit die Sache für sich als abgeschlossen betrachtete, sondern weiter die Umsetzung ihrer Ergebnisse begleitete ... Nicht nur wegen seines Themas, sondern auch wegen dieser besonderen Verantwortlichkeit, dieser Wissenschaftsethik selbst, scheint mir das Projekt Ethisch-Ökologisches Rating vorbildlich.
>
> Und schließlich noch ein Wort zu unserer Tradition. Als Wilhelm Merton, einer unserer Gründungsväter, sein Institut für Gemeinwohl ins Leben rief, wollte er seinen Mitmenschen, [Zitat] ´aus Elend, Laster und Unverstand´ heraushelfen.

Damals, 1891, stellte sich das Problem ein wenig anders als heute. Die Industrialisierung und die Modernisierung hatten ihre sozialen Opfer, der Einzelne war stark gefordert, viele waren überfordert. Aber Mertons Idee der praktischen Hilfestellung wurde rasch durch die Einsicht ergänzt, dass man auch die Grundlagen der Modernisierung und ihrer Probleme untersuchen und theoretisch durchdringen müsse. Praktische Hilfe und Wissenschaft waren von Anfang an zusammen. An diesem Punkt kam zum Vorschein, was man gemeinhin die Verantwortung der Wissenschaft nennt."[1]

---

[1] Grußwort des Präsidenten Professor Dr. Rudolf Steinberg anlässlich der Präsentation der Forschungsergebnisse der Projektgruppe Ethisch-ökologisches Rating am Fachbereich Katholische Theologie in der Aula der Goethe- Universität am 15. September 2000.

2   Initiative für die Bildung der FG EÖR

Grundlage waren die Bestimmungen des Grundgesetzes über die Sozialpflichtigkeit des Eigentums (Artikel 14, 2 GG), über den Schutz der natürlichen Lebensgrundlagen (Artikel 20a GG) und die Aussage in der Bayerischen Verfassung: „Alle wirtschaftliche Tätigkeit dient dem Gemeinwohl" (Artikel 151). All diese Bestimmungen begründen aber noch kein subjektives Recht. Es muss gesetzlich geregelt werden. Dafür müssen wir etwas tun und uns engagieren.

Daher führte der Verfasser dieses Beitrags drei interkulturelle Symposien zum Thema „Das eine Menschenrecht für alle und die vielen Lebensformen" durch, zu denen Fachleute aus allen Kontinenten eingeladen wurden. Die Symposien fanden in den Jahren 1989, 1990 und 1991 in der KfW in Frankfurt statt (vgl. Hoffmann 1991, 1994).

Schließlich kamen drei Manager der Deutschen Bank im Jahr 1990 zu Johannes Hoffmann mit der Frage, ob er bereit sei, mit ihnen über die ethische Bewertung von Kapitalanlagen zu sprechen mit der Begründung, dass die Kirchen bei der Deutschen Bank Kapitalanlagen in zweistelliger Milliardenhöhe angelegt hätten, dieselben aber gar nicht wüssten, was die Deutsche Bank mit den Geldern mache, ob nicht die Art der Anlage mehr Schaden anrichte als der Nutzen, den die Kirchen mit den Gewinnen daraus bewirken können. Die Gespräche mündeten in der Konzipierung einer Fachtagung, die im März 1991 in der Evangelischen Akademie Bad Boll zum Thema:

„Saubere Gewinne – Ethische Vermögensanlagen in der Diskussion" stattfand (Roche et al. 1992). Als Ergebnis der Tagung kam die Anfrage an Johannes Hoffmann, ob er nicht eine Forschungsgruppe gründen könnte, die eine differenzierte methodisch gestützte Kriteriologie entwickeln sollte, die für Deutschland, das Land der Dichter und Denker, angemessen sei. Der Vorschlag wurde aufgegriffen und es kam zusammen mit Prof. Dr. Gerhard Scherhorn, Universität Stuttgart-Hohenheim zur Bildung der Forschungsgruppe Ethisch-Ökologisches Rating noch im Jahr 1992. Im Rahmen des inhaltlichen Zuschnitts wurden in dieser Gruppe eine Reihe von Studien und Dissertationen erarbeitet, die als Grundlage und

Ergänzung der Forschungsarbeit dienten.[2] Ohne diese Arbeiten, die in Sitzungen der FG EÖR diskutiert und begleitet wurden, wären die Erkenntnisse und Ergebnisse der wissenschaftlichen Arbeit der Forschungsgruppe nicht zu denken. Inzwischen gehören zu dieser Gruppe über 50 Mitglieder im In- und Ausland, von denen ein Kern von bis zu 15 Personen bei den Sitzungen der FG EÖR teilnimmt. Einige wirken korrespondierend mit.

---

[2] Armin SCHNEIDER: Ethik bei der Auswahl von Führungskräften, Frankfurt 1993; Roland MIERZWA: Die Konversionsbewegung im deutschen katholischen Raum: eine zeitgeschichtliche systematische Studie, Frankfurt 1998; Bernd Christian BALZ: Ethisch-ökologische Geldanlage – eine kapitalmarktorientierte Analyse, Frankfurt 1999; Claus F. LÜCKER: Zinsverbot und Schuldenerlass, Frankfurt 1999; Johannes HOFFMANN/Gwendolin WANDERER (Hg.): Ethische Implikationen veränderter Rahmenbedingungen in der sozialen Arbeit, Beispiel: Betreuungsrecht – Insolvenzrecht – Asylverfahren, Frankfurt 2000; Claudia DÖPFNER: Zur Glaubwürdigkeit ethisch-ökologischer Geld- und Kapitalanlagen– Eine theologisch-ethische Untersuchung auf dem Hintergrund der Frage nach der Glaubwürdigkeit der ökonomischen und monetären Strukturen, Frankfurt 2000; Peter GRIEBLE: Ethisch-ökologische Geldanlage. Einflussmöglichkeiten durch Beachtung von ethisch-ökologischen Gesichtspunkten bei der Anlage von Geld, Frankfurt 2001; Hans-Albert SCHNEIDER: Ethisches Rating – Begründung, Bewertungsmöglichkeit, Evaluation, Frankfurt 2001; Lucia A. REISCH: Ethical-ecological Investment: Towards Global Sustainable Development, Frankfurt 2001; John Chidi NWAVOR:, Church and State: The Nigerian Experience, Frankfurt 2002; Joseph Okechukwu OFFOR: Community Radio and its Influence in the Society: The Case of Enugu State – Nigeria, Frankfurt 2002; Franziska JAHN: Zur Qualität von Nachhaltigkeitsratings. Zwischen Anspruch und Wirklichkeit, Frankfurt/London 2004; Claudia DÖPFNER: Kunst und Kultur – voll im Geschäft? Kulturverträgliches Kunstsponsering, Frankfurt/London 2004; HyunJu SHIM: Die Herausforderung der koreanischen Kultur durch die hegemoniale Globalisierung. Ein Beitrag zur Bestimmung des Verhältnisses intra-, supra- und transkultureller Werte, Frankfurt/London 2004; Armin SCHNEIDER: Wege zur verantwortlichen Organisation. Die Bedeutung der ethischen und theologischen Perspektive für die Qualität der Organisations- und Personalentwicklung, Frankfurt/London 2005; Clara E. LAEIS: Corporate Citi- zenship. Unternehmerische Bürgerkompetenz im Dienste der Erneuerung der Sozialen Marktwirtschaft. Ein Mittelstandskonzept, Münster 2005; Klaus GAB- RIEL: Nachhaltigkeitsindizes. Indices of Sustainability, Frankfurt 2005; Peter Okechukwu NWANKWO: Social Development in Rural Communities in South- Eastern Nigeria. A Mission of Charity, Frankfurt-London 2006; Ndidi Nnoli EDOZIEN: Ownership and Management Structures in the Economy. African Traditionel Values applied to Modern Issues of Sustainability and the Corporate Governance Function, Enugu 2007; Klaus GABRIEL: Nachhaltigkeit am Finanzmarkt. Mit ökologisch und sozial verantwortlichen Geldanlagen die Wirtschaft gestalten, München 2007; Chidi Leonhard ILECHUKWU: IGBO. Indigenious Economy and the Search for Sustainable Development in Post Colonial African Society. A Socio-Ethical Study, Enugu

3   Erkenntnisleitende Ideen

Die kapitalistische Marktwirtschaft ist nach Ansicht der FG EÖR nicht zukunftsfähig, weil der Primat des Kapitals in einem sich verschärfenden Widerspruch
zum marktwirtschaftlichen Prinzip steht.

Die Privilegierung des Finanzkapitals seit den 1970er Jahren hat diesen
Widerspruch auf die Spitze getrieben. Er muss beseitigt werden, weil er die nachhaltige Entwicklung verhindert. Gesellschaftliche Fehlentwicklungen wie diese
sind –soziologisch betrachtet- Ergebnisse sozialer Prozesse in Gesellschaften und
Kulturen. Sie können – wie bereits angedeutet- daher soziologisch gesehen wieder
durch neue soziale Prozesse geändert werden, wenn sie als Bedrohungen unseres
Planeten wahrgenommen werden.

Gerade aus diesem Grund waren wir der Auffassung, dass radikale Umwäl-
zungen nicht erfolgreich sein können. Es geht um kleinschrittige Veränderungen
des Normalbereichs, da es sich um die Neujustierung eines komplexen Welt-
systems handelt, das sich über Jahrhunderte hin entwickelt hat und auch durch
Revolutionen nur in einzelnen seiner Elemente verändert wurde.

Daher setzen wir uns für die Änderung eines zentralen Elements ein: Die historische Vorrangstellung des Kapitals ist überholt, sie muss in einen Gleichrang der
Produktivkräfte Natur, Arbeit und Kapital überführt werden, wie er für nachhaltige Entwicklung konstitutiv ist. Dazu müssen soziale Prozesse in Gang kommen,
damit ein kultureller Druck entsteht, der die nötigen kleinschrittigen Veränderungen des gesellschaftlichen, kulturellen und ökonomischen Normalbereichs zu
befördern vermag.

4   Welche Hebel der Marktwirtschaft sind wir dabei angegangen?

Ein erster Schritt war, der Absolutsetzung des Geldes durch die Entwicklung und
Förderung des ethisch-ökologischen Investments entgegen zu treten. Georg Simmel hat dazu in seiner Philosophie des Geldes aus dem Jahr 1900 (Simmel 1989;

2008; Simeon RIES: Kulturverträgliches Management. Unternehmen zwischen Wettbewerb
und kulturelle Verantwortung, Frankfurt 2008; Emanuel Franklyn Onyemaechi OGBUNWE-
ZEH: Towards an ethical-ecological Assessment of Companies in Nigeria, Frankfurt etc.
2009; Sr. Veronika FRICKE osf: Nachhaltig investieren in Mikrofinanz?, Erkelenz 2011; Agi
MAKIL: Nachhaltigkeit für Indien. Ethisch-ökologische Bewertung indischer Unternehmen
auf Basis des Frankfurt-Hohenheimer Leitfadens und des Corporate Responsibility Ratings,
2011.

vgl. auch Von Flotow 1995) angeregt, ethisch orientierte Investoren zu motivieren, Investition in ökologisch, sozial und kulturverträgliche Innovationen/Produktionen der Realwirtschaft zu realisieren, Unternehmer und Manager dazu zu ermutigen und dabei zu bestärken, „die Wirtschaft entsprechend der Würde des Menschen und mit Blick auf das Gemeinwohl zu gestalten"[3]. In diesem Sinne haben wir *Ermöglichungsbedingungen* und *Geltungsbedingungen* erforscht.

Zu den Ermöglichungsbedingungen gehörte die Entwicklung einer Kriteriologie zur Bewertung von Unternehmen und Kapitalanlagen, das war der sog. Frankfurt-Hohenheimer Leitfaden (FHL), den wir mit der oekom research GmbH 1999 in ein Ratingkonzept übertrugen. Die oekom research GmbH machte dieses Ratingkonzept zu ihrem Hauptprodukt und erreichte damit als Nachhaltigkeitsagentur heute eine gewichtige Stellung am europäischen Markt und mauserte sich zur oekom research AG. In den folgenden Jahren eröffnete die Oekom research AG Büros in London, Paris und in New York. Am 29.3.2018 meldete die oekom research: „oekom research wird Teil der Institutional Shareholder Services Inc., dem weltweit größten Anbieter von Corporate Governance und Responsible Investment-Lösungen. Um der Stärke und dem hohen Ansehen beider Marken Rechnung zu tragen, wird der so entstehende neue Geschäftsbereich ISS-oekom benannt."

5 „Illusionen" über die Wirkung von Nachhaltigkeitsratings

Ziel des FHL war es, mit einer wissenschaftlichen Kriteriologie auch tatsächlich den Markt im Sinne der nachhaltigen Entwicklung (vgl. Rio-Erklärung 1992)[4] zu beeinflussen. Deshalb hatten wir gehofft, dass eine spürbare Wirkung auf die Erhaltung und Verbesserung der sozial-ökologischen Marktwirtschaft ausgeht und das Erfordernis einer Kreislaufwirtschaft bewusst wird. Zwar steigt das Volumen nachhaltiger Geldanlagen kontinuierlich, dennoch ist die Welt heute im Großen und Ganzen keineswegs nachhaltiger als vor einem Vierteljahrhundert, d. h. die Wirkung die von Nachhaltigkeitsratings und auch von ethischen Geldanlagen ausgehen würde, ist von der Forschungsgruppe überschätzt worden.

---

[3] Kardinal Turkson am 18.9.12 in Frankfurt anlässlich der Präsentation der Handreichung des Päpstlichen Rates für Gerechtigkeit und Frieden

[4] Rio-Erklärung über Umwelt und Entwicklung. Die Konferenz der Vereinten Nationen über Umwelt und Entwicklung, zum Abschluss ihrer Tagung vom 3. bis 14. Juni 1992 in Rio de Janeiro

Dies liegt nicht zuletzt an der Verwässerung des Nachhaltigkeitsbegriffs und des Nachhaltigkeitsverständnisses bei Nachhaltigkeitsagenturen und Investoren.

Märkte können nur so gut sein wie die Regeln, die sie befolgen; diese müssen von außen gesetzt und überwacht werden; dafür war es bisher noch zu früh. Denn wir haben es hier mit einem Markt zu tun, der sich neu entwickelt hat. Er scheint noch in der Experimentierphase zu sein. In diesem Stadium müssen erst einmal Kriterien gefunden und Erfahrungen gesammelt werden. Das können nur die Pionierunternehmen leisten, die als erste auf dem Markt tätig werden. Zwischen ihnen sind Unterschiede in den Maßstäben die Regel. So ist es kein Wunder, dass verschiedene Rating-Agenturen, die mit dem Anspruch auftreten, „Nachhaltigkeit" zu bewerten, die Nachhaltigkeitsperformance einzelner Unternehmen unterschiedlich einschätzen. Man kann das kritisieren, muss aber zugleich den Unternehmen dankbar sein, dass sie das Neuland überhaupt beackern. Das ist schon für sich genommen ein großes Verdienst.

Mittlerweile nähern wir uns allerdings dem Zeitpunkt, an dem die Phase des Experimentierens als abgeschlossen betrachtet werden kann. Nach diesem Zeitpunkt sollten einheitliche Maßstäbe gelten. Das bedeutet, dass dann nicht so sehr die Professionalität und Transparenz der Untersuchungs- und Bewertungsverfahren verbessert werden muss; hier sind die Unterschiede zwar nennenswert, werden sich aber wohl noch abschleifen oder sind mit einigen Vorschriften relativ leicht zu glätten. Problematischer, weil grundsätzlich, ist die Differenz im Nachhaltigkeitsbegriff, den die Institute zugrunde legen.

Die einen steuern auf eine konsequent ethische Bewertung zu, indem sie als *nachhaltig* die Erhaltung des Natur- und Sozialkapitals betrachten, also ein zugleich „ökologisch" und „sozial" nachhaltiges Wirtschaften fordern. Dazu müssen sowohl die naturgegebenen als auch die gesellschaftlich gestalteten Lebens- und Produktionsgrundlagen in ihrem Potenzial erhalten werden, das Naturkapital ebenso wie das Sozialkapital. Beide können nur aufrechterhalten werden, wenn die Unternehmen auf längere Sicht keine Verluste machen, sodass auch das reale Wirtschaftskapital, der Gesamtwert des privaten Produktiv- und Humankapitals, mindestens erhalten bleibt. Ökonomisch betrachtet läuft Nachhaltigkeit auf das Gleiche hinaus wie ökologisch und sozial betrachtet: Unter allen drei Blickwinkeln geht es um die Bewahrung der Substanz, der Lebens- und Produktionsgrundlagen.

Die anderen weisen dem „ökonomisch" nachhaltigen Wirtschaften eine darüber hinausgehende, eigene Bedeutung zu, indem sie verlangen, dass nachhaltiges Wirtschaften über die Substanzerhaltung hinaus eine positive Rendite abwirft, also das Wirtschaftskapital steigert und sich somit auch „materiell" lohnt. Damit interpretieren sie das Drei-Säulen-Modell auf eine Weise, die es in inneren

Widerspruch bringt. Denn bisher gibt es keine Unternehmen, die vollständig nachhaltig wirtschaften. Selbst bei den am weitesten fortgeschrittenen beruht noch ein Teil des Gewinns darauf, dass sie irgendwelche Aufwendungen unterlassen (*„externalisieren"*), die zur Erhaltung der von ihnen genutzten Gemeinressourcen notwendig wären. Unterlassen werden z. B. Aufwendungen zur Vermeidung klimaschädlicher oder toxischer Emissionen, zur Wiedergewinnung bzw. zum Ersatz verbrauchter Rohstoffe, zur Regeneration beanspruchter Ökosysteme, zur Erhaltung des friedlich-kooperativen gesellschaftlichen Zusammenhalts. Wer Nachhaltigkeitsfortschritte von der Rendite abhängig macht, hat ein starkes Motiv, diejenigen Erhaltungsinvestitionen am längsten hinauszuschieben, deren Unterlassung bisher am meisten zum Gewinn beiträgt. Dem gleichen Verdacht sind Unternehmen ausgesetzt, die Wert darauf legen, nach einem an ihre individuellen Präferenzen angepassten („customized") Bewertungsverfahren beurteilt zu werden.

Denn das Ziel der nachhaltigen Entwicklung besteht gemäß der Definition der Brundtland-Kommission und ihrer Interpretation durch die deutsche Enquete-Kommission „Schutz des Menschen und der Umwelt" darin, dass die genutzten Gemeinressourcen, seien sie naturgegeben oder gesellschaftlich gestaltet, nicht länger aufgezehrt, sondern in ihrem Potenzial für künftige Generationen so erhalten werden, dass diese in der Befriedigung ihrer Bedürfnisse nicht schlechter gestellt sind als die gegenwärtig Lebenden. An diesem Ziel muss auch jedes einzelne Unternehmen, jeder einzelne private oder öffentliche Haushalt gemessen werden.

Ein dieser Definition folgendes Nachhaltigkeitsrating darf das höchste Prädikat nur an Unternehmen vergeben, die *alle* genutzten Gemeinressourcen ebenso behandeln wie ihre eigenen Produktionsanlagen, indem sie jeden Verbrauch von Natur- und Sozialkapital durch geeignete Ersatzinvestitionen vermeiden oder kompensieren. Und die übrigen Stufen der Bewertungsskala müssen am Effekt der Erhaltungsinvestitionen orientiert sein: je größer die verbleibende Externalisierung, desto negativer die Bewertung. So würde nach und nach sichergestellt, dass die regenerierbaren Gemeinressourcen – die Ökosysteme, das Klimasystem, die menschliche Gesundheit, die gesellschaftliche Integration – sich regenerieren können und die nicht erneuerbaren Gemeinressourcen – verbrauchte Rohstoffe oder fossile Energiequellen – wiederverwendet oder durch erneuerbare ersetzt werden.

Gesamtwirtschaftlich muss das auf Dauer finanzierbar sein, doch die Nachhaltigkeitsbewertung des einzelnen Unternehmens darf keinesfalls, auch nicht zusätzlich, am Gewinn orientiert sein. Das verstößt gegen das Nachhaltigkeitsziel, das zwar ein Wachsen der nachhaltigeren, zugleich aber ein Schrumpfen der weniger nachhaltigen Produktionen fordert; und ebenso verletzt es das marktwirtschaftliche Prinzip, das die Marktleistung an realen Absatzsteigerungen misst und all jene Gewinne davon ausnimmt, die durch unlauteren Wettbewerb oder reine Finanzmanipulationen zustande kommen.

Wenn man also als Dimensionen der Nachhaltigen Entwicklung nicht nur die ökologische und die soziale, sondern auch die ökonomische betrachtet, so muss die Betrachtung an der realen „Substanz" orientiert sein, von der wir leben und die es zu erhalten gilt. Keine der drei Dimensionen ist durch eine andere substituierbar, schon gar nicht durch Finanzkapital. Dieses darf unter ihnen keine eigene Rolle spielen. Denn für die Kapitalrendite macht es keinen Unterschied, ob der Gewinn durch Erhaltung oder durch Aufzehrung der realen Substanz zustande kommt.

So muss die Weiterentwicklung des Nachhaltigkeitsratings den Unternehmen die Selbstkontrolle, aber auch die soziale Kontrolle darüber eröffnen, was und wie viel sie zur Erhaltung und Kultivierung der naturgegebenen, gesellschaftlich/kulturellen und realwirtschaftlichen Lebens- und Produktionsgrundlagen beitragen. Daran gibt es noch viel zu verbessern. Eine Entwicklungsaufgabe wird darin bestehen, die Bewertungskriterien stärker an der Erhaltung der Gemeinressourcen zu orientieren (Forschungsgruppe Ethisch Ökologisches Rating 2016). Eine andere gilt der Erweiterung der Bewertungspraxis auf die bisher ausgeklammerten Wirtschaftsbereiche, namentlich auf die Vergabe von Krediten, auf Finanztransaktionen jeder Art und nicht zuletzt auf die mittleren und kleinen Unternehmen.

Dieser Befund hat uns in einem zweiten Schritt zur Frage nach den Geltungsbedingungen – denn GG-Artikel sind nicht einklagbar – veranlasst und uns dem Wettbewerb als einem zentralen Hebel der Marktwirtschaft zugewandt.

• Externalisierung ist das Gegenteil von Nachhaltigkeit
• Nachhaltigkeit verlangt, dass die allgemeinen Lebensgrundlagen (BVerfG: Güter der Allgemeinheit) auch für künftige Generationen verfügbar bleiben.
• Nutzer müssen daher auch für die Erhaltung (Regeneration, Wiedergewinnung, ggf. Ersatz) sorgen.

Kaum jemand wird bestreiten, dass Marktwirtschaft und Wettbewerb untrennbar zusammengehören. Die Meinungen gehen allerdings aus-einander, wenn es um die Beurteilung der ethischen Qualität dieses Verhältnisses im Rahmen der Wirtschaft der Bundesrepublik im Kontext globaler und liberalisierter Bedingungen geht. Nicht zuletzt deswegen wurde vor nicht ganz 60 Jahren das Kartellgesetz erlassen und das Bundeskartellamt geschaffen. Anlässlich der Feier „50 Jahre Kartellgesetz" wurde von Gerhard Hennemann mit Recht darauf hingewiesen:

> „Ohne Kartellverbot, Fusionskontrolle und Missbrauchsaufsicht, die fest im Gesetz gegen Wettbewerbsbeschränkungen (GWB) verankert sind, wäre die Sicherung effizienten Wettbewerbs heute sicherlich undenkbar, denn das Ordnungsprinzip des Wettbewerbs hat nun einmal keine Lobby. Vielmehr wird es durch einzelwirtschaftliche Interessen, die sich in Politik und Verbänden ihre Fürsprecher suchen, immer wieder neuen Belastungstests unterzogen." (Hennemann 2008)

Ganz anders sehen das Karl Homann und Michael Ungethüm in ihrem Beitrag „Ethik des Wettbewerbs." Geradezu euphorisch schreiben sie dem „Wettbewerbsprinzip eine ethische Rechtfertigung" zu und behaupten: „die Marktwirtschaft mit Wettbewerb ist das beste bisher bekannte System zur Verwirklichung der Solidarität aller Menschen unter modernen Bedingungen." Ferner: „Markt und Wettbewerb sind unter den Bedingungen moderner Großgesellschaften die effizienteste Form der Caritas, ... Markt und Wettbewerb können daher als institutionalisierte Form des Gebots der Nächstenliebe unter den Bedingungen moderner Großgesellschaften verstanden werden." (Homann und Ungethüm 2007)

Die verheerenden Verwüstungen unserer natürlichen, sozialen und kulturellen Lebensgrundlagen, die der Wettbewerb in der Marktwirtschaft angerichtet hat, sind auch nicht mit dem Verweis auf

Josef Schumpeters „Prozess der schöpferischen Zerstörung" ethisch zu rechtfertigen.

6   Unsere Ausgangsthese aus sozialethischer Sicht

Wettbewerb und Marktwirtschaft müssen gemessen werden am Bei- trag zur Erreichung „universaler Solidarität in Freiheit als äußerster erreichbarer Idee" (Peukert 1976) und am Substanzerhalt von Natur und Mitwelt zur Gewährleistung von Bioüberlebenssicherheit für alle Menschen. Oder anders ausgedrückt: Für die Ermöglichung einer Menschwerdung in Gemeinschaft im Mit-Sein mit der Schöpfung für alle Menschen.

Angesichts der absurden Entwicklung – die Finanzkrise und die Klimakatastrophe sind Beispiele –, in die nicht hinreichend geregelter Wettbewerb geführt hat, müssen die Gründe für Rahmenbedingungen sowie deren Inhalte zum Gegenstand der Wirtschaftstheorie und Wirtschaftspraxis gemacht werden. (Vgl. Scherhorn 2005, S. 136).

Fazit für die ethische Regulierung des Wettbewerbs

Das Ergebnis der bisher angestellten Überlegungen lässt sich ethisch in sechs humanen Grundorientierungen zusammenfassen. (Vgl. Hoffmann et al. 1997)

a) Rücksicht und Fairness trotz Konkurrenz
b) Diskursbereitschaft statt Positionalität
c) Begrenzung partieller Interessen durch Respekt vor dem Gemeinwohl
d) Selbstbegrenzung im Wachstum
e) Kreativität mit Verantwortung
f) Verzicht auf das Recht des Stärkeren

Diese sechs ethischen Grundorientierungen sollten in den Rahmenbedingungen der Wettbewerbsgesetze ihren Niederschlag finden. Daraus würde ein innovatorischer nachhaltiger Wettbewerb resultieren, der eine zukunftsfähige Marktwirtschaft zur Folge hätte. Auf dem Hintergrund dieser ethischen Grundorientierung folgen nun Vorschläge für die Änderung der Wettbewerbsgesetze.

7   Ethische Kritik des Wettbewerbsrechtes

Das Wettbewerbsrecht aus einer ethischen Perspektive in den Blick zu nehmen, verlangt zunächst einmal, das Wettbewerbsrecht in seinen eigenen Zielsetzungen zur Kenntnis zu nehmen. Das ist im Rahmen dieses Beitrages nicht möglich, wurde aber vom Verfasser im Rahmen des interdisziplinär und interkulturell gestalteten Symposiums mit dem Titel: „Nachhaltigkeit als Gestaltungsprinzip für die Rahmenordnungen von Finanz- und Gütermärkten" im Mai 2008 aufgezeigt.[5] Im Schlusskommuniqué des Symposiums wurde festgehalten, „wieweit das Wettbewerbsrecht im Hinblick auf nachhaltige Entwicklung verändert werden muss, wie Finanzmärkte zukunftsfähig werden und wie über das Konzept der Nachhaltigkeit so verschiedene Grundprobleme wie Klimawandel und Korruption überwunden werden können" (Hoffmann 2009, S. 431).

Auf diesem Hintergrund schlägt die FG EÖR folgende Gesetzesänderungen vor, die in einem Appell an alle Wirtschaftssubjekte, an die Politiker und an die Abgeordneten des Deutschen Bundestages zusammengefasst wurden. In den Ausführungen haben die Überlegungen zu einer Ethik des Wettbewerbs und zur Kritik des Wettbewerbsrechtes Eingang gefunden.

---

[5] Johannes HOFFMANN: Ethische Kritik des Wettbewerbsrechts, in: Johannes Hoffmann / Gerhard Scherhorn (Hg.): Eine Politik für Nachhaltigkeit. Neuordnung der Kapital- und Gütermärkte, Erkelenz 2009, 24–55.

Hier der Wortlaut: Nachhaltige Entwicklung braucht Gesetze für nachhaltigen Wettbewerb.
Unsere Gesetze verhindern den Ressourcenschutz! Nachhaltiger Wettbewerb muss einklagbar werden!

- Die beliebige Verfügung über das Eigentum nach **§ 903 BGB**
- muss unter den Vorbehalt gestellt werden, dass der Eigentümer die Kriterien der Natur- und Sozialverträglichkeit beachtet (Vgl. Hoffmann et al. 1997). Oder anders formuliert: „Der Eigentümer einer Sache kann, soweit nicht das Gesetz, Rechte Dritter oder zwingende Erfordernisse des Schutzes der natürlichen Gemeingüter oder der Volksgesundheit entgegenstehen, mit der Sache nach Belieben verfahren und andere von jeder Einwirkung ausschließen."[6]
- Externalisierung muss in die verbotenen Wettbewerbshandlungen
- nach § 4 des Gesetzes gegen den unlauteren Wettbewerb **(UWG)** aufgenommen werden, etwa durch einen zusätzlichen Absatz 12, in dem bestimmt wird, dass unlauter im Sinne von § 4 handelt (und daher auch von einem Wettbewerber auf Unterlassung in Anspruch genommen werden kann), wer sich dadurch einen Wettbewerbsvorteil verschafft, dass er „zwingende (oder auch anerkannte) Erfordernisse des Schutzes der natürlichen Gemein-güter oder der Volksgesundheit missachtet", und sich so *Vorteile gegenüber denjenigen Mitbewerbern verschafft,* die die natürlichen und sozialen Lebensgrundlagen schützen, indem sie diese Kosten selbst tragen.[7] Das UWG soll ja verhindern, dass Unternehmen die Nachfrager durch bloß vorgespiegelte Leistungen für sich gewinnen. Ein durch Externalisierung von Kosten erreichter Preis- oder Qualitätsvorsprung ist in diesem Sinn nicht weniger unlauter und dem Allgemeinwohl nicht weniger abträglich als eine Täuschung der Nachfrager durch irreführende Werbung oder Ausnutzung von Unerfahrenheit.[8]

---

[6] Diese Formulierung hätte nach Prof. Dr. Thomas Raiser, Humboldtuniversität Berlin, den Vorteil, das Anliegen deutlich zum Ausdruck zu bringen und kann so auch zur Meinungsbildung im Volk und bei den politisch Verantwortlichen beitragen. Auf der anderen Seite führt sie, falls Zweifel an der Gemeinverträglichkeit eines bestimmten Eigentumsgebrauchs aufkommen oder darüber ein Streit entsteht, dazu, dass derjenige, der sich auf die Gemeinschädlichkeit beruft, darlegen muss, dass es wirklich zwingende Gründe sind, welche den angegriffenen Gebrauch des Eigentums untersagen.

[7] Eine entsprechende Definition der Externalisierung gehört auch in die „Schwarze Liste" der Richtlinie 2005/29/EU über unlautere Geschäftspraktiken im Binnenmarktverkehr.

[8] Externalisierungsstrategien von Unternehmen könnten dann – etwa mit Hilfe der Zentralstelle zur Bekämpfung des unlauteren Wettbewerbs (www.wettbewerbszentrale.de) – von Mitbewerbern angeklagt werden, die sich durch diese Strategien benachteiligt fühlen und die

- Flankierend müssen befristete Vereinbarungen zwischen Unternehmen, die die Internalisierung von bisher abgewälzten Kosten absichern, in § 7 (1) Gesetzes gegen Wettbewerbsbeschränkungen (**GWB**) sowie Art. 81 (3) des **EU-Vertrags** *vom Kartellverbot ausgenommen* werden. Das GWB soll ja verhindern, dass Unternehmen ihren Gewinn dadurch steigern, dass sie Preisunterbietung oder Qualitätsüberbietung untereinander ausschalten. Es nimmt aber Vereinbarungen vom Kartellverbot aus, in denen Unternehmen Aufwendungen zur Verbesserung (z. B. Rationalisierung) der Produktion bzw. des Angebots verabreden. Eine Ausnahme muss auch für Verabredungen gelten, in denen Unternehmen sich darüber verständigen, bisher externalisierte Kosten künftig selbst zu tragen.

- § 93 AktG sollte um den Satz ergänzt werden: „Zu den Sorgfaltspflichten eines Vorstandsmitglieds gehört es auch, sich über zwingende Erfordernisse der Gemeinverträglichkeit seiner Entscheidungen oder ihrer Auswirkungen auf die Volksgesundheit hinreichend zu informieren und sie zu beachten." Der Unternehmensvorstand muss in § 76 (1) des Aktiengesetzes (**AktG**) sowie Art. 4.1.1 des **Deutschen Corporate Governance Kodex** auch auf den Schutz der naturgegebenen und der gesellschaftlichen Gemeingüter verpflichtet werden, die unsere Lebens- und Produktionsgrundlagen bilden (des *Natur- und Sozialkapitals*). So bekommt der Vorstand gegenüber klagenden Aktionären eine Rechtsgrundlage für vertretbare Aufwendungen zugunsten des Umweltschutzes, der Arbeitsbedingungen oder der gesellschaftlichen Integration, und die Zivilgesellschaft gewinnt eine Chance, das Unternehmen daran zu erinnern, dass es auf nachhaltige Entwicklung verpflichtet ist.

- In das Kreditwesengesetz (**KWG**) und das Investmentgesetz (**InvG**) muss den Unternehmensleitern und Anlageberatern die Pflicht auferlegt werden, auch über bekannte gemeinschädliche oder gesundheitsschädliche Folgen der Produktionsmethoden, welche das die Auslagepapiere ausgebende Unternehmen anwendet, sowie über alternative Anlagemöglichkeiten zu informieren. Ferner sollten die Unternehmensleiter und Anlageberater verpflichtet werden, die Sparer und Investoren anhand eines zertifizierten Nachhaltigkeitsrating darüber *zu informieren,* wieweit die in Betracht kommenden Anlageprodukte den Kriterien der Natur- und Sozialverträglichkeit genügen. Erst dadurch kann ethische Geldanlage mit der Zeit zur allgemeinen Norm werden.

Benachteiligung durch ihren eigenen Einblick in die Kosten des strittigen Produktionsverfahrens nachweisen können.

Wenn diese rechtspolitischen Anliegen umgesetzt würden, wäre das ein wichtiger Beitrag für den Primat der Politik vor dem kapitalistischen Finanzkapital, für den Primat der Politik vor einem von Lobbyisten betriebenen Kapitalismus. Politik würde so aus ihrer Handlungsunfähigkeit befreit und geöffnet für Utopien und Visionen für den Aufbau einer zukunftsfähigen Marktwirtschaft, den Erhalt der Substanz unseres Natur-, Sozial- und Kulturkapitals und den Schutz der Gemeingüter.

Das entspräche ganz den von der UN im Jahr 2016 in der Agenda 2030 formulierten 17 Entwicklungsziele.

8   Die Leitmotive der Agenda 2030 verlangen:

- Armut und Hunger beenden und Ungleichheiten bekämpfen,
- Selbstbestimmung der Menschen stärken, Geschlechtergerechtigkeit und ein gutes und gesundes Leben für alle sichern,
- Wohlstand für alle fördern und Lebensweisen weltweit nachhaltig gestalten,
- ökologische Grenzen der Erde respektieren: Klimawandel bekämpfen, natürliche Lebensgrundlagen bewahren und nachhaltig nutzen,
- Menschenrechte schützen – Frieden und Rechtstaatlichkeit fördern und
- neue globale Partnerschaft aufbauen.

Bundeskanzlerin Merkel hat angesichts der Global Development Goals festgestellt, dass die bisherige Nachhaltigkeitsstrategie der Bundesregierung geändert werden muss und zur Umsetzung der Agenda völlig neu gestaltet werden muss. Damit wird ersichtlich, dass wir eine Änderung des Systems in dem aufgezeigten Sinne benötigen.

Literatur

Borgwardt, A. 2017. *Impulse für die strategische Debatte in der Wissenschaft. In Netzwerk Exzellenz an deutschen Hochschulen.* Berlin: Friedrich-Ebert-Stiftung.
Forschungsgruppe Ethisch-Ökologisches Rating HG. 2016. *Systemänderung oder Kollaps unseres Planeten. Erkelenz: Erklärung der Forschungsgruppe Ethisch- Ökologisches Rating der Goethe-Universität Frankfurt – Arbeitskreis Wissenschaft.* Federführung: Johannes Hoffmann.
Hennemann, G. 2008. Im Namen des Wettbewerbs. *Süddeutsche Zeitung* 11:17.
Hoffmann, J. Hrsg. 1992. *Ethische Vernunft und technische Rationalität.* Frankfurt: Verlag für Interkulturelle Kommunikation.

Hoffmann, J. Hrsg. 1991. *Das eine Menschenrecht für alle und die vielen Lebensformen. Band I: Begründung von Menschenrechten aus der Sicht unterschiedlicher Kulturen.* Frankfurt: Verlag für Interkulturelle Kommunikation.

Hoffmann, J. Hrsg. 1994. *Band II: Universale Menschenrechte im Widerspruch der Kulturen. Frankfurt. Band III: Die Vernunft in den Kulturen – Das Menschenrecht auf kultureigene Entwicklung.* Frankfurt: Verlag für Interkulturelle Kommunikation.

Hoffmann, J. Hrsg. 1997. *Irrationale Technikadaptation als Herausforderung an Ethik, Recht und Kultur. Interdisziplinäre Studien.* Frankfurt: IKO, Verlag für Interkulturelle Kommunikation

Hoffmann, J. 1997. Zur Bedeutung der Kulturverträglichkeit. In *Ethische Kriterien für die Bewertungen von Unternehmen. Frankfurt-Hohenheimer Leitfaden,* Hrsg. J. Hoffmann, K. Ott, und G. Scherhorn, 263–291. Frankfurt.

Hoffmann, J., und G. Scherhorn, Hrsg. 2009. *Eine Politik für Nachhaltigkeit. Neuordnung des Kapital- und Gütermärkte.* Erkelenz: Altius-Verl.

Hoffmann, J., K. Ott, und G. Scherhorn, Hrsg. 1997. *Ethische Kriterien für die Bewertung von Unternehmen – Frankfurt-Hohenheimer Leitfaden.* Frankfurt a. M.: IKO - Verlag.

Homann, K., und M. Ungethüm. 2007. FAZ. *Ethik des Wettbewerbs* 143:11.

Peukert, H. 1976. *Wissenschaftstheorie – Handlungstheorie – Fundamentale Theologie. Analysen zu Ansatz und Status theologischer Theoriebildung,* 273. Düsseldorf: Suhrkamp.

Roche, P., J. Hoffmann, und W. Homolka, Hrsg. 1992. *Ethische Geldanlagen. Kapital auf neuen Wegen.* Frankfurt: Verlag IKO.

Scherhorn, G. 2005. Markt und Wettbewerb unter dem Nachhaltigkeitsziel. *Zeit-schrift für Umweltpolitik & Umweltrecht Beiträge zur rechts-, wirtschafts- und sozialwissenschaftlichen Umweltforschung* 2:135–154.

Simmel, G. 1989. *Philosophie des Geldes. Gesamtausgabe 6.* Frankfurt: Suhrkamp.

Von Flotow, P. 1995. *Geld, Wirtschaft und Gesellschaft. Georg Simmels Philosophie des Geldes.* Frankfurt: Suhrkamp.

Johannes J. Hoffman, Prof. Dr., Professur für Moraltheologie, Sozialethik und Wirtschafts-sethik am Fachbereich Katholische Theologie der Goethe-Universität in Frankfurt am Main; Diakon mit Zivilberuf der Diözese Limburg, Mitglied des Vorstandes von Theologie Interkulturell e. V.; Projektleiter der FG „Ethisch-Ökologisches Rating" der Goethe-Universität; seit 2018 Mitglied der Forschungsgruppe Finanzen und Wirtschaft der Stiftung Weltethos an der Universität Tübingen.

www.ethisch-oekologisches-rating.org, http://blog.ethisch-oekologisches-rating.org/

Ars Longa. Kunst und Nachhaltigkeit

Verena Kuni

Zusammenfassung

Welchen Beitrag kann zeitgenössische Kunst zu einer sozial-ökologischen Nachhaltigkeitsperspektive leisten? Dieser Frage geht der Beitrag ausgehend von künstlerischen Projekten nach, die in Feldern operieren, in denen die drei Säulen des bekannten Nachhaltigkeits-Modells – Umwelt, Soziales und Wirtschaft – gleichermaßen relevant sind: in der Forstwirtschaft („Bäume pflanzen") und in der Imkerei („Bienen züchten"). So entstehen in der Kunst Bilder, die nicht nur zur Vermittlung entsprechender Einsichten in für ein nachhaltiges Denken und Handeln relevante Zusammenhänge beitragen, sondern darüber hinaus je auf ihre Weise zum aktiven sozial-ökologischen Engagement einladen.

Der nachstehende Beitrag basiert auf Überlegungen, die ursprünglich 2010 für den Einführungsvortrag zur Frankfurter Bürger-Universität „Vorsorgen für die Welt von morgen – Positionen zur Nachhaltigkeit" formuliert wurden.[1] An der interdisziplinären Vortragsreihe waren auch zahlreiche Kolleg*innen beteiligt, die

---

[1] Konzipiert und organisiert von der Verfasserin zusammen mit der Wissenschaftshistorikerin Anne Hardy-Vennen, dem Biologen und Wissenschaftsjournalisten Stephan M. Hübner (seinerzeit beide Goethe-Universität, Stabsstelle Presse & Öffentlichkeitsarbeit) sowie der Biologin Heike Zimmermann-Timm (seinerzeit Leiterin der GRADE Graduierten-Akademie der Goethe-Universität); vgl. für Programmatik und Programm Goethe-Universität 2010, 8–18 sowie für ausgewählte Beiträge Forschung Frankfurt 2010.

V. Kuni (✉)
Institut für Kunstpädagogik der Goethe-Universität Frankfurt am Main, Frankfurt am Main, Deutschland
E-Mail: verena@kuni.org; kuni@kunst.uni-frankfurt.de

© Der/die Autor(en) 2021
B. Blättel-Mink et al. (Hrsg.), *Nachhaltige Entwicklung in einer Gesellschaft des Umbruchs*, https://doi.org/10.1007/978-3-658-31466-8_12

ebenfalls mit Beiträgen im vorliegenden Band vertreten sind. Beides ist natürlich kein Zufall. Denn während „Nachhaltigkeit" zu jenen Begriffen gehört, die
– sicherlich nicht ganz grundlos – zum Basisvokabular professioneller und insbesondere politischer Phrasenproduktion gezählt werden beziehungsweise durch
entsprechenden Ge- und Missbrauch an Leumund eingebüßt haben, liegt zugleich
auf der Hand: Wer sich seriös für Nachhaltigkeitsthemen engagiert, wer theoretisch und/oder praktisch, wissenschaftlich und/oder künstlerisch im Feld arbeitet,
wird dies kaum von Konjunkturen abhängig machen. Vielmehr ist bereits der
Frage nach Nachhaltigkeit eine Zeitperspektive eingeschrieben, die auf eine langfristige Beschäftigung mit der Sache und auf die Ausdauer aller Beteiligten
setzt.

Das bedeutet selbstverständlich nicht, einmal eingenommene Standpunkte zu
zementieren, indem man sie wiederholt. Wohl aber kann es darum gehen, Wie-
derholung, Wiederaufnahme und Weiterführung miteinander zu verknüpfen: Das
als Fundament zu belassen, was nach wie vor gültig erscheint, und nach geeigne-
ten Ansatzpunkten zu suchen, auf die sich aufbauen lässt – wobei die neuerliche
Betrachtung derselben Gegenstände ebenso zu neuen Überlegungen Anlass bieten
kann wie neu hinzugekommene Gegenstände bereits gefasste Gedanken untermauern mögen. Und schließlich: Wem wäre es jemals gelungen, zweimal im
selben Fluss zu baden?

In diesem Sinne mögen jene Leser*innen, die Grundgedanken und Passagen
des vorliegenden Textes aus der früheren Lektüre kennen[2], prüfen, ob es geglückt
ist, die Wiedervorlage im neuen Kontext – mit der sich zudem die Gelegenheit
bot, das bereits Bestehende zu überarbeiten, zu ergänzen und mit einem Apparat
zu versehen – in der Weiterführung der seinerzeit entwickelten Stränge und unter
Berücksichtigung aktueller Entwicklungen fruchtbar zu machen.

1   Ars longa

Vita brevis, ars longa – kurz ist das Leben, lang währt die Kunst: Wenngleich der
Arzt Hippokrates, dem man den Aphorismus zuschreibt, seinerzeit kaum an die
Bildende Kunst gedacht haben dürfte[3], galt Letztere über Jahrhunderte hinweg als
vornehmste Schöpferin und Verwalterin die Zeiten überdauernder Werte.

---

[2] Vgl. die Verschriftlichung des Beitrags zur Bürger-Universität, Kuni 2010a.

[3] Die im sogenannten „Corpus Hippocraticum" – einer antiken Sammlung medizinischer Texte unterschiedlicher Provenienz – enthaltenen Aphorismen beziehen sich auf die
Heilkunst; so auch der „1. Aphorismus", dem die zitierten Worte entstammen.

Heute hingegen scheint sich die Kunst in weiten Teilen aus einer solchen Perspektive verabschiedet zu haben – nicht nur, weil vorzugsweise in Materialien, Medien und Formaten gearbeitet wird, die kaum konservierbar sind.[4] Angesichts der umfassenden Aufgaben, denen sich eine Politik der Nachhaltigkeit zu stellen hat, werden der Kunst weder der Einfluss noch die Kompetenzen zugebilligt, wie sie etwa zur Lösung drängender ökologischer und wirtschaftlicher Probleme vonnöten wären. Bestenfalls erwartet man von ihr, wirkmächtige Bilder für Utopien und Dystopien zu schaffen, Schreckensszenarien einer Endzeit zu zeichnen oder mit positiven Gegenentwürfen einem Wunsch nach Ganzheitlichkeit Ausdruck zu verleihen.

Doch nicht von ungefähr mehren sich die Stimmen jener, die Nachhaltigkeit nicht nur als gesamtgesellschaftliche Herausforderung verstehen, sondern gerade in Kultur und Künsten wichtige Säulen für zukunftsfähiges Denken und Handeln sehen.[5] Zudem begnügen sich zeitgenössische Künstler*innen längst nicht mehr mit Beiträgen zu einer ökologischen oder sozialen Ästhetik.[6] Zusammen mit Wissenschaftler*innen unterschiedlicher Disziplinen arbeiten sie an Projekten, die kreative Impulse für nachhaltige Entwicklungen mit konkreten Perspektiven für die Praxis verbinden – und zwar einer Praxis, die in den Projekten nicht nur exemplarisch vorgeführt und „zur Nachahmung empfohlen" wird[7], sondern mitunter auch direkt zur aktiven Beteiligung einlädt.

Damit gewinnt auch die Rede von der „ars longa" neuen Sinn. Der hippokratische Aphorismus lässt sich nämlich so deuten, dass sich aus der Kürze des Lebens gerade für die Kunst – die sich auf ein historisch über lange Zeiträume

---

[4] Überlegungen dazu, inwiefern entsprechende materiale und mediale Praktiken und Strategien in einem Zusammenhang mit eben jenen Fragestellungen stehen, mit denen sich dieser Beitrag beschäftigt, möchte ich an anderer Stelle weiterführend nachgehen.

[5] Vgl. für eine auf Kunst als Impulsgeberin nachhaltiger Entwicklung ausgehende Sammlung von Positionen, die insbesondere interdisziplinäre, partizipative und ganzheitlichbildungsorientierte Ansätze ins Auge fasst, Kurt und Wagner 2002; für einen weiterführend methodisch-systematisch argumentierenden Ansatz Kagan 2011.

[6] Weder impliziert noch intendiert dieser Hinweis eine Abwertung entsprechender Beiträge, zumal beide Konzepte sowohl für sich genommen als auch im Kontext der im Folgenden betrachteten Zusammenhänge Wichtiges leisten; vgl. zur ökologischen (Natur-)Ästhetik grundlegend Böhme 1989; für eine Überblicksdarstellung klassischer Ansätze und Positionen Strelow 2004; weiterführend Miles 2014; zur sozialen Ästhetik grundlegend Olander 1983 (siehe Deitcher 2010); weiterführend Bradley und Esche 2007.

[7] In Anlehnung an das für den hier diskutierten Komplex in bestem Sinne exemplarische Ausstellungsprojekt gleichen Titels, das von Adrienne Goehler konzipiert und realisiert wurde; vgl. Goehler 2010 sowie https://www.z-n-e.info (Zugriff 20. Juni 2020).

gesammeltes Wissen berufen kann und zugleich auch stets über den Moment hinaus auf eine Zukunft hin denken muss – eine besondere Verantwortung ergibt, im Hier und Jetzt tätig zu werden. Im Übrigen wird im – meist nicht mit zitierten – weiteren Verlauf des Aphorismus auch darauf verwiesen, dass keineswegs allein der Arzt in der Verantwortung steht: „der Kranke selbst und seine Umgebung, eben so wie die äussern Umstände müssen, jeder das Seinige, zur Erreichung des Zweckes beitragen." (Boenninghausen 1863, S. 1).

Ausgehend von Joseph Beuys – einem der ersten und wohl auch prominentesten deutschen Künstler, der sich in seiner Arbeit explizit auf das Ineinanderwirken ökologischen, sozialen und wirtschaftlichen Denkens und Handels bezogen hat, wie es für den hier zugrunde gelegten Nachhaltigkeitsbegriff eine zentrale Rolle spielt[8] – sollen im Folgenden exemplarische Projekte vorgestellt werden, die einen Einblick in das Spektrum der Ansätze bieten, die auf eine solche Kunst der Nachhaltigkeit abzielen.

Mit Blick auf die in diesem Zusammenhang relevanten lokalen, regionalen und globalen Dimensionen hatten bereits in der ersten Fassung der vorliegenden Überlegungen Künstler*innen im Mittelpunkt der Betrachtung gestanden, deren Arbeiten genau diese Dimensionen nicht nur für sich genommen ausloten, sondern insbesondere auch aus der Perspektive und für den Diskussionskontext anschaulich zu machen geeignet schienen, in denen sich Vortragende und Teilnehmer*innen 2010 und 2017[9] bewegten. Die Stadt Frankfurt, das Rhein-Main-Gebiet, Hessen, Deutschland, Europa, die sogenannte westliche Welt und die sogenannte nördliche Hemisphäre, die Welt: Schon die Aufzählung mag darauf verweisen, dass es sich zwar immer auch, aber nie allein um geografische Koordinaten handelt, in denen wir uns positionieren und in denen wir navigieren – sondern vielmehr um auf vielfältige und komplexe Weise kulturell, sozial, historisch, politisch, ökonomisch und ökologisch konditionierte Lebensräume.

Zugleich zeigt sie an, dass es stets konkrete Ausgangspunkte, Anlässe, Kontexte und Radien des Wahrnehmens, Denkens, Handelns gibt, „die eigene

---

[8] Seit Anfang/Mitte der1990er Jahren prominent im „Drei-Säulen-Modell der nachhaltigen Entwicklung" geführt, letztlich aber auch schon sehr viel früher bestimmend, scheint die grundlegende Verflochtenheit der drei Komplexe und ihre Relevanz für ‚welchen Nachhaltigkeitsbegriff auch immer' unbestreitbar – während dessen Füllung stark von der Interpretation des Modells und der Frage abhängt, von welchen Interessen geleitet und in welche Richtungen dieses Beziehungsgeflecht, seine Entwicklung und seine Transformationen handlungsorientiert gedeutet werden. Vgl. weiterführend zur historischen Perspektive Grober 2010.

[9] Angesprochen sind hier die Frankfurter Bürger-Universität im Sommersemester 2010 sowie die Vortragsreihe von GRADE Sustain 2016–2017 bzw. meine Vorträge im Rahmen dieser beiden Veranstaltungen.

Haustüre, vor der es zu kehren gilt", die individuellen Kompetenzen, die sich einbringen lassen, die eigene Perspektive, die auf spezifische Weise geprägt ist – dass diese aber stets in einem größeren Zusammenhang von Voraussetzungen, Konditionen, Interaktionen und Konsequenzen stehen.

Letzteres wiederum mag bereits einen Hinweis darauf geben, warum es Künstler*innen – denen man zunächst einmal besonders dann, wenn es um Aufgaben und Probleme globalen Ausmaßes wie jene, die auch in den aktuellen Debatten um Nachhaltigkeit eine zentrale Rolle spielen, eher geringeren Einfluss und weit weniger Handlungsmacht zubilligen wird als Akteur*innen aus Wirtschaft und Politik – wagen, mit ihren Arbeiten Stellung zu beziehen und sich mit ihren Projekten im Feld engagieren. Wie im Folgenden noch näher auszuführen sein wird, hat dies durchaus auch mit den spezifischen Kompetenzen und Potenzialen der Kunst zu tun: nämlich Bilder zu schaffen, die – wortwörtlich nachhaltig – zum Denken und Handeln anregen.

Dies festzustellen heißt weder, der für die Moderne durchaus prägsamen „Kunstreligion" ein auf das ausgehende Anthropozän zugeschnittenes Kapitel hinzufügen zu wollen, indem man die Aufgabe, Alternativen zum Bestehenden aufzuzeigen, vorzüglich den Künsten zuweist und sie zum Hoffnungsträger für Heilserwartungen stilisiert. Noch auch soll behauptet werden, dass jegliche Art von Kunst mit einschlägigen Bezügen das Potenzial besitzt und/oder intentional darauf ausgerichtet wäre, gesellschaftliche, ökologische und/oder ökonomische Missstände nicht nur zu kritisieren, sondern auch konkrete, konstruktive Impulse zur Korrektur dieser Missstände zu vermitteln.[10]

In jedem Fall jedoch lässt sich Adrienne Goehlers Hinweis folgen, dass es nicht nur angemessen ist, den drei Nachhaltigkeitsdimensionen Gesellschaft, Wirtschaft und Umwelt mit der Kultur eine vierte hinzuzufügen – sondern auch lohnend, sich eingehender mit den Impulsen zu befassen, die diese für nachhaltiges Denken und Handeln bereit hält (vgl. Gersmann und Wilms 2010, S. 8).

2   Eichen

Einen Baum pflanzen: Nicht von ungefähr zählt dies zu den Handlungen, die schon der Volksmund mit Nachhaltigkeit verknüpft. Wer einen Baum pflanzt, ein

---

[10] Siehe hierzu auch die kritischen Überlegungen von Sacha Kagan zu dem, was er – in einer Schärfe, der selbst aus der Perspektive einer kritischen Kunstwissenschaft sicher nicht so durchgängig zu folgen ist – als „The Culture and Art of Unsustainability" bezeichnet; vgl. Kagan 2011, 23–92.

Haus baut, ein Kind zeugt, will „vorsorgen für die Welt von morgen"[11], auch über die eigene Lebenszeit hinaus.

Als der Künstler Joseph Beuys 1982 im Rahmen der siebten documenta – jener Großausstellung, die alle fünf Jahre aus dem nordhessischen Kassel eine „Weltstadt der Kunst" macht[12] – zum Spaten griff, um direkt vor dem Museum Fridericianum eine Eiche zu pflanzen, ging es ihm um ebendies. Unter dem Motto „Stadtverwaldung statt Stattverwaltung" trat er in seiner Aktion „7000 Eichen" an, mit den Mitteln der Kunst für ein nachhaltiges Denken und Handeln aller zu werben.[13] Und er wusste seinen Wirkungskreis zu nutzen, um diesem Anspruch Nachdruck zu verleihen. Nicht nur begleitete er sein Projekt mit Vorträgen, Diskussionen und weiteren, bildmächtigen Aktionen – darunter der „Schmelzaktion", in deren Zuge Beuys zwei Wochen nach der Eröffnung der Schau auf dem Friedrichsplatz einen Ofen errichtete, um als „Künstler-Alchemist" die wertvolle Nachbildung einer Zarenkrone in das Ensemble „Friedenshase" und „Sonnenkugel" zu transformieren.[14] Vor allem hatte er es von Anfang an so angelegt, dass die Stadt Kassel und ihre Bürger*innen in Zugzwang waren: Für seinen documenta-Beitrag hatte er sich ausbedungen, einen Keil aus 7000 Basaltstelen auf dem zentralen Friedrichsplatz aufzuschütten, der nunmehr Stück um Stück abzutragen war: Mit einer Spende von 500 DM erwarb man das Recht, selbst eine Eiche zu pflanzen, der dann eine der Basaltstelen beigesellt wurde. Nicht allein wegen der erheblichen Kosten für die Umsetzung[15], sondern auch schon wegen der Standortsuche für die Bäume erwies sich das Projekt als langwieriger Prozess. Die zunächst letzte der mit den von Beuys vor Ort ausgebrachten Basaltstelen zu

---

[11] In Anlehnung an den Titel der Vortragsreihe zur Frankfurter Bürger-Universität 2010; vgl. Goethe-Universität Frankfurt 2010.

[12] Zwar wird diese – sonst auf Paris, London, New York, Florenz oder Berlin gemünzte – Wendung vorzugsweise vom Stadtmarketing genutzt. Der Gedanke, dass Kunst (und kulturelle Bildung) Menschen zu mindestens ideellem Kosmopolitanismus und zu Weltverständnis verhelfen, spielte jedoch schon für den documenta-Gründer Arnold Bode eine zentrale Rolle. Zur Geschichte der documenta vgl. Kimpel 1997; Schwarze 2012 sowie Eichel 2015.

[13] Vgl. zum Projekt: Groener und Kandler 1987; Stiftung 7000 Eichen 2012; die quellenreiche Dokumentation in Loers und Witzmann 1993, 221–283 sowie https://www.7000eichen.de Zugriff 20. Juni 2020.

[14] Zur Aktion und ihrer Deutung vgl. ausführlich Kuni 2006, Bd. I, insb. Kap. III.9., 503–509.

[15] Die Kosten für die erste Realisierungsphase werden auf 4,3 Mio. DM geschätzt, was das Produktionsbudget der documenta um ein Vielfaches überstieg; für die Erbringung unternahmen zunächst Beuys selbst und in der Folge der 2002 in eine Stiftung überführte Verein „7000 Eichen" erhebliche Anstrengungen, Projektgelder und Spenden einzuwerben.

paarenden „7000 Eichen"[16] wurden 1987 – ein Jahr nach dem Tod des Künstlers – zur documenta 8 von seinem Sohn neben die erste Eiche gepflanzt. Indes schieden und scheiden sich an dem Projekt auch weiterhin die Geister. So manche*r Kunstliebhaber*in konnte der Aktion wie auch insgesamt dem politischen Engagement des Künstlers, der 1979 sogar als Direktkandidat der Grünen für das Europa-Parlament kandidiert hatte (vgl. Beuys 1978)[17], kaum etwas abgewinnen. Die Kasseler*innen haben selbst nach dem Abtragen des Basaltkeils nach wie vor ihre Mühen und Kosten mit dem Projekt, nicht nur, weil die Baumpflanzungen verschiedentlich Vandalismus zum Opfer fallen – wobei insbesondere die Basaltstelen aus ästhetischen wie sicherheitstechnischen Gründen ,nachhaltig' Anstoß erregen. Wie jede Stadt befindet sich auch Kassel kontinuierlich in Veränderung; Bäume müssen Bauvorhaben weichen oder erkranken – ein Problem, mit dem gerade auch Stadtbäume durch die ökologische Mehrfachbelastung, zu der lokale Luftverschmutzung ebenso wie Klimafaktoren zählen, in zunehmendem Maße konfrontiert sind.[18]

Wenngleich die Idee der „Stadtverwaldung" direkt an die historischen Wurzeln des Nachhaltigkeitsgedankens und dessen Begriffsgeschichte im deutschen Sprachraum anzuknüpfen scheint, die in der Forstwirtschaft liegen[19], mag man

---

[16] Tatsächlich wurden nicht ausschließlich Eichen gepflanzt, sondern neben Stiel-, Sumpf- und Roteichen mehr als dreißig weitere Baumarten, darunter etwa auch Gingko biloba. Die Standorte der Bäume sind in einem Baumkataster verzeichnet und über das Geoportal der Stadt Kassel einsehbar; vgl. https://geoportal.kassel.de/portal/apps/webappviewer/index.html?id= ada987a713c54778bd5beecbc89861c9 bzw. eingebunden in die Projektseite „7000 Eichen" https://www.7000eichen.de/index.php?id=20 Zugriff jeweils 20. Juni 2020.

[17] Anlässlich der Kandidatur 1979 wurde der Text separat wieder aufgelegt und breit multipliziert; vgl. via Wilfried Heidt https://www.wilfried-heidt.de/beuys-heidt-zusammenarbeit/pdf/Aufruf-zur-Alternative-Heft.pdf Zugriff 20. Juni 2020.

[18] So laufen seit einigen Jahren auch in mehreren Bundesländern Forschungsprojekte, die sich mit den veränderten Standortbedingungen speziell für Stadtbäume sowie damit befassen, welche Baumarten unter den Konditionen des Klimawandels bessere Überlebenschancen haben als jene, die bislang gepflanzt wurden; vgl. z. B. das bayerische Projekt „Stadtgrün 2021: Neue Bäume braucht das Land!", https://www.lwg.bayern.de/landespflege/urbanes_gruen/085113/index.php Zugriff 20. Juni 2020; die Forschungen am Frankfurter Senckenberg Forschungszentrum für Biodiversität und Klima SBiK-F https://www.bik-f.de Zugriff 20. Juni 2020; die exemplarische Untersuchung von Gillner 2012; zur Rolle der Klimafaktoren Mosbrugger et al. 2012; sowie zu weiteren Forschungs- und Kunst-Projekten im Feld weiterführend auch unten.

[19] Erstmals begegnet der Begriff in einschlägigem Kontext in Hans Carl von Carlowitz' „Sylvicultura oeconomica, oder haußwirthliche Nachricht und Naturmäßige Anweisung zur wilden Baum-Zucht" (Carlowitz 1713); hier allerdings steht der wirtschaftliche Zweck der Ressourcenschonung im Vordergrund. Vgl. weiterführend Grober 2010, 111–121.

sich schließlich fragen, warum Beuys ausgerechnet Eichen in den Stadtraum pflanzen wollte und warum er seine Aktion im vergleichsweise grünen Kassel beziehungsweise im (eichen-)waldreichen Nordhessen situierte.

Die Antwort ist einfach: Als Künstler dachte Beuys in Bildern. Vor diesem Hintergrund hatte er sich bewusst für die Eiche als einen historisch konnotierten Baum von monumentalem Wuchs und sprichwörtlich langer Lebensdauer entschieden, dem er das in die Erde eingesenkte, erstarrte Vulkangestein als Konterpart zur Seite stellte.[20] Mindestens ebenso wichtig wie die Dimension der Zeit und der ökologische Aspekt des Stadtgrüns war ihm jedoch das, was er als „Soziale Plastik"[21] bezeichnete: Die Pflanzung eines Baums in der und für die Gemeinschaft als exemplarischer Akt sozialen Handelns, zu dem auch die Übernahme von Verantwortung und das Aushandeln von Konflikten gehören. Die Kasseler documenta bot ihm als international beachtete Ausstellung eine denkbar geeignete Plattform für sein Projekt.

Im Übrigen scheint die Zeit Beuys in mehrfacher Hinsicht Recht zu geben. In Kassel hat sich der Unmut der Skeptiker*innen und Gegner*innen weitgehend gelegt. Unter jenen, die sich um den Erhalt und die Pflege der Bäume kümmern, finden sich heute neben der Stadt und der eigens gegründeten Stiftung „7000 Eichen" nicht nur kulturell und ökologisch engagierte Bürger*innen, sondern auch ortsansässige Firmen, die im Feld der nachhaltigen Technologien tätig sind (vgl. Stiftung 7000 Eichen 2012). In der Folge wurden zudem in weiteren Städten „Beuys-Eichen" und andere Bäume unter den Vorzeichen der Kunst gepflanzt.[22]

3   Bäume pflanzen 2.0

Eine unmittelbare Hommage an Beuys' Projekt ist unterdessen im Internet entstanden: 2007 hat das italienische Künstler*innen-Duo Eva und Franco Mattes,

---

[20] Vgl. zur Bedeutung der Basaltstelen, die Beuys auch in weiteren Werken dieser Zeit verwendete, insbesondere in Kombination mit dem (Eich-)Baum weiterführend Kuni 2006, Bd. I, Kap. III.9., 510–514.

[21] Vgl. zum Begriff und seinen Dimensionen im Werkkontext Harlan, Rappmann und Schata (1976) 1980.

[22] So unter anderem im Rahmen von „7000 Oaks" am DIA Center New York, begonnen 1988 und ab 1995 fortgesetzt; vgl. https://www.diaart.org/visit/visit/joseph-beuys-7000-oaks, Zugriff 20. Juni 2020, und mit dem seit 1989/1990 laufenden Projekt „BAUMKREUZ", das von Beuys' ehemaligem Studenten Johannes Stüttgen, dem Landschaftsarchitekten Norbert Scholz, dem Kurator Konstantin Adamopulos und dem Unternehmer Frank Wilhelmi initiiert wurde; vgl. https://www.bund-thueringen.de/gruenes-band/baumkreuz/ Zugriff 20. Juni 2020.

das in den 1990er Jahren mit Netzkunst Aufsehen erregte und sich seither konsequent auf künstlerische Interventionen spezialisiert hat, die sich mit den Entwicklungen in der digitalen Technologie und Medienkultur befassen[23] (vgl. Quaranta 2009), eine digitale Version von „7000 Eichen" für die 3D-online-Plattform „Second Life" erstellt. In einer ganzen Werkreihe befassten sich die beiden seinerzeit mit von ihnen alternativ auch als „Synthetic Performances" bezeichneten „Reenactments" – Software-basierten „Wiederaufführungen" beziehungsweise Adaptionen prominenter Peformances aus der zweiten Hälfte des 20. Jahrhunderts in digitalen online-Umgebungen.[24] Für „Joseph Beuys' 7000 Oaks" waren zunächst mit der für die Fertigung digitaler Objekte vorgesehenen „Second Life"-Software 7000 „Eichen" und 7000 „Basaltsteine" entstanden; am 17. März 2007 – genau fünfundzwanzig Jahre nach Beuys' initialer Baumpflanzung in Kassel – wurden von den Avataren der beiden Künstler*innen die ersten Eiche-Stein-Paare in „Second Life" gesetzt, während Nutzer*innen der Plattform eingeladen waren, sich in der Folge selbst an der virtuellen Pflanzaktion zu beteiligen.[25] Im Sommer 2008 wurde das Projekt noch einmal prominent positioniert, indem es als erster künstlerischer Beitrag für die neue Präsenz des Goethe-Instituts in „Second Life" figurierte, zu der auch Künstler*innen-Residenzen für die Entwicklung eigens auf die Medienplattform zugeschnittener Arbeiten gehören sollten.[26]

Nun kann ein solches Reenactment sicher dazu beitragen, einer jüngeren, medienaffinen Generation die Grundgedanken von Beuys' Baumpflanzungsaktion zu vermitteln und sie für das ursprüngliche Projekt zu interessieren. Für sich

---

[23] Vgl. für einen Werküberblick die Webseite des Künstler*innen-Duos, https://010010111 0101101.org, Zugriff 20. Juni 2020.

[24] Zur Reihe der „Reenactments" (2007–2010), die als Live-Events im Rahmen von Ausstellungen und zugleich im Netz stattfanden, gehör(t)en bekannte Arbeiten von Gilbert & George, Vito Acconci, Chris Burden und VALIE EXPORT; vgl. https://0100101110101101.org/ree nactments/ Zugriff 20. Juni 2020.

[25] Anders als die anderen „Reenactments" ist „Joseph Beuys' 7000 Oaks" nicht mehr auf der Webseite des Künstler*innen-Duos aufgeführt; die ursprüngliche URL der Dokumentation, https://www.0100101110101101.org/home/reenactments/performance-beuys.html, generiert eine Fehlermeldung, Zugriff 20. Juni 2020.

[26] Zur „Second Life"-„Insel" des Goethe-Instituts, die von 2008 bis 2014 existierte, gehörten u. a. eine Bühne, Ausstellungsräume und ein Café; vgl. für eine Dokumentation https://www.bokowsky.net/de/referenzen/goethe_institut/second_life/insel/index.php Zugriff 20. Juni 2020. Da sich gerade in den ersten Jahren nach dem offiziellen Release von „Second Life" 2003 zahlreiche Künstler*innen mit den Potenzialen der Plattform befassten, war es durchaus konsequent für eine mit kultureller Bildung befasste Institution, entsprechende Projekte einzuladen.

genommen muss eine solche mediale Emulation auch keineswegs gegen Konzepte ausgespielt werden, die demgegenüber auf das Pflanzen ‚echter' beziehungsweise biologischer Bäume in einer im weitesten Sinne „natürlichen Umwelt"[27] setzen: Im Gegenteil mögen gestalterische Aktivitäten in digitalen Räume nicht nur generell zur Entwicklung und Wertschätzung kreativer Fähigkeiten und Tätigkeiten beitragen, sondern in diesem Fall auch spezieller zur Reflexion von Fragen der Landschafts- und Umweltgestaltung anregen[28] – und spätestens dann, wenn die digitalen Gärtner*innen feststellen, dass das künftige Schicksal ihrer Pflanzungen gegebenenfalls davon abhängen kann, ob die Plattform und deren Zugänge, die Werkzeuge und die Codes offen bzw. quelloffen oder proprietär sind, dürfte es hinreichend Motivationen zu Vergleichen und Erfahrungen mit Praktiken im analogen Raum geben.[29]

Mit Blick auf die Energiebilanz sind jedoch gerade in Sachen Nachhaltigkeit bei computer- und netzbasierten Projekten deutliche Abstriche zu machen: Tatsächlich trägt unsere Nutzung digitaler Technologien ganz erheblich zur Vergrößerung des „ökologischen Fußabdrucks" bei.[30] Zudem gilt es nicht zu vergessen: über das Internet lassen sich zwar Informationen weltweit verbreiten – nachhaltiges Handeln, auch im Umgang mit und in der Nutzung von Hard- und Software, findet primär im Realraum statt; hier wiederum sind, gerade im Bewusstsein um die letztlich immer globalen, grenz- und systemübergreifenden Zusammenhänge und Konsequenzen einzelner Handlungen und ihrer Effekte, individuelle und kollektive lokale Initiativen von entscheidender Bedeutung.

---

[27] Während dieser Begriff prinzipiell durchaus auch auf Baumpflanzungen in insgesamt durchgestalteten urbanen Räumen, aber auch auf komplett von Menschenhand angelegte Forste Anwendung finden kann, mögen diese zugleich darauf verweisen, wie schwierig es mit Blick auf Mensch-Umweltbeziehungen ist, „Natur" und „Natürlichkeit" von „Artifizialität" bzw. „Künstlichkeit" abzugrenzen.

[28] Wenngleich sich künstlerische Projekte wie das von Eva und Franco Mattes eher selten als Beiträge zum „E-Learning" oder „Serious Gaming" verstehen und ihnen dementsprechend nicht notwendigerweise explizit hierauf ausgerichtete didaktische Konzepte zu Grunde liegen, scheint es doch nicht ganz falsch, in den von ihnen gesetzten Impulsen entsprechende Potenziale auszumachen.

[29] Letztere sind freilich, wie nicht nur das Schicksal mancher „Beuys-Eiche" belegt, mitunter nicht weniger dem Zugriff Dritter ausgesetzt.

[30] Vgl. einführend zur Energieproblematik De Decker 2009; zum Abfall Ogunseitan u. a. 2009; weiterführend Cubitt 2017 sowie das künstlerisch-wissenschaftliche Forschungsprojekt „Times of Waste" (FHNW Hochschule für Gestaltung und Kunst Basel, 2015–2018), aus dem u. a. auch eine Wanderausstellung (2018–2020 f.) hervorgegangen ist, s. https://times-of-waste.ch Zugriff 20. Juni 2020.

Das musste auch Dirk Fleischmann feststellen, als er 2007 vom Karlsruher Zentrum für Kunst und Medien (ZKM)[31] und dem von der Royal Society for the encouragement of Arts, Manufactures and Commerce (RSA) gemeinsam mit dem Arts Council England initiierten RSA Arts and Ecology Centre London[32] eingeladen wurde, ein Projekt mit Ökologie-Bezug für die ZKM-Repräsentanz in „Second Life" zu entwickeln.

Schon zu seiner Studienzeit an der Frankfurter Städelschule hatte der Künstler damit begonnen, sich mit Nachhaltigkeitsfragen zu beschäftigen. So betrieb er in der Akademie einen Kiosk mit Süßigkeiten, für die seine Kommiliton*innen entweder den regulären Preis bezahlen oder einen Obolus nach Gusto entrichten konnten.[33] Den Gewinn reinvestierte Fleischmann in neue Ware; die Verpackungs-Displays sammelte er, sortierte und stapelte sie in seinem Atelier. Am Ende des Semesters konnte er beim Rundgang jeweils eine beeindruckende Rauminstallation präsentieren. Aus der Untersuchung studentischer Ökonomie wurde so nebenbei Reycling-Kunst, die denkbar anschaulich demonstrierte, wie viel Abfall allein der kleine Hunger zwischendurch produziert, wenn man nicht zu einem Butterbrot oder einem Stück Obst, sondern zu Schokoriegeln und anderen Fertigsnacks greift. Den monetären Erlös aus seinem Kiosk und aus weiteren Projekten wie „mychickeneggproduction" (2001)[34] – einem Gehege für freilaufende Hühner, dessen Gestaltung auf bis dahin lediglich als Konzept existierenden Plänen der Kölner Künstlerin Rosemarie Trockel basierte – setzte Fleischmann ein, um 2004 auf dem Dach der Städelschule Solarpanels zu installieren.[35]

Für sein „Second Life"-Projekt hatte sich der Künstler den CO_2-Emissionshandel als Thema gewählt und geplant, eine Baumpflanzung vorzunehmen, die den „ökologischen Fußabdruck" der virtuellen ZKM-Repräsentanz zugleich sichtbar machen und kompensieren sollte. Für jeden realen Baum wollte er wiederum einen digitalen Baum pflanzen und mit Informationen über die CO_2-Emissionen verknüpfen. Schon bald sah er sich jedoch mit zahlreichen Problemen konfrontiert: Als Ort für die Pflanzungen hatte er die Philippinen

---

[31] Vgl. zur Institution https://zkm.de/ Zugriff 20. Juni 2020.

[32] Das RSA Arts and Ecology Centre bestand von 2005 bis 2010 „as a catalyst for the insights, imagination and inspirations of artists in response to the unprecedented environmental challenges of our time, with a focus on their human impact", vgl. https://www.thersa.org/action-and-research/rsa-projects/design/arts-and-ecology Zugriff 20. Juni 2020.

[33] Vgl. das Projekt „mykiosk" (1998–2002), dokumentiert auf der Webseite des Künstlers: https://dirkfleischmann.net/mykiosk Zugriff 20. Juni 2020.

[34] Vgl. https://dirkfleischmann.net/mychickeneggproduction Zugriff 20. Juni 2020.

[35] Vgl. https://dirkfleischmann.net/mysolarpowerplant Zugriff 20. Juni 2020.

ausgewählt, die als Gegenleistung für Aufforstungsmaßnahmen Emissionszertifikate anbieten. Aber allein über das Internet ließ sich weder die Pflanzung noch die Beauftragung einer dortigen Firma mit der Programmierung der „Second Life"-Bäume organisieren. Zudem wäre die Pflanzung weniger einzelner Bäume lediglich eine symbolische Geste geblieben. Daher ließ sich Fleischmann auf das Wagnis eines weitaus umfangreicher angelegten Aufforstungsprojekts ein. Er reiste selbst auf die Philippinen und gewann dortige Umwelt-Engagierte und Bäuer*innen für die Realisierung. So entstand eine echte „Forest Farm", über deren Fortschritte die lokale Betreibergemeinschaft in den ersten Jahren der Laufzeit des Projekts regelmäßig im World Wide Web berichtete[36] – indes in „Second Life" ein schlichtes Bauschild genügte, das über das Schicksal des Projekts informierte.[37]

Ungeachtet der vergleichsweise sparsamen Nutzung von Netzressourcen sind Dokumentation und künstlerischer Output des Projekts allerdings nicht durchgängig konsequent auf einen nachhaltigen Umgang mit Technologie ausgerichtet. So entstand 2010 die Reihe „mycarboncredits", die auf 1838 digitalen Fotografien von seinerzeit 1838 Bäumen der „myforestfarm" basiert. Für jede dieser Baum-Fotografien wurde eine eigene Foto-CD gebrannt, deren schimmernde Oberfläche Dirk Fleischmann fotografierte, sodass am Ende eine Reihe von 1838 scheinbar ungegenständlichen Farbaufnahmen stand.[38] Diese wurden als jpg-Dateien archiviert und werden im Ausstellungskontext auf kleinen Bildschirmen präsentiert; ebenfalls 2010 zeigte sie Fleischmann in Form einer großformatigen Videoprojektion mit dem Titel „A Walk In A Forest" im Rahmen des Gwangju Media Arts Festival im öffentlichen Raum.[39] Zweifelsohne können beide Arbeiten beziehungsweise Präsentationsformate ästhetisch und konzeptuell überzeugen: Der mehrfache Transfer zwischen den Dimensionen, in denen Baum und Raum zusammenkommen und sich manifestieren, schließen unmittelbar an die Eckpunkte des ursprünglichen Projektes an – und wenn man will, mag man sogar eine visuelle Analogie zwischen den Baumringen und dem ebenfalls konzentrisch aufgebauten physikalischen Speichermedium erkennen. Zugleich besitzt Letzteres eine geringere Lebensdauer als ein Baum – und trägt ganz im Gegensatz zu diesem von der Herstellung bis zur Entsorgung als Technoschrott zur ökologischen

[36] Vgl. https://www.myforestfarm.com/ Zugriff 20. Juni 2020.

[37] Vgl. für einen Screenshot der Tafel in „Second Life" die Dokumentation auf der alten, inzwischen archivierten myforestfarm-Webseite https://2008.myforestfarm.com/art.html Zugriff 20. Juni 2020.

[38] Vgl. https://dirkfleischmann.net/mycarboncredits Zugriff 20. Juni 2020.

[39] Vgl. https://dirkfleischmann.net/gwangju-media-arts-festival Zugriff 20. Juni 2020.

Belastung bei. Verglichen mit dem nachhaltigen Erfolg des Kernprojekts fällt eine solche Teilbilanz freilich kaum kritisch ins Gewicht.

Insgesamt lässt sich Dirk Fleischmanns „myforestfarm" in ihrer Verschränkung von künstlerischem Konzept und ökologischem, ökonomischem sowie sozialem Handeln zweifelsohne als eine zeitgemäße Nachfolge von Beuys' „7000 Eichen" sehen. Zugleich belegt das Projekt in ganz ähnlicher Weise wie die Kasseler „Stadtverwaldung", aber etwa auch das 2001 vom Fotografen Sebastião Salgado auf dem Grundbesitz seiner Familie begonnene Wiederaufforstungsprojekt „Bulcão Farm"[40] zweierlei: Aus der Initiative und dem Engagement einzelner Menschen und kleiner Gemeinschaften kann Großes entstehen – und die Kunst ist dabei nicht nur eine guter Kommunikatorin, sondern dürfte schon vorweg den Weg zum Ziel auf entscheidende Weise mit gebahnt haben: Künstler*innen sind Profis darin, mit wenigen Mitteln viel zu erreichen – und jene Mittel, die sie benötigen, einzuwerben. Und sie lernen früh, die Freiräume, die dem scheinbar so marginalen künstlerischen und kulturellen Handeln offen stehen, gerade weil man ihm in der Regel weniger Relevanz zuschreibt als etwa ökonomischem und wirtschaftlichem Handeln, höchst effizient zu nutzen.

Derweil gibt es in Deutschland auch wieder forstwirtschaftliche Projekte, in denen die Eiche eine zentrale Rolle spielt: Etwa den „CO_2-Speicher Eichenwald", den die Technische Universität München 2008/2009 zusammen mit dem Bayerischen Staatsforstamt angelegt hat. Gefördert wurde die Pflanzaktion vom Autohersteller Audi, der die Bäume jeweils in der Nähe verschiedener Produktionsstandorte setzen ließ. In diesem Zuge wurden nahe Ingolstadt in einem ehemals von Nadelhölzern dominierten Areal, dessen Bestände durch Windbruch und Borkenkäferbefall vollständig zerstört worden waren, 36.000 Stieleichen gepflanzt, die den Klimaveränderungen trotzen sollen.[41] In Hessen wiederum haben im Rahmen des am Frankfurter Senckenberg Biodiversität und Klima-Forschungszentrum (BiK-F) sowie der Goethe-Universität angesiedelten Projekts

---

[40] Vgl. für das von Salgado gemeinsam mit seiner Lebensgefährtin Lélia Deluiz Wanick begründete und inzwischen in die Stiftung „Instituto Terra" überführte Projekt dessen Webseite https://www.institutoterra.org/ Zugriff 20. Juni 2020; Bekanntheit hat es hierzulande nicht zuletzt durch Wim Wenders' Dokumentarfilm über Salgado erlangt, „The Salt of the Earth" (Regie: Wim Wenders, Juliano Ribeiro Salgado; F/BR 2014); vgl. https://www.dassalzdererde-derfilm.de/ Zugriff 20. Juni 2020.

[41] Die ab 2008 vorgenommenen Pflanzungen dienten als eine der Grundlagen des am TUM-Lehrstuhl für Waldwachstumskunde angesiedelten „NELDER-Projekt Eiche: Biodiversität Produktivität und Kohlenstoff-Bindung von Eichenbeständen" (2011–2019), das wiederum von der Audi Umweltstiftung gefördert wird; vgl. https://www.waldwachstum.wzw.tum.de/forschung/projekte/nelder-eiche-audi/ Zugriff 20. Juni 2020.

„Wald der Zukunft" aus wärmeren Regionen stammende Eichenarten auf hessischem Boden eine neue Heimat gefunden; fortgesetzt wird die Forschung seit einiger Zeit im „South Hesse Oak Project (SHOP/FUTUREOAKS)".[42]

Künstler*innen und andere Kulturschaffende mischen sich auch weiterhin aktiv und kreativ in dieses Forschungsfeld ein: Beispielsweise in Anlehnung an und/oder Auseinandersetzung mit im Wald situiere(n) Umweltmonitoring-Projekte(n) wie „Treewatch"[43], die mit Hilfe neuer Technologien darauf abzielen, eine Kommunikationsschnittstelle zwischen Bäumen und Menschen zu schaffen, über die der Wald seinen Notstand gleichsam selbst melden und auf diese Weise umso nachdrücklicher zu nachhaltigem Umwelthandeln auffordern kann.[44] So etwa der Schweizer Künstler Markus Maeder, der seit 2011/2012 – teils gemeinsam mit Forst- und Umweltwissenschaftler*innen – zur Sonifikation klimabedingter Umweltveränderungen an Bäumen forscht.[45]

Oder sie arbeiten mit Projekten, die mit nachhaltigen Zukunftsutopien unmittelbar an Beuys' Aufruf zur „Stadtverwaldung statt Stadtverwaltung" erinnern mögen – wie etwa die exemplarische „Verwaldung" eines Fußball-Stadions in Klagenfurt[46] oder der Vorschlag, auf dem Dach des Flughafens Berlin Tempelhof nach dessen Stilllegung einen Wald zu pflanzen.[47] Beide Ansätze lassen sich

---

[42] Vgl. die Basisinformationen auf den Webseiten des Institutes für Institut für Ökologie, Evolution und Diversität, Abt. Brüggemann https://www.bio.uni-frankfurt.de/47841321/For schung sowie weiterführend beim BiK-F https://www.bik-f.de/root/index.php?page_id=40 Zugriff jeweils 20. Juni 2020.

[43] Vgl. https://treewatch.net/ Zugriff 20. Juni 2020. Mit einem vergleichbaren Ansatz arbeitet auch das aus dem NELDER-Projekt hervorgegangene Münchener Eichen-Projekt „Talking Trees"; vgl. https://www.waldwachstum.wzw.tum.de/forschung/projekte/talking-trees/ Zugriff 20. Juni 2020.

[44] Vgl. hierzu weiterführend Schneider 2018; zur kritisch-historischen Einordnung dieses Ansatzes in die Kultur- und Mediengeschichte der Mensch-Pflanze Kommunikation Kuni 2020.

[45] Vgl. https://blog.zhdk.ch/marcusmaeder u. https://www.marcusmaeder.net sowie exemplarisch das Projekt „trees" (zusammen mit dem Ökophysiologen Roman Zweifel), https://www.wsl.ch/de/projekte/trees-1.html Zugriff jeweils 20. Juni 2020.

[46] Vgl. Klaus Littmann: „For Forest. Die ungebrochene Anziehungskraft der Natur" (2019); temporäre Installation, basierend auf einer Bildidee des Malers Max Peintner, u. hierzu https://www.klauslittmann.com/projekte/for-forest-die-ungebrochene-anzieh ungskraft-der-natur-eine-temporaere-kunstintervention-von-klaus-littmann-2019 Zugriff 20. Juni 2020.

[47] Vgl. „Tempelhofer Wald" (2019), https://www.tempelhoferwald.berlin/ Zugriff 20. Juni 2020. Verweisen lässt sich für den Großraum Rhein-Main in diesem Kontext auch auf das seit 2002 aktive Projekt „Waldkunst e. V.", das unter der Leitung der Kulturanthropologin Ute Ritschel „Waldkunst-Lehrpfade", Ausstellungen, Symposien und weitere Aktivitäten von

als konstruktive Beiträge zu einer angewandten, sozial-ökologisch orientierten Nachhaltigkeitsforschung betrachten.

Für eine Erkenntnis allerdings wird es kaum noch umfangreicherer Studien bedürfen: Allein mit maßvoller Nutzung und Nachpflanzen beziehungsweise Wiederaufforsten – also Maßnahmen, wie sie Hans Carl von Carlowitz seinerzeit zuvorderst im Auge hatte – werden wir unsere Wälder und unsere Baumbestände kaum erhalten können. Und auch eine weitere Erkenntnis scheint sich mittlerweile auch jenseits der bemessenen Kreise im weitesten Sinne professionell mit der Materie befasster Menschen – ob es sich nun um Forstwissenschaftler*innen oder Umweltwissenschaftler*innen, in der Forstwirtschaft, in der Landschaftsgärtnerei oder im Umweltbereich Tätige, um im Feld engagierte Aktivist*innen oder zum Thema arbeitende Künstler*innen handelt – zunehmend durchzusetzen: Baumbestände, sei es nun im Stadtgrün oder in Form von Wäldern, spielen für den Erhalt und die Förderung unserer auf vielfältige Weise bedrohten Artenvielfalt sowie sehr konkret dafür, dass die Spezies Mensch auch weiterhin und auch perspektivisch unter ihr zuträglichen Konditionen diesen Planeten besiedeln kann, eine wichtige Rolle.

Künstlerische Projekte – und die Bilder, die sie kommunizieren – tragen dazu bei, die Bedeutung dieses Komplexes und die Dringlichkeit eines gesamtgesellschaftlichen Handlungsbedarfs, über den angesichts eines zunehmend beschleunigten Baum- und Waldsterbens eigentlich kaum Zweifel bestehen sollten, weiter ins Bewusstsein zu rücken.[48] Um es dort auf breiterer Basis nachhaltig zu verankern, wird es eines Mittuns auf vielen Ebenen bedürfen.[49]

---

und mit Künstlerinnen und Künstlern ausrichtet, die auf ihre Weise – und oftmals auch programmatisch auf Nachhaltigkeitshandeln ausgehend – zur Kommunikation der Bedeutung des Lebensraums Wald beitragen; vgl. https://www.waldkunst.com/ Zugriff 20. Juni 2020.

[48] Von der Wahrnehmung dieser Dringlichkeit zeugen neben den bereits genannten Projekten auf ihre Weise auch die zahlreichen populärwissenschaftlichen Publikationen, die in jüngerer Zeit zum Thema Wald und Bäume erschienen sind; im engeren Feld der Kunst lässt sich auf Ausstellungsprojekte wie „Nous les arbres/Trees" (Fondation Cartier, 2019) oder „Among the Trees" (Hayward Gallery/The Southbank Centre, London, 2020), aber auch das Thema in einem weiteren Radius einbettende Projekte wie „Critical Zones" (ZKM Karlsruhe, 2020) verweisen; vgl. Pelletier und Couton 2019 sowie zu „Critical Zones" s. https://zkm.de/de/aus stellung/2020/05/critical-zones und https://critical-zones.zkm.de/#!/Zugriff 20. Juni 2020.

[49] Etwa auch deshalb, weil davon auszugehen ist, dass hier weitere sozial-ökologische Faktoren eine wesentliche Rolle spielen; die für US-amerikanische Abholzungskampagnen engagierten Waldarbeiter etwa, die mit ihrer Arbeit für sich und ihre Familien die Existenz sichern müssen, werden nicht unbedingt zum Leserkreis von Büchern wie Richard Powers' „Die Wurzeln des Lebens" („The Overstory") gehören, in denen sie eine tragende Rolle spielen (siehe Powers 2018), und/oder das Privileg genießen, sich im Rahmen des Besuchs von Ausstellungen mit den „Critical Zones" unseres Planeten zu befassen.

4   Summ, summ: Die Bienen

Greift man insbesondere letztere Perspektive auf, so lässt sich neben den Bäumen eine Reihe weiterer Lebewesen benennen, die man gleichsam als ‚Zeiger'-Organismen und zugleich ‚Medien' einer populären Kommunikation ökologischen Bewusstseins bezeichnen könnte. Unter diesen wiederum dürfte namentlich in unseren Breiten vielen anderen, je auf ihre Weise ebenfalls populären Vertreter*innen aus dem Pflanzen- und Tierreich wie dem Edelweiß, der Kornblume, dem Wolf, verschiedenen Singvögeln sowie in jüngerer Zeit auch Schmetterlingen insbesondere ein Insekt den vorgenannten unschwer den Rang ablaufen – und zwar auch aufgrund seines markanten Eintrags in die Kulturgeschichte: die Honigbiene.[50] Dies wiederum schließt, wie im Folgenden noch zu zeigen sein wird, auch ihre Rolle in der Nachhaltigkeitsdebatte ein. Ihren herausgehobenen Status speziell in diesem Kontext verdankt die Honigbiene wohl nicht zuletzt der auch für Laien leicht nachvollziehbaren Einsicht, dass zahlreiche für die menschliche Ernährung wichtige Nutzpflanzen für die Fruchtbildung – und prinzipiell auch die Fortpflanzung[51] – auf eine Bestäubung durch spezifische Insektenarten angewiesen sind, unter denen wiederum sich die Honigbiene wohl der größten populären Prominenz erfreut. Zugleich werden von der auf einen massiven Einsatz von Pestiziden und Herbiziden sowie großflächigen Monokultur-Anbau setzenden Landwirtschaft Insekten ihrer Lebensgrundlagen beraubt, unabhängig davon, ob sie Menschen als so genannte „Schädlinge" oder „Nützlinge" gelten. Beides hat sich inzwischen auch über den engeren Radius ökologisch Engagierter hinaus herumgesprochen. So ist gerade in den letzten Jahren, in denen regelmäßig in der Tagespresse und anderen Nachrichtenmedien alarmierende Meldungen zu weltweit auftretendem Bienensterben kursieren, immer wieder das Albert Einstein zugeschriebene Zitat zu lesen: „Wenn die Biene einmal von der Erde verschwindet, hat der Mensch nur noch vier Jahre zu leben. Keine Bienen mehr, keine Bestäubung mehr, keine Pflanzen mehr, keine Tiere mehr, keine Menschen mehr."[52]

---

[50] Hiervon zeugt unter anderem auch eine beeindruckende Anzahl von kultur- und populärwissenschaftlichen Publikationen zu Bienen, insbesondere zu Honigbienen, die in den vergangenen Jahren erschienen sind und auf die hier näher einzugehen den gegebenen Rahmen sprengen würde. Für eine informative Einführung vgl. Tautz 2007; zu ausgewählten Perspektiven vgl. weiterführend unten.

[51] Dies wiederum gilt für viele Nutzpflanzen nur eingeschränkt, insofern hier traditionell Züchtungs- und Veredelungsverfahren sowie seit einigen Jahrzehnten auch Gentechnik zum Einsatz kommen.

[52] Vgl. für eine quellenreiche Rekonstruktion der Zuschreibung Freistetter 2015.

Wiewohl diese Aussage, unabhängig von ihrer Provenienz, kaum beim Wort zu nehmen ist, haben die Schreckensnachrichten vom Verschwinden der Bienen eine erhebliche Öffentlichkeitswirksamkeit entfaltet, wie sie vielen anderen bedrohten Tier- und Insektenarten bislang leider weitgehend versagt geblieben ist.[53] Denn anders als andere Bestäuber*innen kann die Honigbiene, als Nutztier sowie wiederum nicht zuletzt aufgrund ihrer historisch verbrieften positiven kulturellen Rezeption, auf breiter Basis mit Sympathien rechnen.[54] Wenngleich kaum von einer breitenwirksamen Bekanntheit der Kulturgeschichte als solcher auszugehen ist[55], so gehören doch deren populäre Ausläufer – etwa, noch vor Waldemar Bonsels ‚Immenmärchen' selbst, die „Biene Maja" der ihre Vorlage recht frei umsetzenden Zeichentrickserie[56] – sowie eben ganz grundsätzlich das Bild der fleißigen, uns mit köstlicher Süße versorgenden Honigbiene zum Allgemeingut.

Vor diesem Hintergrund verwundert es nicht, dass die Biene in den vergangenen Jahren zu einer prominenten „Botschafterin für nachhaltiges Handeln"[57] geworden ist und allenthalben Projekte entstanden sind, in denen Bienen eine zentrale Rolle spielen – und zwar allem voran im urbanen Raum. Tatsächlich sind es gerade die Städter*innen, die das Imkern zunehmend für sich entdecken und damit dem zuvor noch von Nachwuchssorgen geplagten Handwerk bereits zu

---

[53] Indessen ist das Forschungsfeld als solches längst nicht mehr allein auf die Naturwissenschaften beschränkt; so haben sich inzwischen in den Kulturwissenschaften die Extinction Studies etabliert – und auch in der künstlerischen Forschung ist das Artensterben zu einem wichtigen Thema auch über populäre Spezies hinaus geworden.

[54] Ähnliches gilt auch in anderen Zusammenhängen als dem hier angesprochenen Bestäubungskontext, in dem u. a. aufgrund von Spezialisierungen in Artengemeinschaften eine Vielfalt unterschiedlichster Insekten eine wichtige Rolle spielt. So stehen in Deutschland zwar prinzipiell alle Staaten bildenden Insekten unter Artenschutz; Hornissen, Wespen und Ameisen wird jedoch im Einzelfall keineswegs so freundlich begegnet; Wildbienen flogen ebenfalls lange unter dem Radar.

[55] Für einen allgemeinverständlichen, fundierten Überblick vgl. Dutli 2012; für weiterführende Literatur zu spezifischen Perspektiven vgl. unten.

[56] Vgl. Bonsels 1912; die als deutsch-japanische Koproduktion entstandene Zeichentrickserie „Die Biene Maja" (J/D/AT, 1975–1979) erhielt 2013 eine Neufassung in 3-D (D/F 2013–2017). Direkt mit der (Zeichentrick-)‚Biene Maja' bewerben sowohl der BUND seine auf Kinder zugeschnittenen Bildungsmaterialien zum Thema „Bienen und Pflanzen", https://www.bund.net/themen/tiere-pflanzen/wildbienen/wildbienen-helfen/umweltbildung/ – als auch die Supermarktkette REWE ihre mit dem NABU verfolgte(n) Insektenschutz-Initiative(n), https://www.rewe.de/nachhaltigkeit/unsere-ziele/projekte/zuhause-fuer-insekten/ Zugriff jeweils 20. Juni 2020.

[57] Vgl. das Motto des „Bienenretter"-Bildungsprojekts, https://www.bienenretter.de/ Zugriff 20. Juni 2020.

einer unverhofften Renaissance verholfen haben.[58] Zumal diese urbane Imkerei in der Regel nicht gewerblich betrieben wird, ist sie aus ökologischer Perspektive prinzipiell in mehrfacher Hinsicht ein Zugewinn. Zwar können Stadtbienen die durch Monokulturen und industriell betriebene Landwirtschaft mit bedingte Verdrängung der Honigbiene und deren Konsequenzen für das Ökosystem nicht kompensieren – und es gibt inzwischen durchaus auch kritische Stimmen, die vor den Folgen einer urbanen ‚Honigbienen-Monokultur' warnen.[59] Gleichwohl tragen die Bienen in den Städten, wo sie in Parks, auf Friedhöfen, in Gärten und Brachen reiche Nahrung finden, als Bestäuberinnen zum Erhalt der Artenvielfalt bei. Honig von Stadtbienen ist – anders als im Stadtraum angebautes Obst und Gemüse und auch anders als so mancher auf dem von industrieller Landwirtschaft geprägten Land geimkerte Honig – kaum schadstoffbelastet und obendrein als lokales Produkt weitaus verträglicher als ein Gutteil des aus unterschiedlichen Quellen stammenden Honigs, der im Supermarkt zum Verkauf angeboten wird.[60] Und schaut man auf dessen für ein von Tieren durchaus mühevoll hergestelltes Naturprodukt beschämend niedrige Preise, die sich dem globalen Markt und dessen von Handels- und Preispolitiken gesteuerten Produktionsbedingungen verdanken, so kommt ein weiterer Aspekt hinzu: Wer selbst als Imker*in über mehrere Monate des Jahres mit der Hege und Pflege von Bienenvölkern befasst ist, aus nächster Nähe beobachten kann, wie diese Honig produzieren, und wer ihn selbst den Stöcken entnimmt und in Gläser füllt, weiß den Wert des Guts ganz anders zu schätzen.[61]

---

[58] So bieten neben und teils in Zusammenarbeit mit den traditionellen Imkervereinen inzwischen auch zahlreiche der neu entstandenen Initiativen Einführungen in die Imkerei an; vgl. exemplarisch die Angebote von „Stadtbienen", https://www.stadtbienen.org/ Zugriff 20. Juni 2020; in den vergangenen Jahren sind nicht nur in Deutschland allenthalben „Stadtimkereien" entstanden – insgesamt kann man von einem regelrechten Boom sprechen. Zur Stadtimkerei in sozial-ökologischer Perspektive vgl. weiterführend Kosut und Moore 2013.

[59] Vgl. für eine kompakte kritische Reflexion zum Stadtimkerei-Boom Berger 2019; zur Verschärfung der Problematik aufgrund eines durch urbane Imkerei erhöhten Drucks auf andere Insekten (und damit auch die Artengemeinschaften, für deren Erhaltung diese eine Rolle spielen) weiterführend den auch von Berger referierten Beitrag von Ropars et al. 2019, die wiederum weitere kritische Studien anführen.

[60] Honig trägt durch die enthaltenen Pollen einen ‚lokalen Stempel'; Pollen, für die keine generelle Expositionsgewöhnung besteht, können leichter allergische Reaktionen hervorrufen und sind insofern eher ein Problem als etwa eher als durch Lebensmittelkontrollen detektierbare (Pflanzen-)Toxine und Schadstoffe.

[61] Vgl. zu Honig allgemein Horn und Lüllmann 2006; Honigproduktion und -konsum sind insofern ein auf den Nägeln brennendes Nachhaltigkeitsthema, da in der globalen Wirtschaft eine industriell organisierte Bienenzucht und Honig-Gewinnung mit hoch problematischen Konsequenzen dominiert – die ihrerseits inzwischen nicht nur ebenfalls mit

5   Das soziale Leben der Stadtbienen

Dass die Frankfurter Künstlergruppe „finger" in Deutschland zu den Pio-
nier*innen der urbanen Imkerei gehört, ist kein Zufall. Seit ihrem Zusammenschluss im Jahr 1998 haben sich die an „finger" beteiligten Künstler*innen[62]
in zahlreichen Projekten intensiv mit den Zusammenhängen von Ökonomie, Ökologie und Gemeinschaftlichkeit beschäftigt. In diesem Kontext ist auch die 2007
erfolgte Gründung der „Stadtimkerei" durch die „finger"-Künstler Florian Haas
und Andreas Wolf zu sehen, bei der es nicht allein um Honigproduktion geht. Im
Mittelpunkt stehen vielmehr die Bienen selbst – genauer gesagt, wie es die beiden Stadtimker auf ihrer Webseite formulieren, deren „Lebenswelt", die in den
Projekten „in Analogie zu aktuellen gesellschaftlichen Entwicklungen und Themen" gesetzt wird. Der Bienenstock bzw. -staat dient dabei als Modellorganismus
und „Material" für die „Kunstbeiträge zu Umwelt- und Gesellschaftsprozessen",
die Haas und Wolf in verschiedenen Formaten für unterschiedliche Kontexte
entwickeln.[63]
    So fanden die ersten Bienenstöcke auf Einladung von Gerald Hintze, der im
Auftrag der evangelischen Diakonie im Frankfurter Bahnhofsviertel als Kurator der ebendort gelegenen Weißfrauenkirche Kunstprojekte mit sozialem Bezug
organisierte, im Kirchturm Aufstellung; ursprünglich war geplant gewesen, die
Aktivitäten der Stadtimkerei mit der ebenfalls von der Diakonie betriebenen
Anlaufstelle für Obdachlose, „Weser 5", zu verknüpfen.[64] Vor diesem Hintergrund riefen die beiden Künstler die „Gemischte Bienengruppe" ins Leben, in

---

Umweltbelastungen durch Toxine, sondern auch mit Folgen ihrer eigenen Strukturen zu ringen
hat.

[62] Zu den Gründungsmitgliedern 1998 zählten Martin Schmidl, Florian Haas, Martin Brandt
und Andreas Wolf; zeitweise waren weitere Akteur*innen beteiligt. Die ehemalige Homepage
der Gruppe finger ist inzwischen zur Homepage der Stadtimkerei finger geworden; die dieser
voran gegangenen Projekte sind im Projektarchiv aufgeführt; vgl. https://www.fingerweb.org/
und https://archiv.fingerweb.org/html/projekte.html Zugriff jeweils 20. Juni 2020.

[63] Vgl. den einführenden Text auf der Startseite der Homepage, https://www.fingerweb.org/,
Zugriff 20. Juni 2020. Der Begriff „Modellorganismus" scheint dabei – auch mit Blick auf
die Kulturgeschichte, in welcher der Bienenstaat als Metapher, Modell sowie als Utopie
für die menschliche Gesellschaft begegnet – passender als der von den Künstlern selbst in
Anführungszeichen gesetzte Begriff des Materials; vgl. hierzu weiterführend unten.

[64] Vgl. https://www.fingerweb.org/projekte-2007/irgend-etwas-bl%C3%BCht-immer.html
Zugriff 20. Juni 2020. Für „Weser 5" hatte Hintze (1949–2012) während seiner Wirkungszeit
regelmäßig Künstler*innen engagiert. Zu Hintzes beispielgebender Arbeit vgl. Kaufmann
2015.

der sich Menschen aus unterschiedlichen sozialen Schichten gemeinsam um Bienenstöcke kümmern.[65] Als die Kirche 2008 renoviert werden musste, migrierten
die Stöcke aufs Dach des Museums für Moderne Kunst (MMK), wo Haas und
Wolf seither regelmäßig auch öffentliche Veranstaltungen wie Kinder-Workshops
und ein „Honigfrühstück" anboten; 2019 zogen die Stöcke ans andere Mainufer
auf das Museum Angewandte Kunst um.[66] Zeitgleich mit dem ersten Umzug der
Stöcke erhielt die „Gemischte Bienengruppe" für mehrere Jahre einen eigenen
Ort mit Bienenstöcken auf einem ehemaligen Campingplatz am südlichen Mainufer beim Niederräder „Licht- und Luftbad", das ehedem insbesondere für die
Frankfurter Arbeiterschicht einen beliebten Erholungsraum darstellte.[67]

Nachdem der kleine Kunstraum, den die Stadtimkerei in direkter Nachfolge
der ursprünglichen „finger"-Aktivitäten im Zentrum der Frankfurter Innenstadt
als Büro mit Ausstellungen und Veranstaltungsprogramm betrieb, aus Kosten-
gründen nicht länger zu halten und zudem der Bienenstand der „Gemischten
Bienengruppe" am Mainufer einer Brandstiftung zum Opfer gefallen war, ent-
schlossen sich Haas und Wolf zum Umzug an einen auf der lokalen Landkarte
erfolgreicher ökologischer Transformationen eingetragenen Ort: den im Frankfurter Grüngürtel zwischen Bonames und Kalbach-Riedberg gelegenen „Alten
Flugplatz", einen ehemaligen US-amerikanischen Militärflughafen, der ab 2002
renaturiert und in ein Natur- und Freizeitgelände umgestaltet wurde.[68] In ihren
Installationen und Aktionen sowie begleitenden Veranstaltungen vermitteln die
Künstler Kindern und Erwachsenen nicht nur Grundlagenwissen über die Imkerei, sondern erkunden gemeinsam mit ihnen auch die kulturgeschichtlichen und
ästhetischen Dimensionen des Bildes vom „Bienenstock".

Gerade Letztere sind hierbei ebenso wie in den zahlreichen weiteren Aktionen und Projekten, die von den beiden Künstlern in den vergangenen Jahren im

---

[65] Vgl. https://www.fingerweb.org/projekte-2008/die-gemischte-bienengruppe.html Zugriff
20. Juni 2020.

[66] Zu den Bienenstöcken auf dem Dach des MMK Frankfurt vgl. https://www.fingerweb.org/
projekte-2009/das-mueum-ein-bienenkorb.html Zugriff 20. Juni 2020 (die den Museums-
bienen gewidmeten Seiten auf der Homepage des MMK gibt es nicht mehr); zum neuen
Standort im Museum Angewandte Kunst vgl. https://www.museumangewandtekunst.de/de/
vermittlung/neues-museum-fuer-bienen/ Zugriff 20. Juni 2020.

[67] Vgl. https://www.lilu-frankfurt.de/, Zugriff 20. Juni 2020, sowie zur auch unter sozial-
ökologischen Gesichtspunkten interessanten historischen Badekultur in Frankfurt Rödel 2013.

[68] Vgl. zum „Alten Flugplatz" als Natur-Lernstation im Grüngürtel die Webseite der
Stadt Frankfurt, https://frankfurt.de/themen/umwelt-und-gruen/orte/gruenguertel/ziele/intere
ssante_orte/alter_flugplatz Zugriff 20. Juni 2020; zur Geschichte und Umgestaltung des Ortes
Förster 2010.

Rahmen von Ausstellungen in Kunstinstitutionen und im öffentlichen Raum entwickelt wurden, durchaus entscheidend. Für jeden Ort, jeden Anlass entwickeln
Haas und Wolf ein auf diesen zugeschnittenes künstlerisches Gestaltungskon-
zept, das mit ihrer Grundidee einer wechselseitigen Erhellung der Perspektiven
korrespondiert; dies umfasst alle Elemente des jeweiligen Projekts, vom Aus-
stellungsraum bis hin zu Informationsmaterialien, vom Honigglas bis zu unterschiedlichen Konstruktionen, in denen Bienenstöcke beziehungsweise Beuten
untergebracht werden können. So ist beispielsweise das als mobile, modular auf-
gebaute Konstruktion konzipierte „Frankfurter Bienenhaus" (2014) einerseits auf
die Bedürfnisse der Imkerei zugeschnitten, der ein an verschiedene Orte ver-
bringbarer Unterstand für temporär zu Bienenweiden verbrachte Stöcke zupass
kommt. Andererseits bietet es aufgrund seiner mit Bildern, Texten und Mus-
tern versehenen Wände den Menschen eine ästhetische „Augenweide" und lädt
zum Nachdenken über Insekten- und Menschengesellschaften ein.[69] Ganz ähnlich
funktioniert auch das „Neue Museum für Bienen" (seit 2011), das die alte Tradition der „Figurenbeute" als bildhafter Gestaltung des Bienenstocks aufnimmt[70]
und in eine Modell-Architektur transformiert, die zugleich an die Institution des
(Kunst-)Museums als vitalem Gedächtnis- und Denkraum anknüpft. Seine auf die
Stöcke gesetzten Schauhäuser können dabei je nach Ausstellungskontext neu ein-
gerichtet werden – wie etwa 2013, als das Museum in der Kunsthalle Budapest
gastierte. Haas und Wolf nahmen die seinerzeit in und um Ungarn entbrann-
ten Diskussionen um die demokratische Orientierung der Regierung Orban auf,
indem sie das Thema „Demokratie" in den Mittelpunkt der auf drei Räume beziehungsweise Bienenstöcke verteilten Museumsschau stellten. Während der erste
Raum danach fragte, ob im Bienenstaat eine „bessere" Demokratie herrsche,
lud der zweite mit einer Präsentation über Insekten als Nahrungsalternative zum
in Europa traditionell auf Säugetiere, Geflügel und Fische fokussierten Fleisch-
konsum dazu ein, demokratisch über die Frage der menschlichen Ernährung

---

[69] Vgl. https://www.fingerweb.org/projekte-2014/das-frankfurter-bienenhaus-in-dortmund.
html Zugriff 20. Juni 2020; seinen Namen verdankt das mobil konzipierte Bienenhaus nicht
dem Standort, sondern der 1926 für Ernst Mays soziale Wohnprojekte des „Neuen Frankfurt"
entworfenen „Frankfurter Küche" von Margarete Schütte-Lihotzky.

[70] Vgl. zu Figurenbeuten Jung-Hoffmann 1993; für eine zeitgenössische Wiederaufnahme
die Figurenbeuten der Bildhauerin Birgit Maria Jönsson; https://www.figurenbeuten.de/ u.
https://www.bienenimbauch.de/ Zugriff jeweils 20. Juni 2020.

abzustimmen. Der dritte Raum forderte dazu auf, einer lokalen „Gemischte Bienengruppe" beizutreten und auf diese Weise in der gemeinschaftlich betriebenen
Imkerei nachhaltig sozial und ökologisch tätig zu werden.[71]

Wie die Projekte belegen, werden die Bienen von Haas und Wolf nicht als
„Natur" repräsentierende, lebende Objekte in den Kontext der Kunst gerückt,
sondern vielmehr als Ko-Produzent*innen verstanden, die dazu beitragen, den
Menschen neue Perspektiven auf sich, ihre Umwelt und ihre Lebensverhältnisse
zu eröffnen.[72] Ähnliches gilt für die in Anspruch genommene Analogie zwischen
Bienenstaat und Gesellschaft, zumal diese nicht länger allein auf den Menschen
ausgerichtet bleibt, sondern – wie im „Neuen Lorscher Bienensegen" sogar wortwörtlich demonstriert[73] – auch den Bienen selbst eine Stimme gibt: Stets steht die
künstlerische Arbeit der Stadtimker im Dienst einer Reflexion der Mensch-Tier-
Beziehung, die das Tierwohl im Auge behält – und gerade deshalb auch in dem,
was sie speziell von Mensch zu Mensch vermitteln will, in doppeltem Wortsinn
nachhaltig wirksam werden kann. Dies wiederum stellt durchaus eine besondere
Qualität ihrer Projekte dar, gerade auch wenn man sie im weiteren Feld der Kunst
betrachtet.

Tatsächlich sind die Frankfurter Stadtimker längst nicht die einzigen unter den
zeitgenössischen Künstler*innen, die sich für Bienen interessieren und diese in
ihre Arbeit mit einbeziehen. Gerade in den vergangenen Dekaden, in denen auch
die urbane Imkerei an Fahrt aufgenommen hat, lässt sich hier eine regelrechte
Konjunktur verzeichnen. Das Spektrum reicht dabei von unterschiedlichen Ver-
knüpfungen zwischen Imkerei und Kunst[74] bis hin zu komplexen künstlerischen
Forschungsprojekten wie sie etwa die Belgierin AnneMarie Maes betreibt, die mit

---

[71] Vgl. https://www.fingerweb.org/projekte-2013/neues-museum-fuer-bienen-budapest.html
Zugriff 20. Juni 2020.

[72] Dementsprechend kann Letzteres sowohl auf die Bienen als auch auf die Menschen bezogen
werden.

[73] Der „Lorscher Bienensegen" ist ein aus dem 10. Jahrhundert stammendes Spruch-Notat
in einer Handschrift, das Bienen anruft, um sie zur Rückkehr in den Stock zu bewegen.
Die Installation mit Bienenstock und vorgelagerter Bildwand (2012) zeigt auf Letzterer eine
Neudichtung, in der die Bienen selbst die Konditionen für ihre Rückkehr formulieren; vgl.
https://www.fingerweb.org/projekte-2012/neuer-lorscher-bienensegen.html Zugriff 20. Juni
2020.

[74] Die Zahl der Künstler*innen, die sich in diesem Feld engagieren, ist inzwischen Legion;
ähnlich wie Haas und Wolf seit langen Jahren ebenso konsequent wie kreativ entwickelt die
Österreicherin Christina Stadlbauer ihre Projekte; darunter auch im Rahmen einer Kooperation
mit dem Nachhaltigkeits-Bildungsprojekt „Sustainicum"; seit 2012 arbeitet sie gemeinsam
mit einem internationalen Team in Finnland; vgl. https://melliferopolis.net/ sowie https://
www.sustainicum.at Zugriff jeweils 20. Juni 2020.

anderen Künstler*innen kooperiert und dabei neue Technologien miteinbezieht, um etwa die Flugrouten von Bienen im Stadtraum zu kartieren, die Klänge von Bienenstöcken zu belauschen oder „smarte Bienenkörbe" zu entwerfen.[75] Andere wiederum setzen auf die Fähigkeiten der Bienen, vorgefundene Strukturen zum Wabenbau nutzen, um Plastiken und Objekte zu kreieren.[76]

So sehr die Ergebnisse dieser „Zusammenarbeit" ästhetisch faszinieren und die in jüngerer Zeit in den Human-Animal-Studies sowie den Multispecies Studies virulenten Diskussionen darüber weiter befeuern mögen, ob und inwiefern den Tieren künstlerische Kompetenzen zugestanden werden können[77]: Ob entsprechende Objekte und deren unter Netzkonditionen oftmals auch jenseits des Radius der Kunst verbreitete Bilder über die temporäre Bewunderung hinaus dazu beitragen können, Tierrechte und Tierwohl dauerhaft in den menschlichen Horizont zu rücken, dürfte vorerst offen bleiben.[78] Was sie indessen in jedem Fall belegen ist, dass sich mit den Kompetenzen der Kunst und ihren auf die ästhetische Anschauung ausgerichteten Mitteln gesellschaftliche Aufmerksamkeit generieren und einer Sensibilität für die Komplexität der Zusammenhänge zuarbeiten lässt, in denen Mensch-Tier-Verhältnisse immer schon gestanden haben – die insbesondere jedoch dann interessieren müssen, wenn es um Nachhaltigkeitsperspektiven geht.[79]

---

[75] Vgl. für weiterführende Informationen zu den Projekten die Webseite der Künstlerin, https://annemariemaes.net/ Zugriff 20. Juni 2020. Das erste Bienenvolk hatte Christina Stadlbauer 2009 zu Maes gebracht, die zu dieser Zeit im Kunstraum OKNO engagiert war, auf dessen Dachterrasse Bienenstöcke im Rahmen des Projekts „open_green" Aufstellung fanden.

[76] So z. B. die Kanadierin Aganetha Dyck (https://www.aganethadyck.ca/), der Slowake Tomáš Gabzdil Libertíny (https://www.tomaslibertiny.com), die Französin Luce Moreau oder der US-Amerikaner Garnett Puett (https://www.jackshainman.com/artists/garnett-puett/) Zugriff jeweils 20. Juni 2020.

[77] Vgl. hierzu den Abschnitt „Animalische Ästhetik" in Ullrich 2016, 211–212 sowie speziell zu Bienen Kosut und Moore 2014; zu den Multispecies Studies exemplarisch Kirksey 2014 und zu Bienen die Artikel „Buzz", „Domestication", „Swarm" und „Swarming" auf der Webseite des Multispecies Salon, vgl. https://www.multispecies-salon.org/?s=bees Zugriff 20. Juni 2020; zur Honigbiene in Multispezies-Perspektive des Weiteren neben Kosut und Moore 2013 auch Luttrell 2017.

[78] Dies zumal stets zu fragen ist, ob überhaupt und wenn ja, unter welchen Konditionen, für welche Zwecke und zu welchen Enden sich ein Lebewesen ein anderes (oder, im Plural: andere) zu eigen machen darf.

[79] In diesem Kontext sind, neben den eingangs bereits referenzierten Titeln (Goehler 2010, Kagan 2011), die kritischen Überlegungen von T. J. Demos erhellend, vgl. Demos 2016, insbesondere Kap. 1, The Art and Politics of Sustainability, 31–62.

6   Hive Mind und Honigpumpe

Deren Reflexion anzuregen, mag man in der Tat als eine Aufgabe der Kunst – und namentlich einer Kunst, die sich als „ars longa" verstehen will – betrachten. Doch wenngleich ästhetische Bildung im weitesten Sinne ebenso wie die Auseinandersetzung mit Kunst hier einen wichtigen Beitrag leisten kann, wäre es wohl verfehlt, Künstler*innen an erster Stelle auf eine solche Perspektive zu verpflichten. Allerdings kann nicht zuletzt die für viele zeitgenössische Positionen charakteristische Deutungsoffenheit und Unabgeschlossenheit dazu einladen, in der Auseinandersetzung mit den Arbeiten selbst entsprechende Perspektiven zu erschließen – und Letzteres wiederum wird sich umso mehr anbieten, wenn diese bereits über den jeweiligen Präsentationskontext angelegt sind.

Wer etwa Pierre Huyghes komplexer Installation „Untilled" (2011–12) in jüngerer Zeit in einer Museumsausstellung begegnet, dürfte ohne Vorwissen um den ursprünglichen Entstehungszusammenhang der Arbeit beim Anblick des liegenden Aktes, dessen Kopf komplett von einer Bienenwabe umkleidet ist, nicht zwangsläufig an Ökologie oder gar Nachhaltigkeit denken.[80] Entwickelt hat der Künstler das Projekt jedoch ursprünglich für die documenta 13, deren Kuratorin Carolyn Christov-Bakargiev der Auseinandersetzung mit „NaturKulturen"[81], einschließlich der mit dieser verknüpften ökologischen und sozialen Fragen, im Konzept der Schau einen denkbar zentralen Platz eingeräumt hatte.[82] Huyghe gestaltete für „Untilled" eine Brache am Rande der Kasseler Karlsaue so um, dass zum Zeitpunkt der Eröffnung der Großausstellung nurmehr zu erahnen war, welche Elemente und Partien der Landschaft neu angelegt und welche so wie vorgefunden belassen waren. Folgte man den Wegen zwischen Wildwuchs und neu aufgeschütteten, größten Teils begrünten Hügeln, konnte man dabei nicht nur auf den liegenden Akt mit seinem von Bienen umsummtem Waben-Kopf und auf einen durchs Grün streifenden, weißen Windhund mit einem in leuchtendem rosa gefärbten Lauf stoßen. Sondern auch auf den liegenden Baumriesen einer toten

---

[80] Vgl. für einen Überblick über Huyghes Werk Lavigne et al. 2014; zu „Untilled" ebd., S. 186–198.

[81] Der Begriff „NatureCultures" wurde von Donna Haraway eingeführt, deren Position für Christov-Bakargiev einen wichtigen Bezuspunkt darstellte; vgl. Haraway 2003 und Haraway 2008 sowie weiterführend Haraway 2016. Haraway war Vortragsgast in Kassel und steuerte auch einen Text für die Publikationsreihe „100 Notes – 100 Thoughts" bei.

[82] Vgl. die Dokumentationen und Publikationen zur documenta 13 (2012) sowie insbesondere das alle Einzelpublikationen der „100 Notes – 100 Thoughts" zusammenfassende „Book of Books" (Sauerländer 2012), in dem neben das kuratorische Konzept erläuternden Beiträgen u. a. auch eine „reading list" enthalten ist.

Eiche, von der es hieß, es handele sich um einen jener Bäume, die ehedem im
Zuge von Beuys' „Stadtverwaldung" angepflanzt worden waren.

Anders als „7000 Eichen" war „Untilled" nicht auf den Verbleib in Kassel
hin konzipiert. Dennoch scheint es voreilig, dem Projekt jegliche Nachhaltigkeit
abzusprechen. Ebenso wie das zwischen Traum und Wirklichkeit oszillierende,
poetische Bild, das es bei jenen hinterlassen konnte, die den Ort während der
Laufzeit der documenta 13 aufgesucht haben – wovon nicht zuletzt das Echo
zeugt, das die Arbeit im Netz, in der Presse und anderen Publikationen fand –,
dürften wohl auch der temporäre Eingriff in das bestehende Biotop mit den Erd-
aufschüttungen, Saaten und Pflanzungen sowie nicht zuletzt den Bienen, Hunden
und Menschen dem Gelände bleibende Spuren eingetragen haben.

Insbesondere in Verbindung mit der toten Eiche mag Huyghes „Hive Mind"[83]
schließlich von der – auch historisch eingetragenen – Distanz und Nähe zur unaus-
löschlich mit der Kasseler documenta verknüpften Position von Joseph Beuys
zeugen. Tatsächlich hatte dieser 1977, mithin fünf Jahre bevor er zur documenta 7 seine Pflanzaktion für „7000 Eichen" initiierte, mit seiner „Honigpumpe
am Arbeitsplatz" das Museum Fridericianum in einen Bienenstock transformiert.
Während sich im zentralen Treppenhaus des Gebäudes eine riesige Kupferwalze in
einem Margarineberg drehte, flossen 150 kg Honig durch ein über die Geschosse
verteiltes Schlauchsystem. Am „Arbeitsplatz" selbst versammelte Beuys allerdings keine Bienen, sondern lud zusammen mit Mitstreiter*innen der von ihm
begründeten „Free International University" zu Vorträgen und Diskussionen ein
(vgl. Loers und Witzmann 1993, S. 145–220).

Beuys' Beschäftigung mit dem Bienenstaat beginnt nicht erst im Zuge seines
ökologischen Engagements. Bereits um 1950 formt er seine erste „Bienenkönigin" aus Wachs[84]; zahlreiche frühe Blätter zeugen von seiner intensiven
Auseinandersetzung mit dem Thema. Im Anschluss an Rudolf Steiner – dessen
anthroposophische Bienenkunde wiederum von historischen wie zeitgenössischen
sozialutopischen und politischen Lesarten des Insektenstaats als Metapher für
die Organisation menschlicher Gemeinschaft mitgeprägt war – wollte Beuys

---

[83] Wiewohl Huyghe diese Assoziation nicht explizit forciert, steht sie – insofern dies sowohl
der Zeit- als auch der Werkkontext nahelegen – im Raum; zum kulturgeschichtlichen
Resonanzraum des „Hive Mind" vgl. Kuni 2010b.

[84] Vgl. Joseph Beuys: „Bienenkönigin I" (1947–52); zwei 1952 entstandene Fassungen
befinden sich heute im „Block Beuys" im Landesmuseum Darmstadt. Vgl. zu den „Bienen-
königinnen" und Beuys' früher Beschäftigung mit Bienen Veit Loers in Loers und Witzmann
1993, 55–63.

die Biene als „Wärmewesen" und den Bienenstaat als „sozialen Organismus"[85] verstanden wissen. Letzteres wiederum lässt seine Position – und insbesondere seinerzeit mit entsprechenden Aktionen verbundene Werke wie die „Honigpumpe am Arbeitsplatz" – aus heutiger Sicht ebenso aktuell wie anschlussfähig erscheinen.

Mit Blick auf Projekte wie „Die Honigpumpe am Arbeitsplatz" und „7000 Eichen" kann man Beuys wohl mit Fug und Recht als Pionier auf dem Feld einer „Kunst der Nachhaltigkeit" bezeichnen. Nachhaltig wirken nicht zuletzt die Denkbilder fort, die er mit seinem Werk hinterlassen hat. Indes hat eine jüngere Generation zeitgenössischer Künstler*innen längst damit begonnen, eigene Zugänge und Perspektiven zu entwickeln. Dabei können sie auf bereits angelegte Fundamente bauen. Beuys galt seinerzeit noch als Provokateur und seine „Erweiterung des Kunstbegriffs" in die Gesellschaft, in die Auseinandersetzung mit Ökologie und Ökonomie hinein Vielen als Affront.[86] Heute hingegen scheint es nahezu selbstverständlich, dass Künstler*innen nicht allein aus dem Atelier heraus operieren, sondern mit Projekten direkt in die Öffentlichkeit gehen – und dabei etwa auch unter den Vorzeichen der Kunst Bäume pflanzen oder eine Stadtimkerei betreiben. Kunst, die kulturelle Bildung, ökologisches und soziales Engagement verknüpft, hat sich als zukunftsfähig erwiesen: Als „ars longa", die das Thema Nachhaltigkeit – und die mit ihm verknüpften Fragen und Komplexe – nicht nur aufgreift und in Bilder fasst, sondern direkt zum Handeln und Mittun einlädt.

Literatur

Berger, R. 2019. Irrweg Stadtimkerei, das sogenannte Bienensterben. *Telepolis* 17.11.2019 https://www.heise.de/tp/features/Irrweg-Stadtimkerei-das-sogenannte-Bienensterben-4586068.html. Zugegriffen: 20. Juni 2020.

Beuys, J. 1978. Aufruf zur Alternative. *Frankfurter Rundschau* 288: (23.12.1978), 2.

Böhme, G. 1989. *Für eine ökologische Naturästhetik*. Frankfurt a. M.: Suhrkamp.

Bonsels, W. 1912. *Die Biene Maja und ihre Abenteuer. Ein Roman für Kinder*. Berlin: Schuster und Löffler.

---

[85] Der Begriff „sozialer Organismus" begegnet zunächst in der als Disziplin noch im Entstehen begriffenen Soziologie des 19. Jahrhunderts; heute prominent insbesondere in der Anthroposophie, insofern er auch von Rudolf Steiner verwendet wurde; vermittelt durch Joseph Beuys, der Steiner intensiv rezipiert hat, erlangte er u. a. auch im Diskurs um gesellschaftlich engagierte Kunst einige Prominenz. Vgl. zur Organismus-Metaphorik Schlechtriemen 2008; zu Beuys' Quelle Steiner 1961 sowie Lechner 2017.

[86] Vgl. zu Beuys' Konzeption des „Erweiterten Kunstbegriffs" und seinem Konzept einer „Sozialen Plastik" FIU und Borstel 1989.

Bradley, W., und C. Esche, Hrsg. 2007. *Art and social change. A critical reader*. London: Tate Publishing und Afterall.

Cubitt, S. 2017. *Finite media. Environmental implications of digital technologies*. Durham und London: Duke University Press.

De Decker, K. 2009. The monster footprint of digital technology. *Low-Tech Magazine* 6. https://www.lowtechmagazine.com/2009/06/embodied-energy-of-digital-techno logy.html. Zugegriffen: 20. Juni 2020.

Deitcher, D. 2010. Social aesthetics. In *Democracy: A project by Group Material*, Hrsg. B. Wallis, 12–43. Seattle: Bay Press.

Demos, T. J. 2016. *Decolonizing nature. Contemporary art and the politics of ecology*. Berlin: Sternberg Press.

Dutli, R. 2012. *Das Lied vom Honig. Eine Kulturgeschichte der Biene*. Göttingen: Wallstein.

Eichel, H., Hrsg. 2015. *60 Jahre documenta. Die lokale Geschichte einer Globalisierung*. Berlin: B & S Siebenhaar.

Forschung Frankfurt. 2010. Nachhaltigkeit. *Forschung Frankfurt. Wissenschaftsmagazin der Goethe-Universität Frankfurt a. M.* 28:3. https://www.forschung-frankfurt.uni-frankf urt.de/36050840/Forschung_Frankfurt___Ausgaben_Archiv_2010. Zugegriffen: 20. Juni 2020.

Förster, Y. 2010. Alter Flugplatz Bonames/Former Bonames Airfield Frankfurt a. M., Deutsch-land/Germany. In *Stadtgrün. Europäische Landschaftsarchitektur für das 21. Jahrhundert. Urban Green. European Landscape Design for the 21st Century*. Hrsg. A. Becker und P. Cachola Schmal. Ausstellungskatalog Deutsches Architekturmuseum DAM Frankfurt a. M. 226–229. Basel: Birkhäuser.

Free International University (FIU) und S. von Borstel, Hrsg. 1989. *Die Unsichtbare Skulptur. Zum erweiterten Kunstbegriff von Joseph Beuys*. Stuttgart: Urachhaus.

Freistetter, F. 2015. Albert Einstein, das Sterben der Bienen und das ominöse Zitat. In *ScienceBlogs. Astrodicticum Simplex* 21.06.2015 https://scienceblogs.de/astrodicticum-simplex/2015/06/21/albert-einstein-das-sterben-der-bienen-und-das-ominoese-zitat/? all=1 Zugegriffen: 20. Juni 2020.

Gersmann, H., und B. Willms. 2010. „Die Welt kann man nicht Experten überlassen". Inter-view mit Adrienne Goehler, Teil 1. In *Zur Nachahmung empfohlen. Expeditionen in Ästhetik und Nachhaltigkeit*. Hrsg. A. Goehler. Ausstellungskatalog Uferhallen Berlin und Lesebuch. 2 Bd. und Beilage. Band: Katalog. 5–11. Ostfildern-Ruit: Hatje Cantz.

Gillner, S. 2012. *Stadtbäume im Klimawandel. Dendrochronologische und physiologische Untersuchungen zur Identifikation der Trockenstressempfindlichkeit häufig verwendeter Stadtbaumarten in Dresden*. Diss. TU Dresden.

Goehler, A. Hrsg. 2010. *Zur Nachahmung empfohlen. Expeditionen in Ästhetik und Nach-haltigkeit*. Ausstellungskatalog Uferhallen Berlin und Lesebuch. 2 Bde. und Beilage. Ostfildern-Ruit: Hatje Cantz.

Goethe-Universität Frankfurt a. M., Hrsg. 2010. *Frankfurter Bürger-Universität. Sommerse-mester 2010*. Red. S. M. Hübner. Frankfurt a. M.: Goethe-Universität. https://www.bue rger.uni-frankfurt.de/50538486/BuergerUni-Broschuere-SS10.pdf. Zugegriffen: 20. Juni 2020.

Grober, U. 2010. *Die Entdeckung der Nachhaltigkeit. Kulturgeschichte eines Begriffs*. München: Kunstmann.

Groener, F., und R.-M. Kandler. Hrsg. 1987. *Joseph Beuys. 7000 Eichen*. Köln: König.

Haraway, D. J. 2003. *The companion species manifesto. Dogs, people, and significant otherness.* Chicago: Prickly Paradigm Press.

Haraway, D. J. 2008. *When species meet, 2008.* Minneapolis: University of Minnesota Press.

Haraway, D. J. 2016. *Staying with the trouble. Making kin in the chthulucene.* Durham und London: Duke University Press.

Harlan, V., R. Rappmann, und P. Schata. 1980. *Soziale Plastik. Materialien zu Joseph Beuys.* Achberg: Achberger Verlagsanstalt (Erste Auflage: 1976).

Horn, H., und C. Lüllmann. 2006. *Das große Honigbuch. Entstehung, Gewinnung, Gesundheit und Vermarktung.* Dritte Auflage. Stuttgart: Kosmos-Franck.

Hülbusch, K. H., und N. Scholz. 1984. *Joseph Beuys – 7000 Eichen zur documenta 7 in Kassel. „Stadtverwaldung statt Stadtverwaltung". Ein Erlebnis- und gärtnerischer Erfahrungsbericht.* Kassel: Kasseler Verlag.

Jung-Hoffmann, I., Hrsg. 1993. *Bienenbäume, Figurenstöcke und Bannkörbe.* Berlin: Fördererkreis der Naturwissenschaftlichen Museen Berlins.

Kagan, S. 2011. *Art and sustainability. Connecting patterns for a culture of complexity.* Bielefeld: transcript.

Kaufmann, C., Hrsg. 2015. *Gerald Hintze. StadtMensch.* Frankfurt a. M.: KANN-Verlag.

Kimpel, H. 1997. *documenta. Mythos und Wirklichkeit.* Köln: DuMont.

Kirksey, E., Hrsg. 2014. *The multispecies salon.* Durham und London: Duke University Press.

Kosut, L., und M. J. Moore. 2013. *Buzz. Urban beekeeping and the power of the bee.* New York: New York University Press.

Kosut, L., und M. J. Moore. 2014. Bees making art. Insect aesthetics and the ecological moment Humanimalia. *A Journal of Human/Animal Interface Studies* 5 (1): 1–25.

Kuni, V. 2006. *Der Künstler als ‚Magier' und ‚Alchemist' im Spannungsfeld von Produktion und Rezeption. Aspekte der Auseinandersetzung mit okkulten Traditionen in der europäischen Kunst nach 1945.* Phil. Diss. Marburg: Philipps-Universität. https://archiv.ub.uni-marburg.de/diss/z2006/0143/pdf/dvk.pdf sowie https://doi.org/10.11588/artdok.000 00192. Zugegriffen: 20. Juni 2020.

Kuni, V. 2010a. Nachhaltigkeit – (k)eine Kunst? Bäume pflanzen, Bienen züchten: ars longa als Gemeinschaftsprojekt. *Forschung Frankfurt. Wissenschaftsmagazin der Goethe-Universität Frankfurt a. M.* 28 (3): 4–9. https://www.forschung-frankfurt.uni-frankfurt.de/36050737/02Kuni.pdf. Zugegriffen: 20. Juni 2020.

Kuni, V. 2010b. „Resistance is Futile". Von der Alien-Anthropologie zur Cyborg-Entomologie. In *Kunst und Technik in medialen Räumen.* Hrsg. S. Sanio. Saarbrücken: Pfau, 39–58.

Kuni, V. 2020. The plants are ~~watching~~ sensing. In *Spürtechniken. Von der Wahrnehmung der Natur zur Natur als Medium. = Medienobservationen – Sonderausgabe.* Hrsg. B. Schneider und E. Zemanek. München: Ludwig-Maximilians-Universität, 30.04.2020 https://www.medienobservationen.de/pdf/20200430Kuni6.pdf. Zugegriffen: 20. Juni 2020.

Kurt, H., und B. Wagner, Hrsg. 2002. *Kultur – Kunst – Nachhaltigkeit. Die Bedeutung von Kultur für das Leitbild Nachhaltige Entwicklung.* Bonn: Kulturpolitische Gesellschaft e. V. und Essen: Klartext.

Lavigne, E., K. Baudin, und J. Gregory, Hrsg. 2014. *Pierre Huyghe.* Ausstellungskatalog Centre Pompidou Paris u. a. München: Hirmer.

Lechner, G. 2017. Der soziale Organismus bei Rudolf Steiner und Rudolf Stolzmann. *RoSE. Research on Steiner Education.* 8 (1): 35–44.

Loers, V., und P. Witzmann, Hrsg. 1993. *Joseph Beuys. Documenta-Arbeit.* Ausstellungskatalog Museum Fridericianum Kassel. Ostfildern: Hatje-Cantz.

Luttrell, J. 2017. *Knowing the honeybee. A multispecies ethnography.* MA-Thesis. Palmerston North: Massey University https://mro.massey.ac.nz/bitstream/handle/10179/12516/02_whole.pdf. Zugegriffen: 20. Juni 2020.

Miles, M. 2014. *Eco-Aesthetics. Art, literature and architecture in a period of climate change.* London: Bloomsbury.

Mosbrugger, V., G. Brasseur, M. Schaller, und B. Stribrny, Hrsg. 2012. *Klimawandel und Biodiversität. Folgen für Deutschland.* Darmstadt: WBG.

Ogunseitan, O. A., J. M. Schoenung, J. M. Saphores, und A. A. Shapiro. The electronics revolution. From e-wonderland to e-wasteland. *Science* 326: 5953 (30.10.2009), 670–671.

Olander, W. 1983. Social aesthetics. *Art and social change, USA. AMAM Bulletin* 40:2 (1982–1983). Oberlin: Allen Memorial Art Museum und Oberlin College, 61–69.

Pelletier, A., und P. E. Couton, Hrsg. 2019. *Trees.* Ausstellungskatalog Fondation Cartier pour l'Art Contemporain Paris. Paris: Fondation Cartier pour l'Art Contemporain und London: Thames & Hudson.

Powers, R. 2018. *The overstory.* New York: W. W. Norton & Company. Deutsch: *Die Wurzeln des Lebens.* Übs. G. Kempf-Allié und M. Allié. Frankfurt a. M.: Fischer.

Quaranta, D., und andere. 2009. *Eva and Franco Mattes. 0100101110101101.ORG.* Mailand: Charta.

Rödel, V. 2013. *Baden unter Palmen. Flußbäder in Frankfurt a. M. 1800 – 1950.* Frankfurt a. M.: Henrich Editionen.

Ropars, L., I. Dajoz, C. Fontaine, A. Muratet, und B. Geslin. 2019. Wild pollinator activity negatively related to honey bee colony densities in urban context. In *PLOS ONE* 12.09.2010 https://doi.org/10.1371/journal.pone.0222316. Zugegriffen: 20. Juni 2020.

Sauerländer, K., Hrsg. 2012. *The book of books. documenta 13.* = documenta 13. Band 1. Ostfildern: Hatje-Cantz.

Schlechtriemen, T. 2008. Metaphern als Modelle. Zur Organismus-Metaphorik in der Soziologie. In *Visuelle Modelle.* Hrsg. I. Reichle, S. Siegel und A. Spelten. München: Fink, 71–84.

Schneider, B. 2018. Neue Formen der Klimakrisenwahrnehmung? Sprechende Bäume im Netz der Dritten Natur. *Dritte Natur* 1, 39–54 https://www.dritte-natur.de/magazin/details/neue-formen-der-klimakrisenwahrnehmung. Zugegriffen: 20. Juni 2020.

Schwarze, D. 2012. *Meilensteine. Die documenta 1–13.* Dritte erweiterte Auflage. Berlin: B & S Siebenhaar.

Steiner, R. 1961. *Die Kernpunkte der sozialen Frage in den Lebensnotwendigkeiten der Gegenwart und Zukunft.* GA 23. Dornach: Rudolf-Steiner-Verlag.

Stiftung 7000 Eichen, Hrsg. 2012. 30 Jahre. *Joseph Beuys. 7000 Eichen.* Köln: König.

Strelow, H., Hrsg. 2004. *Ökologische Ästhetik. Theorie und Praxis künstlerischer Umweltgestaltung.* Basel: Birkhäuser.

Tautz, J. 2007. *Phänomen Honigbiene.* Heidelberg: Elsevier Spektrum Akademischer Verlag.

Ullrich, J. 2016. Tiere und Bildende Kunst. In *Tiere. Kulturwissenschaftliches Handbuch.* Hrsg. R. Borgards. Stuttgart: J. B. Metzler, 195–215.

Von Boenninghausen, C. M. F., Hrsg. 1863. *Die Aphorismen des Hippokrates. Nebst den Glossen eines Homöopathen.* Leipzig: Purfürst.

Von Carlowitz, H. C. 1713. *Sylvicultura oeconomica, oder haußwirthliche Nachricht und Naturmäßige Anweisung zur wilden Baum-Zucht.* Leipzig: Braun.

Verena Kuni, Prof. Dr., Professur für Visuelle Kultur am Institut für Kunstpädagogik, Fachbereich Sprach- und Kulturwissenschaften der Goethe-Universität Frankfurt am Main.
https://www.uni-frankfurt.de/66328036/Prof_Dr__Verena_Kuni
kuni@kunst.uni-frankfurt.de\verena@kuni.org

Ökologischer Imperativ, Nachhaltigkeit, Planetare Grenzwerte und „One Health" –Zielfunktionen für ein zukunftsfähiges Geoengineering

Volker Mosbrugger

Zusammenfassung

Der Mensch greift seit jeher in das Systemgefüge der Erde ein, doch seit dem Neolithikum entwickeln sich diese Eingriffe zunehmend zu einer nicht nachhaltigen Ausbeutung der Natur. Durch die gravierenden rasanten Veränderungen im Anthropozän wird ein modernes Erdsystem-Management oder Geoengineering, das die „Permanenz echten menschlichen Lebens" (Hans Jonas) sichert, nun zu einer dringenden Herausforderung. Dafür müssen zunächst gültige Zielgrößen definiert werden, die fortlaufend immer wieder im wechselseitigen Abgleich der aus dem Management-System resultierenden Folgen angepasst werden müssen. Für ein solches weltweit wirkendes System sind sowohl technische als auch ökonomische und politische Werkzeuge notwendig, die durch eine umfassende Governance gesteuert werden.

Inzwischen leben rund 7,8 Mrd. Menschen auf dieser Erde (Mai 2020) und dennoch ging es der Menschheit insgesamt noch nie so gut wie heute: noch nie konnten so viele Menschen ohne Hunger leben, noch nie sind so viele Menschen so alt geworden und noch nie hatten so viele Menschen, und insbesondere auch Frauen, Zugang zu Bildung. Diese insgesamt positive Entwicklung basiert auf einer systematischen Ausbeutung der Natur, die alles andere als zukunftsfähig oder *nachhaltig* ist. Als Folge davon stehen wir heute vor einem planetaren Problemsyndrom, wie etwa Klimawandel, Biodiversitätsverlust, Entwaldung, Luft- und Umweltverschmutzung, Versauerung und Überfischung der Ozeane – mit

V. Mosbrugger (✉)
Senckenberg Gesellschaft für Naturforschung in Frankfurt am Main, Frankfurt am Main, Deutschland
E-Mail: volker.mosbrugger@senckenberg.de

© Der/die Autor(en) 2021
B. Blättel-Mink et al. (Hrsg.), *Nachhaltige Entwicklung in einer Gesellschaft des Umbruchs*, https://doi.org/10.1007/978-3-658-31466-8_13

der Konsequenz, dass nach Schätzungen der Weltbank (Rigaud et al. 2018) im Jahr 2050 über 140 Mio. Menschen allein aus Südasien, Sub-Sahara-Afrika und Lateinamerika als Umweltflüchtlinge aus ihrer Heimat vertrieben werden.

Wie kann diese riesige Herausforderung des Anthropozäns, die Lösung der planetaren Umweltprobleme und der Übergang zu einem nachhaltigen Umgang mit dem Planeten Erde, bewältigt werden? Technisch gesprochen, liegt die Lösung in einem *Erdsystem-Management* oder *Geoengineering,* also in einer systemischen, und nicht segmentalen Behandlung der verschiedenen Umweltprobleme, da diese untereinander gekoppelt sind und letztlich alle ihre Ursache in der *tragedy of the commons,* in der Übernutzung der natürlichen Gemeingüter haben. Dabei sind die Begrifflichkeiten *Erdsystem-Management* oder *Geoengineering* durchaus skalierbar zu verstehen und können die lokale, regionale, kontinentale oder globale Skala betreffen; entscheidend ist jedoch, dass bei allen, auch lokalen, Eingriffen in das Erdsystem die globalen Auswirkungen und Rückkopplungen mit berücksichtigt werden.

Tatsächlich betreiben wir Menschen schon seit langem ein – bisher leider recht ignorantes – Erdsystem-Management oder Geoengineering, allerdings ohne uns dessen bewusst zu sein. Man denke nur an die großräumige Entwaldung des Mittelmeerraumes durch die Römer, die tief greifende Umgestaltung unserer Küsten und Flüsse oder die weltweite Veränderung der Biosphäre durch Landwirtschaft und Deforestation. Unser bisheriges Erdsystem-Management erfolgte ganz offensichtlich ohne ein Systemverständnis und ohne Rücksicht auf die negativen systemischen Folgeerscheinungen – die oben genannten planetaren Umweltprobleme sind die Folge davon.

Die Herausforderung für die Zukunft liegt also darin, ein skalierbares (lokales bis globales) Erdsystem-Management mit *Sinn und Verstand* zu entwickeln, das auf einem umfassenden Systemverständnis basiert und nicht nur auf kurzfristige Vorteile, sondern auf eine zukunftsfähige Entwicklung unseres Planeten zum Wohle aller Menschen abzielt. Was also sind dann die Zielgrößen eines derartigen Geoengineering? Eine Zielgröße sollte der *Ökologische Imperativ* des Philosophen Hans Jonas (1903–1993) sein: „Handle so, dass die Wirkungen deiner Handlungen verträglich sind mit der Permanenz echten menschlichen Lebens auf Erden." (ebd. 1984, S. 36) Als übergeordnete Maxime ist diese Anforderung ohne Zweifel wichtig, sie wird aber bei konkreten Umwelteingriffen nur selten entscheidungsleitend sein können.

Eine weitere Zielgröße sollte die Nachhaltigkeit sein, wie sie im Brundtlandt Report definiert wurde: „Sustainable development meets the needs of the present without compromising the ability of future generations to meet their own needs." (ebd. 1987, S. 16) Inzwischen besteht Konsens, dass diese Nachhaltigkeit

zumindest drei Dimensionen umfasst: eine soziale Dimension (people), eine ökonomische Dimension (prosperity) und eine ökologische Dimension (planet). Eine
echte Nachhaltigkeit im Sinne einer umfassenden Zukunftsfähigkeit muss alle drei
Dimensionen gleichermaßen im Blick behalten und entsprechend zukunftsfähig
gestalten. Doch haben über die Jahrhunderte ganz offensichtlich die sozialen und
ökonomischen Interessen über die ökologischen dominiert, sodass die ökologischen Herausforderungen inzwischen ernsthafte Probleme auch für die soziale
und wirtschaftliche Entwicklung bedeuten – dieses Ungleichgewicht muss künftig
durch ein Erdsystem-Management überwunden werden.

Eine weitere Zielgröße für ein modernes Erdsystem-Management könnten
auch die von Johan Rockström und Kollegen eingeführten *Planetaren Grenzwerte (planetary boundary conditions)* sein. In einflussreichen Veröffentlichungen
(Rockström et al. 2009; Steffen et al. 2015) haben die Autorenkollektive versucht, für wichtige Umweltfelder Grenzwerte für einen sogenannten *sicheren
Betriebszustand für die Menschheit (safe operating space for humanity)* zu definieren. Besonders bekannt geworden ist die Obergrenze von 2 °C für die globale
Erwärmung, da jenseits dieser Grenze *unmanageable risks* drohen sollen. So
hilfreich diese Begrifflichkeiten der *planetary boundaries* und des *safe operating space for humanity* sind, um die Dringlichkeit der Problemsituation auch
Laien und Politikern verständlich zu machen, so fragwürdig sind sie aus rein
wissenschaftlicher Sicht. So hängen die *planetary boundaries* und der *safe operating space for humanity* auch von den technologischen Möglichkeiten ab, die
uns zur Verfügung stehen und die sich laufend verändern. Darüber hinaus ist der
aktuelle Stand der Erdsystemforschung leider noch nicht so weit entwickelt, dass
wir für gegebene Technologie-Optionen zuverlässige, belastbare Angaben zu den
planetary boundaries und zum *safe operating space for humanity* machen könnten.

Schließlich sei noch das „One Health-Konzept" als eine weitere mögliche Ziel-
funktion für ein modernes Erdsystem-Management genannt (z. B. WHO, FAO,
OIE 2019). Diesem liegt die Annahme zugrunde, dass gesunde Menschen nur in
einer *gesunden Umwe*lt leben können und dass auch ihre Lebensmittel, ihre Nutz-
tiere und Nutzpflanzen, *gesund* sein müssen. Dieses Konzept besitzt ebenfalls eine
hohe Plausibilität und Überzeugungskraft, lässt sich aber wiederum wissenschaftlich zurzeit noch schwer konkret und operational fassen. Gleichwohl belegt die
seit dem Frühjahr 2020 die Welt lähmende Corona-Pandemie die hohe Bedeutung
dieser "One-Health"-Zielfunktion, denn das SARS-Cov-2-Virus entstammt – wie
etwa auch das Aids-Virus – einer für Tiere harmlosen Zoonose.

Somit sind alle vier genannten möglichen Zielfunktionen für ein Erdsystem-
Management (Ökologischer Imperativ, Nachhaltigkeit, Planetare Grenzwerte,
One Health) im Kern inhaltlich und kommunikativ sinnvoll und zielführend, im

konkreten Einzelfall aber (noch) nicht befriedigend wissenschaftlich belastbar und überprüfbar anwendbar. Derzeit liegt die größte wissenschaftliche Stringenz wohl bei dem Konzept der drei Dimensionen der Nachhaltigkeit.

Es bietet sich also an, ein modernes Erdsystemmanagement immer an mehreren Zielfunktionen auszurichten. Wie aber lässt sich ein solches Erdsystem-Management implementieren? Dies setzt mehrere Komponenten voraus. So bedarf es zunächst eines umfassenden Monitorings und Systemverständnisses der zu gestaltenden Umwelt (zum Beispiel einer Küste, eines Flusslaufes, etc.). Ferner muss Einigkeit unter den Stakeholdern über die Zielfunktionen bestehen, wobei auch die Stakeholder global-systemisch gesehen werden müssen. Anschließend müssen die zur Zielerreichung erforderlichen Management-Werkzeuge identifiziert und eingesetzt werden; dabei spielen sowohl technische als auch ökonomische und politische Werkzeuge eine Rolle. Und schließlich bedarf es einer Governance, die den ganzen Prozess des Erdsystem-Managements steuert und überwacht.

Ein derartiges modernes Erdsystem-Management zu entwickeln ist eine riesige Herausforderung und wird Zeit benötigen. Beginnen muss man gleichwohl jetzt. Die Entwicklung der Humanmedizin zu einer modernen, erfolgreichen Wissenschaft hat mehrere Jahrhunderte gebraucht. Die Entwicklung eines modernen Erdsystem-Managements im Sinne einer *Heilkunde der Erde* muss angesichts der *anthropozänen Herausforderung* deutlich schneller erfolgen.

Literatur

Jonas, H. 1984. Das Prinzip Verantwortung: Versuch einer Ethik für die technologische Zivilisation, 1. Aufl., Frankfurt a. M.: Suhrkamp
Rockström, J., W. Steffen, K. Noone, et al. 2009. A safe operating space for humanity. *Nature* 461: 472–475.
Steffen, W. et al. 2015. Planetary boundaries: Guiding human development on a changing planet. *Science* 347 (6223).
World Commission on Environment and Development. 1987. *Our common future (*"Brundtland-Report"*)*. Oxford: Oxford University Press.
Rigaud, Kanta Kumari, de Alex Sherbinin, Bryan Jones, Jonas Bergmann, Viviane Clement, Kayly Ober, Jacob Schewe, Susana Adamo, Brent McCusker, Silke Heuser, und Amelia Midgley. 2018. Groundswell: Preparing for Internal Climate Migration. World Bank, Washington, DC. https://openknowledge.worldbank.org/handle/10986/29461 License: CC BY 3.0 IGO."
World Health Organization (WHO), Food and Agriculture Organization of the United Nations (FAO) and World Organisation for Animal Health (OIE), 2019. Taking a Multisectoral, One Health Approach: A Tripartite Guide to Addressing Zoonotic Diseases in Countries.

Volker Mosbrugger Prof. Dr. Dr. h.c. Professur am Institut für Geowissenschaften der Goethe-Universität Frankfurt am Main und Generaldirektor der Senckenberg Gesellschaft für Naturforschung (bis Ende 2020), Senckenberganlage 25, 60325 Frankfurt.

volker.mosbrugger@senckenberg.de

The manufacturer's authorised representative in the EU is Springer
Nature Customer Service Centre GmbH, Europaplatz 3, 69115 Heidelberg,
Germany. If you have any concerns regarding our products, please
contact ProductSafety@springernature.com

Printed and bound by CPI Group (UK) Ltd, Croydon, CR0 4YY
24/04/2026
02096336-0001